Thomas Haumann

Radon im Neubau und Bestand

Radon im Neubau und Bestand

Grundlagen – Prävention – Sanierung

mit 97 Abbildungen und 49 Tabellen

Dr. Thomas Haumann

Promovierter Diplom-Chemiker, zertifizierter Sachverständiger für Baubiologie (VDB) und Radon-Fachperson (Bauakademie Sachsen). Freier Sachverständiger und Leiter des Sachverständigenbüro für Radonanalytik und Baubiologie in Essen.

Bibliografische Information der Deutschen Nationalbibliothek
Die Deutsche Nationalbibliothek verzeichnet diese Publikation in der Deutschen Nationalbibliografie; detaillierte bibliografische Daten sind im Internet über https://dnb.de abrufbar.

Maßgebend für das Anwenden von Regelwerken, Richtlinien, Merkblättern, Hinweisen, Verordnungen usw. ist deren Fassung mit dem neuesten Ausgabedatum, die bei der jeweiligen herausgebenden Institution erhältlich ist. Zitate aus Normen, Merkblättern usw. wurden, unabhängig von ihrem Ausgabedatum, in neuer deutscher Rechtschreibung abgedruckt.

Aus Gründen der besseren Lesbarkeit wird bei Personenbezeichnungen und personenbezogenen Hauptwörtern die männliche Form verwendet. Entsprechende Begriffe gelten im Sinne der Gleichbehandlung grundsätzlich für alle Geschlechter. Die verkürzte Sprachform hat nur redaktionelle Gründe und beinhaltet keine Wertung.

Das vorliegende Werk wurde mit größter Sorgfalt erstellt. Verlag und Autor können dennoch für die inhaltliche und technische Fehlerfreiheit, Aktualität und Vollständigkeit des Werkes und seiner Bestandteile keine Haftung übernehmen.

Wir freuen uns, Ihre Meinung über dieses Fachbuch zu erfahren. Bitte teilen Sie uns Ihre Anregungen, Hinweise oder Fragen per E-Mail: fachmedien.bau@rudolf-mueller.de oder Telefax : 0221 5497-6141 mit.

Lektorat: Jan Stüwe, Köln
Satz und Umschlaggestaltung: WMTP Wendt-Media Text-Processing GmbH, Birkenau
Druck und Bindearbeiten: Westermann Druck Zwickau GmbH, Zwickau
Printed in Germany

ISBN 978-3-481-04489-3 (Buch-Ausgabe)
ISBN 978-3-481-04490-9 (E-Book-Ausgabe als PDF)
ISBN 978-3-481-04491-6 (Buch mit E-Book als PDF)

Vorwort

Seit einigen Jahrzehnten ist in der Wissenschaft und der breiten Öffentlichkeit bekannt und unumstritten, dass die Gesundheit und das Wohlbefinden durch die Bestandteile und die Qualität der Innenraumluft maßgeblich beeinflusst werden. Im Mittelpunkt der Aufmerksamkeit stehen hierbei Gerüche, Schimmelpilze, Innenraumschadstoffe wie Holzschutzmittel, Asbest sowie leicht flüchtige Schadstoffe. Viele der „klassischen" chemischen Innenraumschadstoffe – insbesondere solche mit krebserzeugendem Potenzial – sind inzwischen verboten oder stark reglementiert. Demgegenüber fand das radioaktive Edelgas Radon bisher eher wenig Beachtung, obwohl es nach dem Rauchen die bedeutendste Ursache für Lungenkrebserkrankungen darstellt und somit ein deutlich höheres Schädigungspotenzial aufweist als viele andere Schadstoffe.

Im Zusammenhang mit energetisch sanierten Bestandsgebäuden und energetisch optimierten Neubauten stellt die Aufrechterhaltung oder Herstellung einer gesunden und schadstoffarmen Innenraumluft eine besondere Herausforderung dar. Durch die Anforderungen einer luftdichten Gebäudehülle kann es in Bezug auf Radon und auch bei Verwendung von modernen und schadstoffreduzierten Baustoffen und Bauhilfsstoffen zu unerwünschten negativen Auswirkungen auf die Innenraumluft kommen.

Bis heute sind die Zusammenhänge, die zu erhöhten Radonkonzentrationen im Innenraum führen, und die gesundheitliche Relevanz von Radon in der Allgemeinbevölkerung wenig bekannt. Radon entsteht überall in der Erdkruste. Es kann sich über den geologischen Untergrund in der Innenraumluft von Gebäuden zu kritischen Konzentrationen anreichern und das Lungenkrebsrisiko erhöhen. Andere Quellen (einschließlich Baumaterialien und Brunnenwasser) sind in den meisten Fällen von untergeordneter Bedeutung. Besonders relevant ist der konvektive Radoneintrag durch Leckagen in der erdberührenden Gebäudehülle, der von Luftströmungen aus dem Erdreich ausgeht. Das an einem Baustandort wirksame geogene Radonpotenzial wird durch die Radonkonzentration in der Bodenluft und die Gasdurchlässigkeit bestimmt und ist für die Höhe bzw. Intensität der Radonauffälligkeiten in Innenräumen verantwortlich.

Da die Radonkonzentrationen und die für diese verantwortlichen Quellstärken – anders als bei anderen typischen Gebäudeschadstoffen – im Zeitverlauf stark schwanken, kommt der zielgerichteten Diagnostik eine zentrale Bedeutung zu. Die Radondiagnostik ist besonders wichtig für die gesundheitliche Bewertung und die Planung von Maßnahmen zum Radonschutz für neu zu errichtende Gebäude und Bestandsgebäude. Für die Bewertung der gesundheitlichen Relevanz werden in der Regel Langzeitmessungen in der Innenraumluft bis zu einem Jahr durchgeführt. Darüber hinaus können

Radonrisiken für einen individuellen Baugrund oder ein bestehendes Gebäude durch gezielte Radonmessungen im Erdreich, an Baustoffen oder an Eintrittspfaden sowie durch Messungen im Unterdruckverfahren in Gebäuden quantifiziert werden.

Bei der Sanierung und bei der Prävention stehen bauliche und lüftungstechnische Maßnahmen im Mittelpunkt. Durch die neue Strahlenschutzgesetzgebung (StrlSchG und StrlSchV) gelten bereits jetzt verbindliche gesetzliche Regelungen für Radon in Aufenthaltsräumen und an Arbeitsplätzen. Die Gesetzgebung verpflichtet Staat, Arbeitgeber und Bauherren zu Maßnahmen zum Schutz vor Radon.

Das vorliegende Buch soll zum Verständnis der Radonthematik im Gesamtzusammenhang von der Entstehung über die Verbreitung bis zur Sanierung beitragen. Besondere Schwerpunkte der Darstellungen liegen in der Radondiagnostik und den ausführlichen Praxisbeispielen. So soll eine Hilfestellung bei der Bewertung eines Radonrisikos und bei der Planung, Umsetzung und Kontrolle von wirksamen Maßnahmen zum Radonschutz geleistet werden.

Das Buch richtet sich an Sachverständige, Sanierer, Planer, Praktiker, Baubiologen, Architekten, Bauherren und alle, die sich für das noch etwas „exotische“ Thema interessieren oder aufgrund der Mess- und Maßnahmenpflichten des aktuellen Strahlenschutzrechtes interessieren müssen.

Besonderer Dank gilt meinem Fachkollegen Uwe Münzenberg, der mich mit seinem Fachwissen und zahlreichen gemeinsamen Projekten rund um die Themen Radon, Schadstoffe im Innenraum und Gebäudediagnostik auch bei der Erstellung des vorliegenden Buches unterstützt hat.

Mein weiterer Dank für den langjährigen fachlichen Austausch und die Anregungen, die auch wesentlich zu diesem Buchprojekt beigetragen haben, gilt den Fachkolleginnen und Fachkollegen aus den Verbänden (u. a. Berufsverband Deutscher Baubiologen VDB e. V., Fachverband für Strahlenschutz e. V., Gütegemeinschaft Radonschutz RaPSS e. V.), den Arbeitskreisen (u. a. DIN/TS 18117) und den Behörden (u. a. Bundesamt für Strahlenschutz, Fachbereiche Umweltradioaktivität UR1 und UR2).

Essen, im Mai 2024 Dr. Thomas Haumann

Inhalt

1 Grundlagen

Die Radonproblematik in Gebäuden berührt viele Themenbereiche.

- Aufgrund der biologischen Wirksamkeit und der radioaktiven Natur des Edelgases und seiner Folgeprodukte ist Radon thematisch auch im Strahlenschutz und in der zugeordneten Gesetzgebung angesiedelt.
- Der Mechanismus des Radoneintrags wird durch die Geologie, die Gesteinsart und die Bodeneigenschaften im Umfeld der Gebäudehülle geprägt.
- Die jeweiligen baulichen und lüftungstechnischen Gebäudeeigenschaften spielen eine wichtige Rolle bei der Ursachenzuordnung und bei der Umsetzung von Maßnahmen zum Radonschutz.
- Die gesundheitliche Bewertung stützt sich auf medizinische und wissenschaftliche Untersuchungen – insbesondere aus dem Bereich des Arbeitsschutzes bei Tätigkeiten im Umfeld von erhöhten Radonkonzentrationen.

Zum besseren Verständnis sollen in den folgenden Unterkapiteln die wichtigsten Grundlagen zu den genannten Themenbereichen erläutert werden, um in der vertiefenden, praxisorientierten Darstellung der weiteren Buchkapitel auf diese zurückgreifen zu können.

1.1 Radon und Radioaktivität

Radon ist ein natürliches radioaktives Gas und findet sich als chemisches Element in der Reihe der Edelgase im Periodensystem der Elemente. Das wichtigste Radon-Isotop ist Rn-222, das aus der Uran-Radium-Reihe aus dem Mutternuklid Radium (Ra-226) entsteht. Radium wurde im Jahr 1898 in Frankreich von Marie und Pierre Curie entdeckt und Radon wenig später von dem Physiker Friedrich Ernst Dorn im Jahr 1900. Radon bildet sich seit Beginn der Erdgeschichte überall auf der Erde durch den natürlichen radioaktiven Zerfall im Erdreich.

Unter **Radioaktivität** wird die Eigenschaft bestimmter Atomkernarten verstanden, sich unter Ausscheidung von **radioaktiver Strahlung** (ionisierende Strahlung) umzuwandeln. Die damit frei werdende Energie ist eine Begleiterscheinung bei radioaktiven Zerfallsprozessen und wird in erster Linie abgegeben in Form von

- extrem hochfrequenter **elektromagnetischer Strahlung** (Gammastrahlung) und/oder
- **Teilchenstrahlung** (Alpha-, Beta- und Neutronenstrahlung).

Die Bewertung der Radioaktivität erfolgt über

- die **Aktivität** eines radioaktiven Stoffes (= Häufigkeit des Zerfalls),
- die **Wirkung** einer radioaktiven Strahlung (= Dosis).

Der größte Teil der radioaktiven Gesamtkörperdosis des Menschen wird – ausgehend von natürlichen Quellen – durch Radon innerhalb von Gebäuden verursacht. Radon ist ein starker **Alphastrahler,** entweicht aus radiumreichen Materialien und reichert sich schnell in der Luft an. Bei dem natürlichen radioaktiven Zerfall eines Radonatoms entsteht eine Reihe von kurzlebigen radioaktiven Teilchen (Tochternuklide oder Folgeprodukte genannt), die wiederum starke **Alpha-, Beta-** und **Gammastrahler** sind.

Zerfallsreihe und Halbwertszeit

Die Genese der Erde hat eine Reihe von instabilen Atomen entstehen lassen, die im Laufe der Erdgeschichte in natürlichen Zerfallsreihen zerfallen. Bei diesem radioaktiven Zerfall werden nach unterschiedlicher Lebensdauer meist erneut instabile Atome unter Aussendung von unterschiedlicher Strahlung erzeugt. Der Zerfall der Atomkerne erfolgt hierbei nicht regelmäßig, sondern nach statistischen Gesetzen.

Unter dem Begriff der **Halbwertszeit** (HWZ) wird die Zeit verstanden, in der die Hälfte der jeweils vorhandenen radioaktiven Atomkerne zerfällt.

Die Aktivität eines radioaktiven Stoffes nimmt in Abhängigkeit von dem Zerfall der auch als Radionuklide bezeichneten instabilen Atome ab. Jedes Radionuklid hat eine charakteristische Halbwertszeit. Für die verschiedenen Radionuklide reichen die jeweiligen Halbwertszeiten von Sekundenbruchteilen bis zu mehreren Milliarden Jahren (vgl. auch beispielhaft Tabelle 1.1).

Tabelle 1.1: Halbwertszeiten von Radon-Isotopen

Element	Symbol	Bezeichnung	Halbwertzeit	Ursprung
Radon	Rn-222	Radon	3,8 Tage	Uran-Radium-Reihe (U-238)
Radon	Rn-220	Thoron	55,6 Sekunden	Thorium-Reihe (Th-232)
Radon	Rn-219	Actinon	3,96 Sekunden	Uran-Actinium-Reihe (U-235)

Für die natürliche Radioaktivität in der Erdkruste spielen besonders die **Uran-Radium-Reihe** (U-238), die **Thorium-Reihe** (Th-232) und das **Kalium-Isotop** K-40 eine Rolle. Die Uran-Actinium-Reihe (U-235) ist hingegen bei der Bewertung der natürlichen Strahlung kaum noch von Bedeutung, da natürliches Uran zu etwa 99,3 % aus dem Isotop U-238 und nur zu 0,7 % aus U-235 besteht. Daher ist auch der Beitrag des Radon-Isotops Rn-219 (Actinon) für den Innenraum nicht mehr von Relevanz.

Im Gegensatz dazu wandelt sich das natürliche **Kalium-40** (K-40) ohne Zerfallsreihe in einem einzigen Zerfallsschritt mit extrem langer Halbwertszeit in eine stabile Nuklidform um. In natürlichem Kalium oder Kaliumsalzen ist das radioaktive Kalium-40 immer mit ca. 0,01 % (Gesamtkalium) enthalten.

Innerhalb der natürlichen Zerfallsreihen von Uran und Thorium treten Zerfallsprozesse mit starker Alpha-, Beta- und Gammastrahlung auf. Kalium-40 ist ein starker Beta- und Gammastrahler.

Der größte Teil des in der Erdkruste gebildeten Radons zerfällt bereits im Erdreich und gelangt nicht in die Atmosphäre oder in den Innenraum. Aufgrund der durchschnittlichen Lebensdauer des Radons mit einer Halbwertzeit von 3,8 Tagen kann ein Teil – je nach Bodenart, Feuchtegehalt und Gasdurchlässigkeit – aus dem Erdreich entweichen. Der größte Teil entweicht in die freie Atmosphäre und verursacht dort die sog. Hintergrundkonzentration in der Außenluft. In Deutschland liegt dieser Außenluftwert im Durchschnitt bei ca. 10 Bq/m^3. Ein Teil des Radons löst sich auch im Grundwasser und kann über die Entnahme aus Brunnen oder in Wassergewinnungsanlagen in die Umgebungsluft abgegeben werden.

Die Tabellen 1.2 und 1.3 zeigen die natürlichen Zerfallsreihen der Uran-Radium-Reihe und der Thorium-Reihe mit Angabe der Halbwertzeiten und Art der Teilchenstrahlung. Bei fast allen Zerfällen tritt auch Gammastrahlung auf, die sich neben der kosmischen Strahlung und dem Zerfall von Kalium (K-40) in Form der Gamma-Ortsdosisleistung im Freien und in Gebäuden bemerkbar macht.

Tabelle 1.2: Natürliche Zerfallsreihe (Uran-Radium-Reihe)

Nuklid			**Halbwertzeit**	**Teilchenstrahlung**
U-238	↓	Uran	4.500.000.000 Jahre	Alpha
Th-234	↓	Thorium	24 Tage	Beta
Pa-234	↓	Protactinium	1,2 Minuten	Beta
U-234	↓	Uran	250.000 Jahre	Alpha
Th-230	↓	Thorium	75.000 Jahre	Alpha
Ra-226	↓	**Radium**	**1.600 Jahre**	**Alpha**
Rn-222	↓	Radon	3,8 Tage	Alpha
Po-218	↓	**Polonium**	**3 Minuten**	**Alpha**
Pb-214	↓	Blei	26 Minuten	Beta
Bi-214	↓	Bismut	20 Minuten	Beta
Po-214	↓	**Polonium**	**0,00014 Sekunden**	**Alpha**
Pb-210	↓	Blei	22 Jahre	Beta
Bi-210	↓	Bismut	5 Tage	Beta
Po-210	↓	Polonium	138 Tage	Alpha
Pb-206	⊥	Blei	stabil	

Tabelle 1.3: Natürliche Zerfallsreihe (Thorium-Reihe)

Nuklid			Halbwertzeit	Teilchenstrahlung
Th-232	↓	Thorium	14.050.000.000 Jahre	Alpha
Ra-228	↓	Radium	5,75 Jahre	Beta
Ac-228	↓	Actinium	6,13 Stunden	Beta
Th-228	↓	Thorium	1,91 Jahre	Alpha
Ra-224	↓	**Radium**	**3,62 Tage**	**Alpha**
Rn-220	↓	Radon (Thoron)	55,6 Sekunden	Alpha
Po-216	↓	**Polonium**	**0,185 Sekunden**	**Alpha**
Pb-212	↓	Blei	10,6 Stunden	Beta
Bi-212	↓↓	Bismut	60,55 Minuten	Alpha/Beta
Po-212	↓	**Polonium (64 %)**	**< 0,00001 Sekunden**	**Alpha**
Tl-208	↓	Thallium (36 %)	3,05 Minuten	Beta
Pb-208	⊥	Blei	stabil	

Radon und Thoron und die in der Luft vorkommenden Zerfallsnuklide wurden in den Tabellen 1.2 und 1.3 farbig hinterlegt. Besonders gesundheitlich relevant sind hierbei die Alphastrahler von Polonium (Po-218 und Po-214 für Radon sowie Po-216 und Po-212 für Thoron).

Eine etwas andere Darstellung zeigt das Radon-222-Zerfallsschema in Abb. 1.1. Die Folgeprodukte entstehen beim Radonzerfall in der Luft als geladene Atome, die sich bevorzugt an die dort befindlichen Feinstaubpartikel (Fraktion 0,1 bis 1 µm) anlagern und über den Atemtrakt im Lungengewebe aufgenommen werden (vgl. Gertis, 2008). Innerhalb von nur 3 Stunden sind Radon und seine Folgeprodukte im radioaktiven Gleichgewicht. Der Gleichgewichtsfaktor liegt bei Radon und seinen Zerfallsnukliden für den Innenraum nur bei 0,4, d. h., nur 40 % der Zerfallsnuklide können über die Atmung aufgenommen werden. Der Rest lagert sich auf Raumoberflächen ab.

Im Zuge einer Radonsanierung eines Gebäudes stellt sich häufiger die Frage, wie lange es dauert, bis die durch Radon verursachte Strahlung endgültig abgeklungen ist, oder ob noch langfristige Kontaminationen zurückbleiben.

Diese Frage lässt sich schnell beantworten: Eine auffällig hohe Radonkonzentration im Innenraum hinterlässt in der Regel keine relevanten Kontaminationen. Aufgrund der kurzen Halbwertzeiten der Folgeprodukte (bis maximal 26 Minuten) liegt die Aktivitätskonzentration nach 3 Stunden bei nur noch unter 3 % und nach weiteren 3 Stunden bei unter 0,1 %.

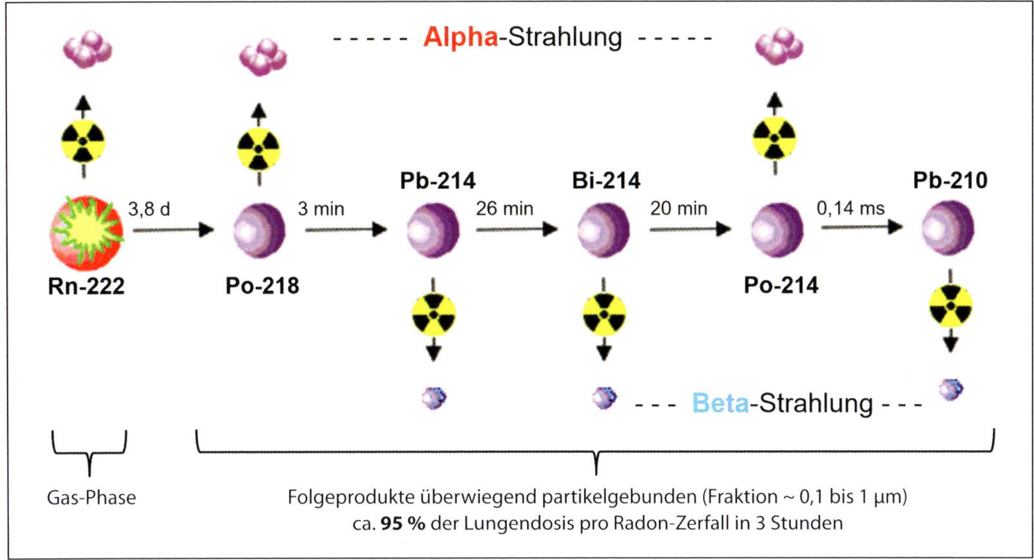

Abb. 1.1: Radon-Zerfallsschema (Rn-222)

Rein theoretisch könnte das langlebigere Folgeprodukt Blei (Pb-210) mit dem Folgenuklid von Polonium (Po-210) an Raumoberflächen anreichern. Durch die lange Halbwertzeit von 22 Jahren bei Pb-210 ist die Aktivitätskonzentration jedoch extrem gering und in der Praxis kaum nachweisbar.

Etwas anders verhält es sich beim Thoron. Das relative kurzlebige Thoron (Rn-220) entweicht mit einer Halbwertzeit von 55,6 Sekunden nur in sehr geringen Mengen aus der Bodenluft in die Atmosphäre. Obwohl es in ähnlichen Aktivitätskonzentrationen wie Radon (Rn-222) in der Bodenluft vorliegt, kann sich in der Regel nur ein minimaler Anteil im Gebäude anreichern. Der überwiegende Teil zerfällt auf dem Weg vom geologischen Untergrund in ein Gebäude.

Trotzdem kann auch Thoron in Ausnahmefällen eine Rolle im Innenraum spielen, da es aus bestimmten Baustoffoberflächen austreten kann (wie z. B. bei Graniten, ungebranntem Lehm; vgl. auch Kapitel 1.3). Auch hier verursachen die Folgeprodukte das gesundheitliche Risiko mit den Alphastrahlern von Polonium und Bismut (Po-216, Po-212, Bi-212). Letztlich hinterlässt Thoron im Innenraum ebenfalls keine relevanten Kontaminationen.

Besonders interessant ist bei Radon in der Außenluft auch der Effekt der kurzzeitigen Erhöhung der Gamma-Ortsdosisleistung (ODL) im Außenbereich nach einem starken Sommerregen und längerer Trockenheit. Hierbei werden die Radon-Folgeprodukte aus der Außenluft durch den Regen ausgewaschen und schlagartig auf dem Boden abgeschieden. Hierbei kann durch die Gammaaktivität der Folgeprodukte eine Dosisleistungserhöhung bis über Faktor 3 beobachtet werden. Nach knapp 3 Stunden (ca. 5 Halbwertzeiten der Folgeprodukte) ist der Effekt dann kaum noch nachweisbar.

Hinweis

Wenn die Umgebungsstrahlung jedoch auch mehreren Stunden nach einem Regenereignis noch unverändert hoch ist, sollte ernsthaft eine Kontamination durch ggf. technische Nuklide in Betracht gezogen werden (z. B. Cs-137 durch einen Reaktorunfall). Hier sind dann gammaspektrometrische Untersuchungen ratsam. Aktuelle ODL-Werte sind auch über das IMIS-Messnetz des Bundesamtes für Strahlenschutz (BfS) im Internet abrufbar (vgl. https://odlinfo.bfs.de/ODL/DE/themen/wo-stehen-die-sonden/karte/karte_node.html).

Aktivität, Dosis und Äquivalentdosis

Im Zusammenhang mit Radon wird zwar meist allgemein von der „Radonkonzentration" gesprochen. Gemeint ist hierbei jedoch die Radon-Aktivitätskonzentration. Unter der **Aktivität** eines radioaktiven Stoffes wird die Anzahl Zerfallsakte je Sekunde verstanden.

- Die Einheit der Aktivität ist **Becquerel** (Bq).
- Bei Radon wird die Aktivitätskonzentration in **Becquerel pro Kubikmeter** oder bei Baustoffen die spezifische Aktivität in **Becquerel pro Kilogramm** angegeben, also in Bq/m^3 bzw. in Bq/kg.
- Die Radon-Eintrittsrate (Quellstärke) wird oft in **Becquerel pro Kubikmeter und Stunde** angegeben, also in $Bq/(m^3 \cdot h)$.

Die durchschnittliche Radon-Aktivitätskonzentration liegt in Deutschland bei ca. 50 Bq/m^3, d. h., in einem Raumvolumen von 1 m^3 zerfallen 50 Radonatome pro Sekunde. Die regionale Verteilung ist unterschiedlich und korreliert mit dem Vorkommen in der Bodenluft.

Als ein Maß für die allgemeine Strahlenwirkung wurde die **Dosis** eingeführt. Die Dosis gibt die Strahlungsenergie an, die durch Absorption (Aufnahme) von Strahlung an eine bestimmte Materiemenge übertragen wird. Die Einheit der Dosis ist Joule (Energie) pro Kilogramm (J/kg).

Eine Dosis von einem Joule pro Kilogramm entsteht bei der Übertragung der Energie von 1 J auf Materie der Masse 1 kg durch ionisierende bzw. radioaktive Strahlung. Die Größe der Energie hängt auch sehr stark von der Art der Strahlung und der Materie ab.

Die Dosis einer Strahlung wird als Energiedosis bezeichnet und in **Gray** (Gy) angegeben.

Dabei gilt: 1 Gy = 1 J/kg.

Zur Beschreibung der **Wirkung** radioaktiver Strahlung auf den Organismus wurde die **Äquivalentdosis** eingeführt. Der Wert für die Äquivalentdosis ist abhängig von der Art der Strahlung, denn nicht jede Strahlung verursacht die gleiche biologische Wirkung.

- Die Maßeinheit für die Wirkung als Äquivalentdosis ist **Sievert** (Sv).
- Häufig wird die Äquivalentdosis auf einen Zeitraum bezogen, hierbei ergibt sich dann die **Äquivalentdosisleistung** in nSv/h bzw. mSv/a.
- Bei Radon wird die Jahresdosis in **Millisievert pro Jahr** (mSv/a) angegeben.

Die verschiedenen Strahlungsarten verursachen in Körpergewebe bei gleicher Energiedosis eine unterschiedlich starke biologische Wirkung. Das bedeutet, dass die biologische Wirkung der Strahlung im menschlichen Körper mit der alleinigen Angabe der Energiedosis nicht ausreichend beschrieben werden kann.

Die Energiedosis wird deshalb mithilfe von **Qualitätsfaktoren** (Q) präzisiert. Diese stellen ein Maß für die biologische Wirkung der Strahlung bei **niedrigen Dosen** dar. Die **Äquivalentdosis** ergibt sich aus der Multiplikation der Energiedosis (in Gy) mit einem Qualitätsfaktor für die jeweilige Strahlungsart. Der Qualitätsfaktor für Strahlung mit einer geringen Ionisationsdichte in Gewebe – wie Röntgen-, Gamma- und Betastrahlung – ist gleich 1 und nimmt für Strahlung mit hoher Ionisationsdichte – wie Alpha- und Neutronenstrahlung – höhere Werte an. In Tabelle 1.4 sind die in der Strahlenschutzverordnung der Bundesrepublik Deutschland festgeschriebenen Qualitätsfaktoren angegeben. Bei der Umrechnung gilt:

$$\text{Äquivalentdosis (in Sv)} = \text{Qualitätsfaktor} \cdot \text{Dosis (in Gy)} \quad (1.1)$$

Tabelle 1.4: Qualitätsfaktoren für verschiedene Strahlungsarten

Strahlungsart	**Qualitätsfaktor (Strahlungswichtungsfaktor)**
Röntgen- und Gammastrahlung	1
Betastrahlung	1
Alphastrahlung	**20**
Neutronen unbekannter Energie	5 bis 20

Bei der Bewertung der biologischen Wirkung wurde zur weiteren Differenzierung die **effektive Dosis** eingeführt, die Einheit ist hier ebenfalls Sievert (Sv). Mit der effektiven Dosis wird das Risiko für das Auftreten möglicher Langzeitwirkungen bei Exposition einzelner Organe und Gewebe oder des gesamten Körpers mit niedrigen Strahlendosen beschrieben.

Häufig sind in der Literatur noch ältere Einheiten der Aktivität, Ionendosis, Energiedosis und Äquivalentdosis zu finden. In Tabelle 1.5 sind die Zusammenhänge zwischen den aktuell geltenden Einheiten und den seit 1985 amtlich nicht mehr zugelassenen Einheiten im Strahlenschutz dargestellt. Eine Radon-Aktivitätskonzentration von 1 pCi/L (in den USA noch übliche Einheit) entspricht 37 Bq/m^3.

Tabelle 1.5: Zusammenhang zwischen den aktuell geltenden Einheiten und den seit 1985 amtlich nicht mehr zugelassenen Einheiten im Strahlenschutz

Größe	**Einheit**	**alte Einheit**	**Beziehung**	
Aktivität	Becquerel (Bq) 1 Bq = 1/s	Curie (Ci)	1 Ci = 3,7 · 10^{10} Bq	1 Bq = 2,7 · 10^{-11} Ci
Ionendosis	Coulomb pro Kilogramm (C/kg)	Röntgen (R)	1 R = 0,258 mC/kg	1 C/kg = 3.876 R
Energiedosis	Gray (Gy) 1 Gy = 1 J/kg	Rad (rd)	1 rd = 0,01 Gy	1 Gy = 100 rd
Äquivalentdosis (effektive Dosis)	Sievert (Sv) 1 Sv = 1 J/kg	Rem (rem)	1 rem = 0,01 Sv	1 Sv = 100 rem

Bei der Messung und Bewertung von Radon in der Raumluft können noch weitere Einheiten eine Rolle spielen. Neben der Aktivitätskonzentration in Bq/m^3, die die tatsächliche Anzahl in Zerfällen pro Sekunde je Kubikmeter Raumvolumen beschreibt, ist auch die gleichgewichtsäquivalente Radonkonzentration EEC (Equilibrium Equivalent Concentration) in Becquerel pro Kubikmeter EEC (Bq/m^3) zu finden. Diese Einheit bezieht sich meist auf die Messung der Folgeprodukte in der Luft. Die EEC beschreibt die hypothetische Radonkonzentration unter Gleichgewichtsbedingungen. Weil sich einige der kurzlebigen Folgenuklide an Oberflächen anlagern und so aus der Luft entfernt werden, kann das Gleichgewicht zwischen Radon und seinen Folgenukliden im Innenraum kaum erreicht werden. Aus diesem Grund ist die EEC immer niedriger als die Radonkonzentration. Über die folgende einfache Umrechnung kann die Radonkonzentration näherungsweise bestimmt werden:

$$C_{\mathrm{Rn}} = EEC_{\mathrm{Rn}} : F \qquad \text{in Bq/m}^3 \tag{1.2}$$

mit

C_{Rn} Radonkonzentration in Bq/m^3
EEC_{Rn} gleichgewichtsäquivalente Radonkonzentration in Bq/m^3
F Gleichgewichtsfaktor

Liegen keine genauen Angaben vor, so kann in Innenräumen der Gleichgewichtsfaktor F auf den Wert 0,4 gesetzt werden, was bedeutet, dass sich nur 40 % der Folgeprodukte (noch) in der Raumluft befinden.

Eine weitere Einheit stellt die potenzielle Alphaenergiekonzentration (PAEK bzw. PAEC) in Nanojoule pro Kubikmeter (nJ/m^3) dar. Hier geht es um die Summe der potenziellen Alphaenergien aller Zerfallsprodukte pro Volumeneinheit. Bei Radon wird von der EEC zur PAEC wie folgt umgerechnet:

$$PAEC_{\mathrm{Rn}} = EEC_{\mathrm{Rn}} : 0{,}18 \qquad \text{in nJ/m}^3 \tag{1.3}$$

mit
$PAEC_{\mathrm{Rn}}$ potenzielle Alphaenergiekonzentration für Radon in $\mathrm{nJ/m^3}$
EEC_{Rn} gleichgewichtsäquivalente Radonkonzentration in $\mathrm{Bq/m^3}$

Dosiskonversionsfaktoren

Zur Umrechnung der Aktivitätskonzentration in die effektive Dosis werden von der Internationalen Strahlenschutzkommission ICRP (International Commission on Radiological Protection) für jedes radioaktive Nuklid Dosiskonversionsfaktoren festgelegt. Für Radon – Rn-222 inkl. Zerfallsprodukten bei Gleichgewichtsfaktor 0,4 – gilt nach ICRP 65 „Protection Against Radon-222 at Home and at Work" (1993) näherungsweise für den Aufenthalt in Gebäuden und an der Außenluft als effektive Jahresdosis (Jahresmittelwert):

$$Dosis_{\mathrm{Rn}} = C_{\mathrm{Rn}} \cdot 0{,}022 \qquad \text{in mSv/a} \tag{1.4}$$

mit
$Dosis_{\mathrm{Rn}}$ effektive Jahresdosis (Jahresmittelwert) Radon in mSv/a
C_{Rn} Radonkonzentration (Jahresmittelwert) in $\mathrm{Bq/m^3}$

Bei mittlerer bzw. durchschnittlicher Radonbelastung von 50 $\mathrm{Bq/m^3}$ und innenraumtypischer Partikelverteilung (Folgeprodukte Gleichgewichtsfaktor 0,4) führt das zu einer effektiven Jahresdosis von 1,1 mSv/a.

Hinweis

Derzeit ist auf der Grundlage der aktuellen internationalen Bewertungen gemäß ICRP 115 „Lung Cancer Risk from Radon and Progeny and Statement on Radon" (2010) und ICRP 137 „Occupational Intakes of Radionuclides: Part 3" (2017) eine Überarbeitung der Dosiskonversionsfaktoren geplant, wobei eine Erhöhung des Dosiskonversionsfaktors für Radon in Aufenthaltsräumen um ca. den Faktor 1,8 zu berücksichtigen ist. Für durchschnittliche Radonkonzentrationen im Innenraum von 50 $\mathrm{Bq/m^3}$ im Jahresmittel würde dann bereits eine effektive Jahresdosis von ca. 2 mSv/a erreicht werden.

In Deutschland gelten jedoch derzeit (Stand Mai 2024) noch die Empfehlungen gemäß ICRP 65 aus dem Jahr 1993 als rechtlich verbindlich.

Die Internationale Strahlenschutzkommission ICRP ist eine internationale Fachkommission, die zum Ziel hat, durch Empfehlungen und Richtlinien die wissenschaftlichen Erkenntnisse im Strahlenschutz zum Nutzen der öffentlichen Gesundheit umzusetzen. Sie hat ihren Sitz im kanadischen Ottawa. Die Empfehlungen und Richtlinien der ICRP bieten weltweit die wissenschaftliche Grundlage für die gesetzlichen Regelungen im Strahlenschutz. Es kann daher damit gerechnet werden, dass eine Anpassung des Dosiskonversionsfaktors für Radon auch in Deutschland ansteht.

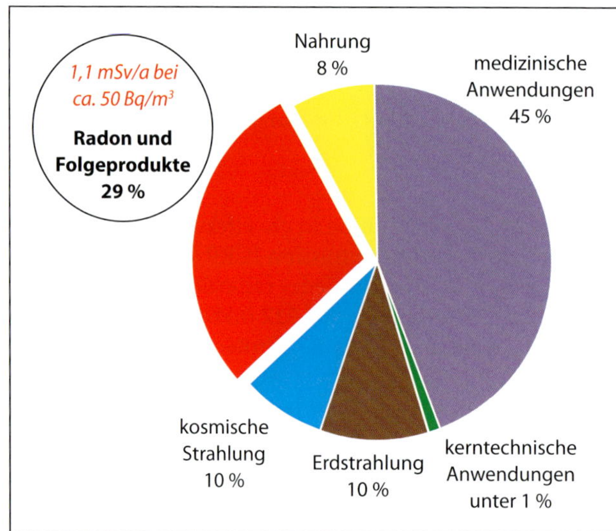

Abb. 1.2: Durchschnittliche radioaktive Strahlenbelastung in Deutschland für das Jahr 2020 (Zahlen nach Jahresbericht 2020 „Umweltradioaktivität und Strahlenbelastung" des für Umwelt, Naturschutz, nukleare Sicherheit und Verbraucherschutz [BMUV])

Das Bundesministerium für Umwelt, Naturschutz, nukleare Sicherheit und Verbraucherschutz (BMUV) hat für das Jahr 2020 die in Tabelle 1.6 und Abb. 1.2 abzulesenden Zahlenwerte für die effektive Dosis der radioaktiven Strahlenbelastung der deutschen Bevölkerung herausgegeben (vgl. Umweltradioaktivität und Strahlenbelastung [Jahresbericht 2020; redaktioneller Stand 1. Oktober 2021]). Es handelt sich hierbei um Mittelwerte, die jedoch relativ großen regionalen und individuellen Schwankungen unterliegen. Die Gesamtbelastung betrug demnach insgesamt durchschnittlich 3,8 mSv/a. Dieser Wert war zu 55 % auf natürliche und zu 45 % auf künstliche zivilisatorische Strahlenquellen zurückzuführen. Für Radon stellt der Wert von 1,1 mSv/a bei einer mittleren Radonkonzentration in Innenräumen bereits 29 % der Gesamtbelastung dar. Für den Arbeitsschutz ist die Bewertung und Berechnung der effektiven Dosis besonders entscheidend.

Tabelle 1.6: Durchschnittliche radioaktive Strahlenbelastung in Deutschland für das Jahr 2020 nach Jahresbericht 2020 „Umweltradioaktivität und Strahlenbelastung" des Bundesministeriums für Umwelt, Naturschutz, nukleare Sicherheit und Verbraucherschutz (BMUV)

Strahlenquelle	**effektive Dosis in mSv/a**	**Anteil in %**
natürliche Strahlenquellen:	**2,1**	**55**
• Erdstrahlung	0,4	10
• kosmische Strahlung	0,3	8
• **Radon und Folgeprodukte**	**1,1**	**29**
• Nahrung	0,3	8
zivilisatorische Strahlenquellen:	**1,7**	**45**
• medizinische Anwendungen	1,7	45
• kerntechnische Anwendungen	< 0,1	< 1
Gesamtbelastung 2020	**3,8**	**100**

Radonexposition

Die Radonexposition beschreibt die Einwirkung ionisierender Strahlung durch Radon (auf einen Detektor oder den menschlichen Körper) und berechnet sich aus der vorhandenen Radon-Aktivitätskonzentration und der Einwirkungszeit.

Radonexposition am Arbeitsplatz und Dosisabschätzung

Eine Dosisabschätzung für den Arbeitsplatz wird nach Anlage 18 Teil B Nr. 3 der Strahlenschutzverordnung (StrlSchV) durchgeführt (vgl. auch BfS-Leitfaden „Radon an Arbeitsplätzen in Innenräumen" [Ausgabe Juni 2022]). Hierbei wird auf der Basis der „alten", derzeit in Deutschland noch rechtlich verbindlichen Empfehlungen gemäß ICRP 65 von 1993 von einem Gleichgewichtsfaktor von 0,4 ausgegangen und die effektive Dosis mit einer Expositionszeit und einem Dosiskonversionsfaktor berechnet. Der Dosiskonversionsfaktor wird in Megabecquerelstunden pro Millisievert je Kubikmeter angegeben und liegt für Radon bei 0,32 MBq · h/(mSv · m^3).

Die **Exposition** berechnet sich in MBq · h/m^3 wie folgt:

Radonkonzentration · Messzeit

Beispiel

- Radonkonzentration = 300 Bq/m^3
- Messzeit = 3 Monate bzw. 2.200 Stunden
- **Exposition = 0,66 MBq · h/m^3**

Die **effektive Dosis** berechnet sich in mSv/a wie folgt:

Radonkonzentration · Aufenthaltszeit : Dosiskonversionsfaktor

Beispiel

- Radonkonzentration = 300 Bq/m^3
- Aufenthaltszeit = 2.000 h/a
- Dosiskonversionsfaktor = 0,32 MBq · h/(mSv · m^3)
- **effektive Dosis = 1,9 mSv/a**

Tabelle 1.7 zeigt an 2 Beispielen (Wasserwerk und Kindergarten), wie die Summendosis für eine Mitarbeiterin oder einen Mitarbeiter anhand von ortsbezogenen Messungen (eigene Untersuchungen des Verfassers) und mit den jeweiligen durchschnittlichen Aufenthaltszeiten berechnet werden kann. Grundsätzlich wird hier von einer durchschnittlichen Arbeitszeit von 2.000 Stunden pro Jahr ausgegangen. Die hohen Konzentrationen in der Brunnenstube wirken sich im Wasserwerk aufgrund der kurzen Aufenthaltszeit von 20 Stunden in der Gesamtsumme kaum aus. In der Kita liegt der Radonwert in dem Gruppenraum mit 950 Bq/m^3 schon recht hoch und leistet aufgrund der langen Aufenthaltszeit auch den größten Beitrag zur Gesamtdosis. In beiden Fällen wäre der gesetzliche Grenzwert von 6 mSv/a (Überwachung Strahlenschutz) nur knapp unterschritten.

Tabelle 1.7: Berechnungsbeispiel Radondosis (Wasserwerk und Kindergarten); Dosisabschätzung nach Anlage 18 Teil B Nr. 3 StrlSchV (Gleichgewichtsfaktor 0,4 gemäß ICRP 65)

Messpunkt		**Radon-konzentration in Bq/m³**	**Aufenthalts-zeit in h/a**	**Exposition in MBq · h/m³**	**Faktor in MBq · h/ (mSv · m³)**	**effektive Dosis in mSv/a**
Nr.	**Messort**					
1	Wasserwerk Filterhalle	1.800	500	0,900	0,32	2,8
2	Wasserwerk Brunnenstube	15.000	20	0,300	0,32	0,9
3	Wasserwerk Büro	300	1.480	0,444	0,32	1,4
Summendosis Wasserwerk						**5,1**
1	Kita Froschgruppe	950	1.600	1,520	0,32	4,8
2	Kita Essraum	250	200	0,050	0,32	0,2
3	Kita Turnraum UG	1.500	200	0,300	0,32	0,9
Summendosis Kita						**5,8**

Diese Berechnungen können jedoch nur zu einer Abschätzung der tatsächlichen Exposition bzw. Dosis verwendet werden, da hier näherungsweise der Jahresmittelwert als konstante Größe betrachtet wird. Genauere Abschätzungen können nur zeit- oder personenbezogene Messungen liefern.

1.2 Gesundheitliche Auswirkungen

Radon trägt wesentlich zur Dosis ionisierender Strahlung natürlichen Ursprungs bei. Aktuelle Studien zu Radon und Lungenkrebs in Innenräumen in Europa, Nordamerika und Asien liefern laut WHO „starke Beweise" dafür, dass Radon Lungenkrebs verursacht. Nach aktuellen Schätzungen liegen die auf Radon zurückzuführenden Lungenkrebserkrankungen weltweit zwischen 3 und 14 % (vgl. WHO handbook on indoor radon, 2009).

Die Studien deuten darauf hin, dass das Lungenkrebsrisiko proportional mit zunehmender Radonbelastung steigt. Die meisten radonbedingten Lungenkrebserkrankungen werden bereits durch geringe und mittlere Radonkonzentrationen verursacht. Radon ist die zweithäufigste Ursache für Lungenkrebs nach dem Rauchen. Die meisten radoninduzierten Lungenkrebsfälle treten jedoch bei Rauchern und Passivrauchern aufgrund einer starken kombinierten Wirkung von Rauchen und Radon auf (vgl. WHO handbook on indoor radon, 2009; Jahresbericht 2006 der SSK, 2007, Abschnitt 2.2.11; Menzler et al., 2006; Darby et al., 2005).

Die gesundheitliche Beurteilung von Radon ist wenig umstritten. Kein anderer innenraumrelevanter Schadstoff ist so gut dokumentiert und untersucht.

Schon zu Beginn der Neuzeit wurde im Jahr 1567 eine seltsame Lungenkrankheit mit Todesfolge als sog. Schneeberger Krankheit bei Bergarbeitern in der sächsischen Region beschrieben. Erst Jahrhunderte später wurde klar, dass es sich bei dieser Erkrankung um Lungenkrebs handelte und auf das Einatmen von Radon und seinen Folgeprodukten zurückzuführen ist.

Umfangreiche epidemiologische Studien an Bergarbeitern bieten seit den 1960er-Jahren die Grundlage des heutigen Wissens über die Wirkung von Radon auf die menschliche Gesundheit. Die Studien belegen die hohe biologische Wirksamkeit von Radon und zeigen einen proportionalen Anstieg des Lungenkrebsrisikos mit steigender Gesamtradonbelastung (vgl. Menzler et al., 2006).

Bereits 1988 wurde Radon von der Weltgesundheitsorganisation WHO und der Internationalen Agentur für Krebsforschung IARC als für den Menschen krebserzeugender Schadstoff eingestuft (vgl. Air Quality Guidelines for Europe, 2000 [dort Kapitel 8.3]; WHO handbook on indoor radon, 2009; WHO guidelines for indoor air quality, 2010).

Die aktuellen gesundheitlichen Bewertungen basieren auf umfangreichen internationalen Studien, die seit 2004 in Europa, Nordamerika und Asien ausgewertet worden sind. Das so ermittelte zusätzliches Risiko (ERR = Excess Relative Risk), an Lungenkrebs zu versterben, ist linear mit einer steigenden Radonkonzentration in der Raumluft verbunden (vgl. Tabelle 1.8).

Tabelle 1.8: Weltweite Studien zum zusätzlichen Risiko (ERR) durch Radon pro 100 Bq/m³ (Angaben nach Menzler et al., 2006)

Region	Autor(en)	Jahr	Fälle / Kontrollen	zusätzliches Risiko pro 100 Bq/m³
Europa	Darby et al.	2005, 2006	7.148 / 14.208	8 %
Nordamerika	Krewski et al.	2005, 2006	3.662 / 4.966	11 %
China	Lubin et al.	2004	1.050 / 1.995	13 %

In Deutschland werden nach statistischen Schätzungen jährlich knapp 1.900 Lungenkrebs-Todesfälle durch Radon in Innenräumen verursacht, das sind ca. 5 % der etwa 40.000 mit Lungenkrebserkrankungen in Zusammenhang stehenden Todesfälle (vgl. Menzler et al., 2006). Unabhängig von den exakten Zahlenwerten und Todesfallstatistiken gilt Radon eindeutig als das in Wohnungen – nach dem Tabakrauch – wichtigste umweltbedingte Krebsrisiko für die Bevölkerung, deutlich vor Schadstoffen wie Asbest, Benzol, Dioxinen, Cadmium, Arsen, PAK, PCB und anderen Kanzerogenen.

Ein erhöhtes Lungenkrebsrisiko ist ab einer Radon-222-Aktivitätskonzentration von 100 Bq/m³ im Jahresmittel epidemiologisch nachweisbar. Es wird zudem davon ausgegangen, dass es keinen Schwellenwert gibt, unterhalb dessen kein Risiko mehr besteht. Je zusätzliche 100 Bq/m³ im Innenraum erhöht sich das Lungenkrebsrisiko bereits signifikant um ca. 10 % und unter Berücksichtigung von Unsicherheiten in der Expositionsabschätzung sogar um 16 % (vgl. Darby et al., 2005).

Tatsächlich erhöht sich das Risiko bei Rauchern um ein Vielfaches gegenüber Nierauchern. Ein Raucher mit dem Konsum von einer Schachtel Zigaretten pro Tag hat ein 25-fach höheres Lungenkrebsrisiko als ein Nieraucher (vgl. Tabelle 1.9). Daher ist es nicht verwunderlich, dass ein großer Teil der abgeschätzten Todesfälle durch Radon auf gleichzeitigen Tabakkonsum zurückzuführen ist (auch ehemalige Raucher und Passivraucher sind hier zu berücksichtigen). Das bedeutet dann aber ebenso, dass eine Reihe von an Lungenkrebs verstorbenen Rauchern ohne zusätzliche Radonbelastung durch den Tabakkonsum allein nicht verstorben wäre. Ohne Radon im Innenraum liegt das Risiko eines Rauchers, bis zum Alter von 75 Jahren an Lungenkrebs zu versterben, bei ca. 10 %. Bei einer Radonkonzentration von 800 Bq/m³ liegt das Risiko bereits bei ca. 22 % (vgl. Tabelle 1.9).

Tabelle 1.9: Todesfälle infolge von Lungenkrebs bis zum Alter von 75 Jahren bei Nierauchern und Rauchern in Abhängigkeit von der Radonkonzentration nach Darby et al., 2005

Radonkonzentration in Bq/m³	Todesfälle pro 1.000 Nieraucher	Todesfälle pro 1.000 derzeitige Raucher
0	4,1	101
100	4,7	116
200	5,4	130
400	6,7	160
800	9,3	216

Das besonders hohe Radonrisiko von Rauchern wird in Fachkreisen kontrovers diskutiert. Aufgrund der hohen Fallzahlen bei Rauchern wird das „Restrisiko" von Nierauchern gerne auch relativiert.

Tatsächlich führt eine lebenslange Exposition gegenüber 100 Bq/m³ Radon im Innenraum auch bei Nierauchern bereits zu einem Lungenkrebsrisiko in Höhe von 1 : 1.700 ($6 \cdot 10^{-4}$) bzw. 6 von 10.000 (vgl. Tabelle 1.9). Bei chemischen Schadstoffen wie Benzol gilt ein Krebsrisiko in dieser Größenordnung von 10^{-6} bis 10^{-4} als für die Allgemeinbevölkerung nicht mehr zumutbar und es werden bereits gesetzliche Regelungen und Maßnahmen zur Vermeidung bzw. Reduzierung empfohlen (vgl. Sagunski, 2016).

Der Ausschuss für Innenraumrichtwerte (AIR) des Umweltbundesamtes, die Weltgesundheitsorganisation WHO und das Bundesamt für Strahlenschutz (BfS) empfehlen, einen Wert von 100 Bq/m³ als gesundheitliches Beurteilungskriterium zur Reduzierung des Lungenkrebsrisikos durch Radon für die Allgemeinbevölkerung heranzuziehen. Im Ergebnisprotokoll der 50. Sitzung der Ad-hoc-Arbeitsgruppe Innenraumrichtwerte der Innenraumlufthygiene-Kommission (IRK) und der Arbeitsgemeinschaft der Obersten Landesgesundheitsbehörden (AOLG) vom 4./5. November 2014 wurde wie folgt festgehalten:

„Angesichts des […] vereinbarten Verfahrens zur Bewertung krebserzeugender Stoffe in der Innenraumluft sowie auch im Hinblick auf den von der Weltgesundheitsorganisation 2010 veröffentlichten Leitwert betrachtet die Ad-hoc-Arbeitsgruppe 100 Bq Radon/m³ als Referenzwert für Innenraumluft. Für die nichtrauchende Bevölkerung ist diese Radon-Konzentration bei lebenslanger

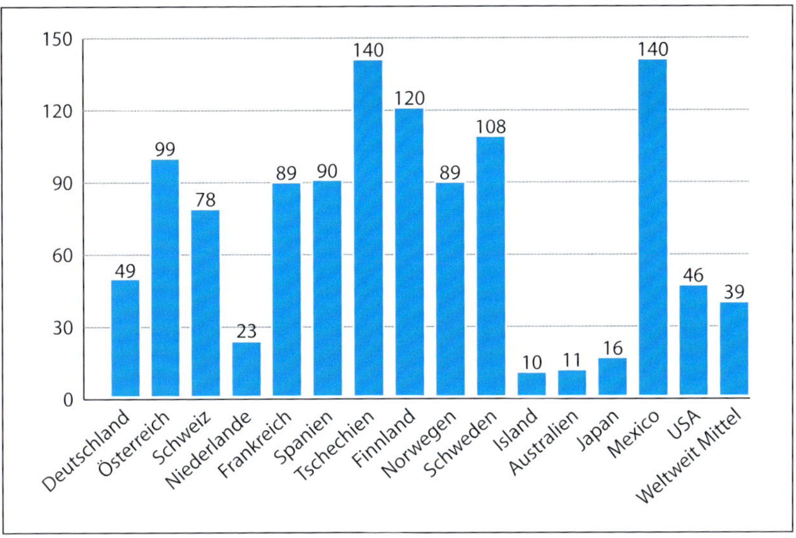

Abb. 1.3: Radonkonzentrationen in Bq/m³ (Innenraum, Mittelwerte) in Ländern der OECD nach WHO handbook on indoor radon, 2009

Exposition mit einem Lungenkrebsrisiko von ca. 1 : 1700 ($6x10^{-4}$) verknüpft. Angesichts des relativ hohen, aus bevölkerungsbezogenen Untersuchungen abgeschätzten und damit belastbaren Krebsrisikos sollten nach Auffassung der Ad-hoc-Arbeitsgruppe möglichst auch unterhalb dieses Referenzwertes weitere, vom Aufwand her vertretbare Maßnahmen zur Absenkung der Radonkonzentration in Innenräumen ergriffen werden. […]" (Ergebnisprotokoll der 50. Sitzung der Ad-hoc-Arbeitsgruppe, 2014, TOP 3.2)

Auch der Sachverständigenverband BVS spricht sich für einen Zielwert für Neubauten von 100 Bq/m³ aus (vgl. BVS-Standpunkt „Radon in Gebäuden" [Ausgabe Februar 2017]).

Im Vergleich entspricht das Krebsrisiko nach lebenslanger Exposition gegenüber 100 Bq/m³ etwa dem Krebsrisiko nach lebenslanger Exposition gegenüber 10.000 Asbestfasern/m³, was wiederum dem Akzeptanzrisiko im Arbeitsschutz nach TRGS 910 entspricht (vgl. BVS-Standpunkt „Radon in Gebäuden" [Ausgabe Februar 2017]). Nach einer aktuellen Abschätzung wird das Risiko von 100 Bq/m³ sogar 100.000 Asbestfasern/m³ (Chrysotil-Asbest) gleichgesetzt (vgl. Wesselmann/Sagunski, 2018).

Aktuelle Studien beschäftigen sich auch mit anderen Krebswirkungen und anderen Krankheiten ausgehend von erhöhten Radonexpositionen und mit dem Risiko von besonderen Bevölkerungsgruppen wie Kleinkindern sowie bei Schwangerschaften (Auswirkungen auf das Ungeborene). Hierzu liegen jedoch noch keine belastbaren Ergebnisse vor.

1.3 Vorkommen von Radon

Radon kommt weltweit in der Bodenluft im Erdreich und zu einem sehr geringen Anteil in der Atmosphäre vor. Die Verteilung ist dabei sehr unterschiedlich. Abb. 1.3 zeigt die durchschnittlichen Radonkonzentrationen in Ländern der OECD.

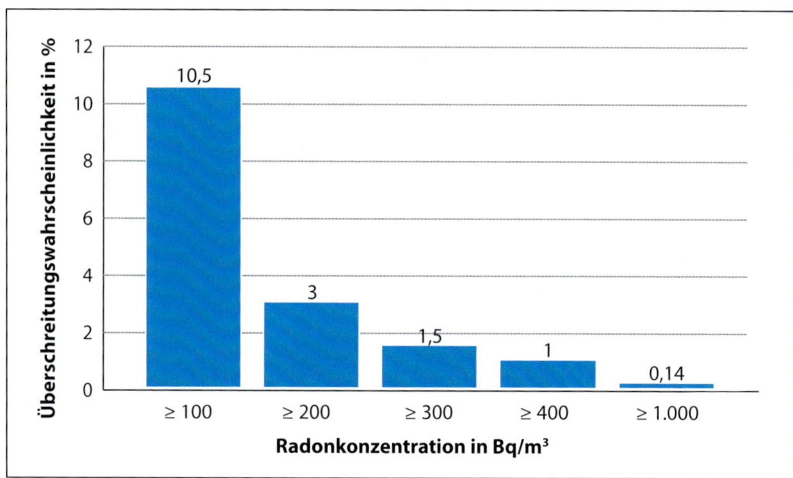

Abb. 1.4: Radonkonzentrationen in Aufenthaltsräumen im Erdgeschoss von Ein- und Zweifamilienhäusern auf Grundlage von Messungen in Deutschland bis 2016 (Daten nach Radon-Handbuch Deutschland, 2019)

Weltweit liegt der Mittelwert der Radonkonzentration bei 39 Bq/m^3 in Gebäuden. Einige europäische Länder liegen deutlich über diesem Mittelwert bei bis zu 140 Bq/m^3 in Tschechien. Auch Österreich, die Schweiz, Frankreich, Spanien, Norwegen, Schweden und Finnland liegen ca. um den Faktor 2 bis 3 über dem Mittelwert. Deutschland liegt mit 49 Bq/m^3 nur knapp über dem weltweiten Mittel.

Abb. 1.4 zeigt die Überschreitungswahrscheinlichkeiten der Radonkonzentration in Gebäuden nach der Auswertung von Raumluftmessungen in Deutschland bis 2016. Es zeigt sich, dass 10,5 % der Fallzahlen im Wertebereich über 100 Bq/m^3 liegen; über dem Referenzwert von 300 Bq/m^3 liegen 1,5 % der Messungen. Werte über 1.000 Bq/m^3 sind nur in 0,14 % der Gebäude vorzufinden.

Derzeit führen die Länder und der Bund weitere Radonmessungen in der Luft von Aufenthaltsräumen und an Arbeitsplätzen durch. Inzwischen sind zahlreiche Messungen dazugekommen. Eine grundsätzliche Veränderung der dargestellten Verteilung ist jedoch nicht zu erwarten.

Tabelle 1.10 zeigt für Deutschland die Verteilung der Radonkonzentrationen in der Bodenluft und in Gebäuden. Der Mittelwert in der Bodenluft liegt bei 36.000 Bq/m^3 und der Mittelwert in den Wohngeschossen (Erdgeschoss und höhere Etagen) zwischen 36 und 53 Bq/m^3, je nach Lage und Höhe im Gebäude. So liegt die Differenz zwischen Bodenluft- und Innenraumkonzentration für Bestandsgebäude im Mittel bei einem Faktor von ca. 1.000.

In Kellerräumen liegen die höchsten Werte mit 91 Bq/m^3 vor, womit der Radoneintritt über die erdberührende Gebäudehülle (Fundament, Außenwände) bestätigt wird. In Ausnahmefällen können jedoch auch in höheren Etagen höhere Konzentrationen auftreten. Entscheidend ist die Verteilung und Verbreitung radonhaltiger Luft über lufttechnische Verbindungen und Druckunterschiede innerhalb eines Gebäudes.

Tabelle 1.10: Radonkonzentration in der Bodenluft und in Gebäuden Deutschlands nach „Umweltradioaktivität und Strahlenbelastung im Jahr 2000“ (Unterrichtung durch die Bundesregierung; Drucksache 14/6905 [Deutscher Bundestag – 14. Wahlperiode] vom 10.09.2001, Tabelle III.1)

Messort	**Anzahl der Messwerte**	**Mittelwert in Bq/m³**	**50. Perzentil (Median) in Bq/m³**	**95. Perzentil in Bq/m³**	**99. Perzentil in Bq/m³**
Bodenluft	1.781	36.000	25.000	104.000	154.000
Kellergeschoss	3.373	91	52	265	679
Erdgeschoss	10.692	53	39	129	292
erstes Obergeschoss	5.994	43	34	102	177
höhere Etagen	3.182	36	30	78	119

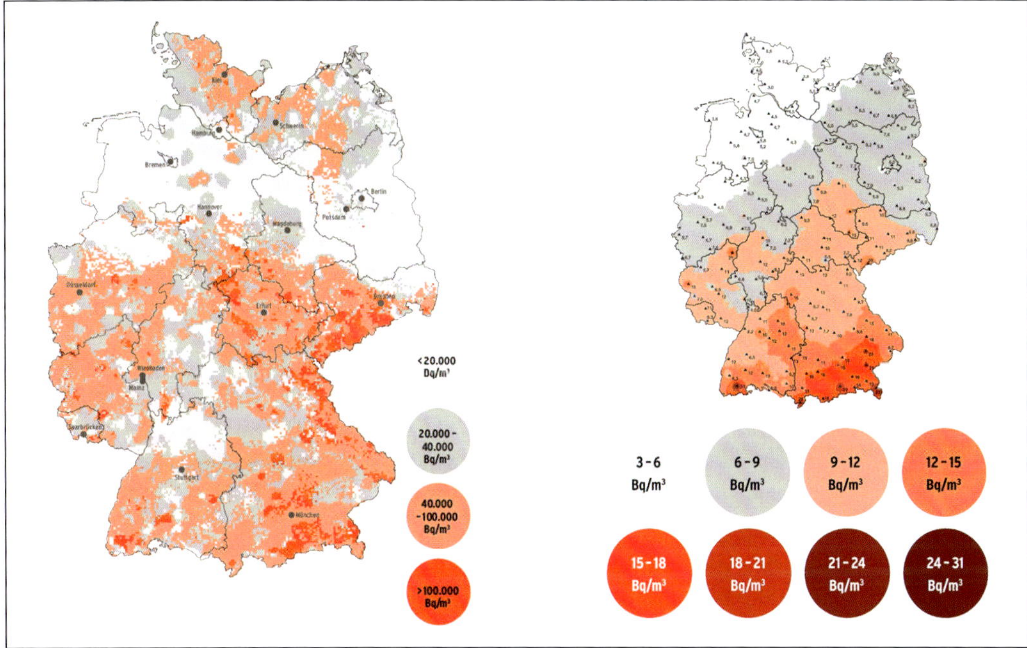

Abb. 1.5: Radonkonzentrationen; links: in der Bodenluft; rechts: in der Außenluft (Quelle: Bundesamt für Strahlenschutz Salzgitter, Radon-Handbuch Deutschland)

In manchen Gebieten in Deutschland zeigen sich erhöhte und überdurchschnittliche Radonkonzentrationen in der Bodenluft, vor allem in Bayern, Sachsen, Sachsen-Anhalt, Thüringen sowie im südlichen Schwarzwald, in der Eifel, im Sauerland und Teilen von Nordrhein-Westfalen (vgl. Abb. 1.5). Im Norden von Deutschland liegt in der Regel weniger Radon in der Bodenluft vor; Ausnahmen stellen das Kieler Becken und Teile von Schleswig-Holstein sowie Mecklenburg-Vorpommern dar. Hier führen nuklidreiche Gletscherablagerungen zu auffälligeren Radonwerten. Aus diesem Grund sind auch die durchschnittlichen Radonkonzentrationen in den skandinavischen Ländern deutlich höher als in Deutschland. Insgesamt bieten Karten wie in

Abb. 1.5 nur eine recht grobe Übersicht für eine regionale Unterscheidung (vgl. Radon-Handbuch Deutschland, 2019).

Die Werte in der Außenluft sind entsprechend niedrig und zeigen einen zunehmenden Trend von Nordwest bis Südost aufgrund der Windverhältnisse (über dem Meer sind die Luftmassen sehr nuklidarm) und der Exhalation aus dem Erdreich (höhere Bodengaswerte im Südosten). Die lokalen Unterschiede sind jedoch vergleichsweise gering. Nur auf sehr kleinen Flächenanteilen liegen Außenluftwerte über 30 Bq/m^3 vor.

In der Allgemeinbevölkerung in Deutschland, aber auch bei Baubeteiligten (Planer, Ausführende, Immobilienverwalter) sind Kenntnisse zu Radon und die damit verbundenen gesundheitlichen Risiken noch eher wenig verbreitet. Eine aktuelle Studie im Auftrag des Bundesamtes für Strahlenschutz zeigt, dass nur jeder Fünfte Radon als gefährlich einschätzt (vgl. Illge/Degel/Oertel, 2021).

Um eine eventuelle Betroffenheit abschätzen zu können, werden oft zunächst sog. Radonkarten herangezogen. Die derzeit über ein Onlineportal (Geoportal) des BfS unter der Adresse www.imis.bfs.de/geoportal verfügbare Karte zeigt die Radonkonzentration in der Bodenluft (90. Perzentil) und unterscheidet sich von der im Radon-Handbuch des BfS dargestellten Karte.

Die im Geoportal für Radon verfügbaren Karten werden laufend aktualisiert und gliedern sich nach:

- **Radon-222 in der Bodenluft** (90. Perzentil, Prognose, Raster 1 km × 1 km),
- Radon-222 in Freiluft,
- Radon-222 in Freiluft (interpoliert),
- **Radonpotenzial** (Raster 10 km × 10 km),
- Radonvorsorgegebiete.

Es muss darauf hingewiesen werden, dass die Karten auf Daten von relativ wenigen Messpunkten basieren und rein statistische Zusammenhänge bzw. Wahrscheinlichkeiten aufzeigen.

Mithilfe von Berechnungsverfahren werden für die Bodenluft Prognosewerte in einem 1 km × 1 km-Raster zugeordnet. In der Legende des Layers ist folgende Beschreibung als Information hinterlegt:

„Die in der Karte dargestellten Werte sind so gewählt, dass die an einem Ort im Boden vorhandene Radon-Konzentration in 90 Prozent der Fälle niedriger oder identisch mit dem in der Karte angegebenen Wert ist. Für die restlichen zehn Prozent der Fälle kann nicht ausgeschlossen werden, dass aufgrund kleinräumiger geologischer Besonderheiten höhere Werte auftreten. Kleinräumig erhöhte Werte von Radon in der Bodenluft, die untypisch für ihre Umgebung sind, lassen sich mit mathematischen Berechnungsverfahren nicht exakt lokalisieren. Sie können nur mit einer Radon-Messung im Boden gefunden oder ausgeschlossen werden. Wie hoch die Radon-Konzentration innerhalb bereits bestehender Gebäude oder im Boden eines einzelnen Grundstückes ist, kann man aus der Karte nicht ablesen. Dieser Wert lässt sich nur mit einer Radon-Messung ermitteln." (BfS-Geoportal [www.imis.bfs.de/geoportal]; Legende zum Layer „Radon-222 in der Bodenluft [90. Perzentil, Prognose]")

Bei geologisch inhomogenen Gebieten treten deutliche örtliche Variationen auf. Zusätzlich können je Bodenbeschaffenheit durch Klima, Witterung und Jahreszeit auch geringe zeitliche Variationen auftreten. Daher muss Folgendes festgehalten werden:

- Eine **Prognose des geogenen Radonpotenzials** für ein individuelles Baufeld **kann** auf Basis von Radonkarten **nicht abgeleitet** werden.
- Eine **Prognose der Radonkonzentration** für ein individuelles Bestandgebäude **kann** auf Basis von Radonkarten **nicht abgeleitet** werden.

Derzeit arbeiten die Bundesländer noch an der Datenlage zur Festlegung von sog. Radonvorsorgegebieten, um eine Ausweisung in Zukunft noch präziser vornehmen zu können. Definitionsgemäß wird davon ausgegangen, dass bei 75 % der Fläche dieser Gebiete der Referenzwert von 300 Bq/m³ bereits in 10 % der Gebäude im Jahresmittel überschritten wird. Unberücksichtigt bleiben hier jedoch bauliche und gebäudespezifische Parameter.

Ein wichtiges Werkzeug für die Gebietsausweisung und auch die Beurteilung eines individuellen Baufeldes stellt das Radonpotenzial dar. Die Beschreibung des entsprechenden Layers im BfS-Geoportal lautet folgendermaßen:

„*Wie stark Radon aus dem Boden entweichen und potenziell in Innenräume von Häusern gelangen kann, wird als ‚Radon-Potenzial' bezeichnet. Seine Höhe hängt davon ab, wie viel Radon im Boden konzentriert ist und wie (gas-) durchlässig der Boden ist. Die Karte ‚Radon-Potenzial' berücksichtigt daher neben dem Radon-Vorkommen im Boden auch die Durchlässigkeit des Bodens. Die Karte zeigt die regional zu erwartende Situation in einem groben Raster. Aussagen zu einzelnen Gebäuden oder Grundstücken können daraus nicht abgeleitet werden, da die für die Prognose verwendeten Parameter lokal stark variieren können. Die Prognose bildet den aktuellen Stand der Erkenntnisse ab. Sie unterliegt einer permanenten Validierung und Weiterentwicklung, basierend auf neuen Daten und neuen Verfahren. Prognosen sind immer mit Unsicherheiten verbunden. In Regionen, in denen keine oder nur wenige Messwerte vorliegen, kann es zu deutlichen Abweichungen zwischen der Prognose und der wirklichen Situation kommen. In den schraffierten Flächen widersprechen die Ergebnisse der Prognose offensichtlich den lokalen Erfahrungswerten. Hier bedarf es einer gesonderten Validierung.*" (BfS-Geoportal [www.imis.bfs.de/geoportal]; Legende zum Layer „Radonpotenzial")

Unter Einbezug der Gaspermeabilität in der Bodenluft wurde mit der Bestimmung des geogenen Radonpotenzials ein neues Verfahren eingeführt, das derzeit auch für die Festlegung der Radonvorsorgegebiete verwendet wird. Das Radonpotenzial *RP* ist eine dimensionslose, empirische und einfach zu berechnende, handhabbare Größe, die sich üblicherweise im Bereich von 1 bis 200 bewegt.

Bei früheren Kartendarstellungen wurde nur die Bodenluftkonzentration verwendet. Im Gegensatz dazu wird nun mit dem geogenen Radonpotenzial *RP* eine Variable gewählt, um auch dem Transport des Radons im Boden Rechnung zu tragen, der mit der Permeabilität quantifiziert werden kann. Mit der Einführung des geogenen Radonpotenzials wurden die Korrelationen zwischen den bei Radon-Bodengasmessungen verfügbaren Messgrößen und den Innenraumkonzentrationen verbessert. Die Berechnung wird nach den Vorgaben des BfS folgendermaßen durchgeführt (vgl. Bossew/Hoffmann, 2018):

$$RP = \frac{C_{\mathrm{Rn}}}{-\log_{10} k - 10} \quad (1.5)$$

mit

C_{Rn} Radon-Aktivitätskonzentration am Messpunkt in $\mathrm{kBq/m^3}$

k spezifische Gaspermeabilität am Messpunkt in $\mathrm{m^2}$

Die spezifische Gaspermeabilität wird bei den offiziellen Radonmessungen in der Bodenluft immer messtechnisch bestimmt. Hier werden über ein wissenschaftlich anerkanntes Verfahren der Volumenstrom und der Differenzdruck gemessen und die spezifische Gaspermeabilität in Abhängigkeit der verwendeten Sonde (Geometriefaktor) berechnet (vgl. Kemski et al., 2012).

Das mittlere Radonpotenzial am Messort errechnet sich durch die Mittelwerte des Radonpotenzials der Messpunkte.

Einteilung der Radonvorsorgegebiete (vgl. Bossew/Hoffmann, 2018):

- Klasse 1 – *RP* unter 20: Referenzwert in nicht beträchtlicher Anzahl überschritten
- Klasse 2 – *RP* zwischen 20 und 44: Bewertung noch unsicher
- Klasse 3 – *RP* über 44: Referenzwert in beträchtlicher Anzahl überschritten

Die Klassifizierungen beschreiben statistische Wahrscheinlichkeiten, den aktuellen gesetzlichen Referenzwert von derzeit 300 $\mathrm{Bq/m^3}$ im Jahresmittel in Gebäuden zu überschreiten:

- So wird bei einem **Radonpotenzialwert von unter 20** nicht von einer Überschreitung von 300 $\mathrm{Bq/m^3}$ in einer beträchtlichen Anzahl von Gebäuden ausgegangen.
- Bei **Radonpotenzialwerten zwischen 20 und 44** bestehen Unsicherheiten. Hier können nach dem derzeitigen Kenntnis- und Datenstand keine eindeutigen Zuordnungen abgeleitet werden. In diesen Regionen sind weiter gehende Untersuchungen notwendig (Radonpotenzial/Raumluftkonzentrationen).
- Bei einem **Radonpotenzialwert von über 44** wird mit einer Überschreitung des Referenzwertes von 300 $\mathrm{Bq/m^3}$ in einer beträchtlichen Anzahl von Gebäuden gerechnet; dieser Radonpotenzialwert gilt definitionsgemäß als Kriterium für die Festlegung von Radonvorsorgegebieten gemäß § 121 Abs. 1 des Strahlenschutzgesetzes (StrlSchG), sofern sich diese Beurteilung auf über 75 % der zu betrachtenden Gebietsfläche erstreckt.

Bereits unter 20.000 $\mathrm{Bq/m^3}$ Radonkonzentration in der Bodenluft (niedrigste Einstufung nach Radonkarte) kann bei ungünstiger Bauweise jedoch schon mit Radonauffälligkeiten in Häusern gerechnet werden. Der Durchschnittwert liegt in Deutschland bei ca. 36.000 $\mathrm{Bq/m^3}$.

Baustoffe

Eher seltener sind Baustoffe oder Einrichtungsgegenstände an erhöhten Radon-Innenraumkonzentrationen beteiligt. Wenn jedoch radiumhaltige Materialien eingesetzt wurden, kann es auch zu signifikante Radonbelastungen in der Raumluft kommen (mit Bq/m^3-Jahresmittelwerten im höheren dreistelligen Bereich). Besonders auffällig können hierbei z. B. folgende Materialien in Erscheinung treten:

- Chemiegips (Phosphorit),
- Blau-Beton (nordischer Leichtbeton mit bis zu 5.000 Bq/kg Uran-238),
- Schlackenstoffe als Dämmschüttung in Decken (Verarbeitungsrückstände uranvererzter Steinkohlen),
- Naturbims, Hüttenbims,
- radiumglasierte Farben, Fliesen und Leuchtziffern (je nach Raumbeladung),
- Baustoffe aus uranhaltigem Schwarzschiefer,
- großflächig eingesetzte Baustoffe mit Radiumgehalten über 100 Bq/kg (Ra-226).

Die Messung der Radon-Aktivität ausgehend von **Baustoffen** bezieht sich auf die **Exhalationsrate** von Radon, wobei mit Exhalation hier die Ausgasung aus dem Baustoff gemeint ist. Das Ergebnis wird in Aktivität pro Fläche und Zeit angegeben, in der Regel in Becquerel pro Quadratmeter und tunde. Tabelle 1.11 zeigt Beispiele von typischen Exhalationsraten und möglichen Radon-Raumluftkonzentrationen.

Tabelle 1.11: Radon-Exhalationsraten ausgehend von Baustoffen (nach Radon-Handbuch Deutschland, 2019) und daraus abgeleitete baustoffbedingte Radonkonzentrationen mit Bewertung

Baustoff	Radon-Exhalationsrate in Bq/(m^2 · h)	baustoffbedingte Radonkonzentration[1)] in Bq/m^3	Bewertung
Kalkstein	0,9 bis 11	9 bis 110	unauffällig bis manchmal auffällig
Klinker, Ziegel	1 bis 10	10 bis 100	unauffällig bis manchmal auffällig
Naturbims	0,6 bis 6	6 bis 60	unauffällig bis manchmal auffällig
Hüttenschlacke	0,4 bis 0,7	4 bis 7	unauffällig
Beton	2 bis 20	20 bis 200	unauffällig bis manchmal auffällig
Porenbeton	1 bis 3	10 bis 30	unauffällig bis schwach auffällig
Porenbeton mit Alaunschiefer	50 bis 200	500 bis 2.000	stark auffällig
Naturgips	0,2	2	unauffällig
Chemiegips, Apatit	0,4	4	unauffällig
Chemiegips, Phosphorit	24	240	stark auffällig

1) Raumluftwerte berechnet für eine Raumbeladung von 1 m^2/m^3 mit einem Luftwechsel von 0,1/h

Das Bundesamt für Strahlenschutz empfiehlt eine **maximale Radonkonzentration** von 20 Bq/m³ für den baumaterialbedingten Beitrag im Jahresmittel (vgl. Gehrcke et al., 2012), was bei einer Raumbeladung von 1 m²/m³ und einem Luftwechsel von 0,1/h einer Exhalationsrate von ca. 2 Bq/(m² · h) entspricht.

In der Praxis sind Fälle mit deutlich bis stark auffälligen Beiträgen zu Radonkonzentrationen im Innenraum aufgetreten, die aus der Verwendung von Chemiegips (Phosphorit) im Hausbau der 1970er-Jahre resultieren. Hier sind Werte bis über dem Referenzwert von derzeit 300 Bq/m³ möglich. In solchen Fällen liegen auch erhöhte Werte der Gamma-ODL (bis über 300 nSv/h) vor und in der In-situ-Gammaspektrometrie sind die Beiträge durch Radium-226 deutlich zu erkennen. Bei den anderen Gipsarten (Naturgips oder auch REA-Gips aus der Rauchgasentschwefelung) sind in der Regel keine Radonauffälligkeiten zu erwarten.

Bei den Materialien, die großflächig und raumseitig diffusionsoffen – also ohne Beschichtungen – eingesetzt werden, können neben Radon (Rn-222) auch Thoron-Konzentrationen (Rn-220) in die Innenraumluft gelangen. Wegen der intensiven Alphazerfälle in der Reihe seiner Zerfallsnuklide ist **Thoron** ebenfalls besonders kritisch zu betrachten. Thoron kann insbesondere bei radioaktiv auffälligem Granit (z. B. als Fußbodenbelag) in die Innenraumluft gelangen, aber auch durch stark Thorium-auffällige Baustoffe, Schlacken und ungebrannten Lehm (Lehmprodukte, großflächig in dickeren Schichten ab 10 mm; vgl. Haumann, 2015). Gesundheitlich relevant sind dabei besonders die Alphastrahler aus der Thoron-Zerfallsnuklidkette (Bi-212, Po-212).

Leider kann Thoron aufgrund der sehr kurzen Halbwertszeit nicht direkt über ein einfaches Messverfahren in der Raumluft bestimmt werden. Radioaktiv auffällige Baustoffe geben daher einen ersten Hinweis auf eine mögliche erhöhte Radon- oder Thoron-Exhalationsrate.

Im Zweifel sollte die Raumluft auf die Aktivitätskonzentration der Thoron-Folgeprodukte geprüft werden (aktive Probenahme mit Abscheidung auf Filter und Alphaspektrometrie) oder eine Materialprobe auf Thoron-Exhalation untersucht werden (Laboranalyse). Eine weitere Möglichkeit besteht in einer In-situ-Messung mittels Radon-Thoron-Monitor an Baustoffoberflächen (vgl. dazu Kapitel 3.7).

Grundsätzlich kann auch die spezifische Aktivität von Baustoffproben auf die natürlichen Nuklide Radium-226, Thorium-232 und Kalium-40 bestimmt werden. Die Werte für Radium und Thorium geben eventuell erste Anhaltspunkte für eine mögliche Raumluftproblematik hinsichtlich Radon und Thoron. Der Übergang in die Gasphase bzw. in die Raumluft hängt jedoch – wie im Erdreich – sehr stark von den Materialeigenschaften ab. Tendenziell ist jedoch bei höheren spezifischen Aktivitäten eine höhere Exhalation zu erwarten. Aus diesem Grund wird in der Baubiologie empfohlen, den Wert für die spezifische Aktivität von 100 Bq/kg Radium-226 für großflächig verwendete Baumaterialien nicht zu überschreiten (vgl. Schneider, 1982).

1.4 Mechanismus des Radoneintrags in Gebäude

Radon entsteht durch den Zerfall des Radiums (Ra-226) im mineralischen Verbund (Gesteinskörner). Ein Teil des gebildeten Radons wird freigesetzt und gelangt als natürliches Bodengas in den luftgefüllten Porenraum. Dieser Prozess wird **Emanation** genannt. Die Menge des freigesetzten Radons hängt von mehreren Faktoren wie Gesteinsart bzw. Nuklidgehalt (Ra-226), Porenvolumen und Wassergehalt ab.

Die Korngrößenverteilung spielt eine wichtige Rolle für die Höhe der Emanation. So ist die Emanation aufgrund der größeren Oberfläche bei feineren Korngrößen meist höher, da Radon zum größten Teil aus dem Mutternuklid Radium-226 freigesetzt wird, das an den Kornoberflächen eingelagert ist. Die höchsten Emanationswerte sind bei unterschiedlichen Boden- und Gesteinsarten zu beobachten, wenn ein mittlerer Feuchtegehalt vorliegt (ca. 2 bis 4 % Wassergehalt). Sehr trockene oder sehr nasse Böden zeigen hingegen eine geringere Emanation. Zu den Gesteinsarten mit den höchsten Emanationswerten gehören die **Granite**, die u. a. im Fichtelgebirge und im Harz zu finden sind (vgl. Kemski/Klingel/Siehl, 1996).

Das in der Bodenluft angereicherte Radon kann sich nun durch den natürlichen Konzentrationsausgleich (Diffusion) und Luftströmungen über Wegsamkeiten (Konvektion über Klüfte und Verwerfungen) im Erdreich verteilen. Dieser Prozess wird **Migration** genannt. Auch die Beweglichkeit der radonhaltigen Bodenluft hängt von mehreren Faktoren ab wie z. B. von der Bodenart, der Gaspermeabilität, von Temperatur- und Druckgradienten sowie vom Wassergehalt. Die Diffusionsweiten schwanken zwischen einigen Zentimetern in wassergesättigten, feinkörnigen Böden und wenigen Metern in kiesigen Böden. Bei der Konvektion bzw. Advektion wird Radon über Trägermedien wie Grundwasser oder Bodenluft entlang lokaler Wegsamkeiten transportiert. Hierbei werden bei günstigen Wegsamkeiten Transportweiten von deutlich über 10 m erreicht.

Angesichts der komplexen Vorgänge im Erdreich verwundert es nicht, dass die für ein Gebäude „verfügbare“ Radonkonzentration örtlich (kleinräumig) und zeitlich variieren kann. Besonders deutliche Variationen treten in geologischen Störzonen und im Bereich von starken Erdbewegungen auf. Daher kommen Messungen der Radonkonzentration in der Bodenluft auch bei der Erdbebenvorhersage und bei der Kartierung von geologischen Störzonen zum Einsatz.

Ein Teil der radonhaltigen Bodenluft gelangt nun aus dem Erdreich durch **Konvektion** und **Diffusion** über die erdberührende Gebäudehülle in die Innenraumluft. Die radonhaltige Bodenluft dringt durch verschiedene Schwachstellen ein – etwa über Risse in Mauerwerk und Bodenplatte, über Kabelkanäle und Rohrdurchführungen, Lüftungs- und Lichtschächte, Keller mit Naturböden, Kies, Bruchstein oder lose verlegte Ziegel.

Einmal im Gebäude angereichert, kann Radon nur durch Verdünnung mit der Außenluft (Luftwechsel) wieder abgereichert werden.

Infolge von energetischer Sanierung im Bestand, einer zunehmend luftdichteren Gebäudehülle bei Neubauten und in der Praxis häufig unzureichender

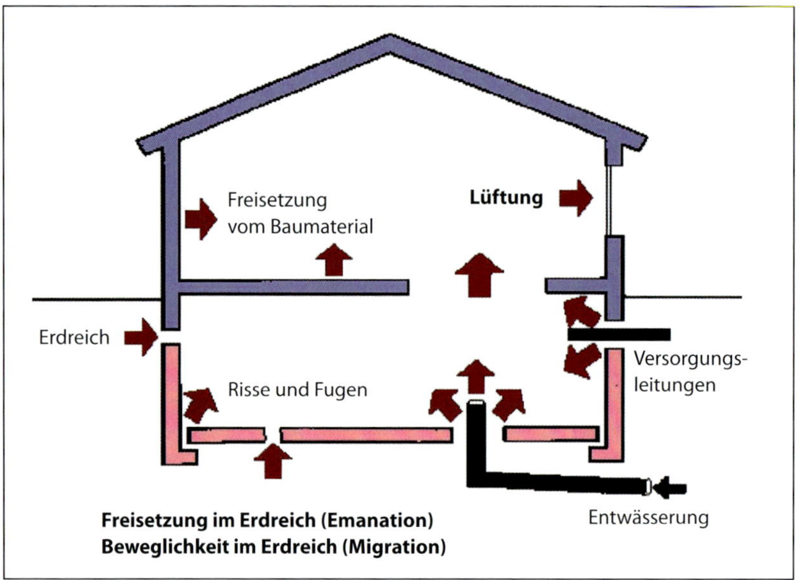

Abb. 1.6: Mechanismus des Radoneintrags

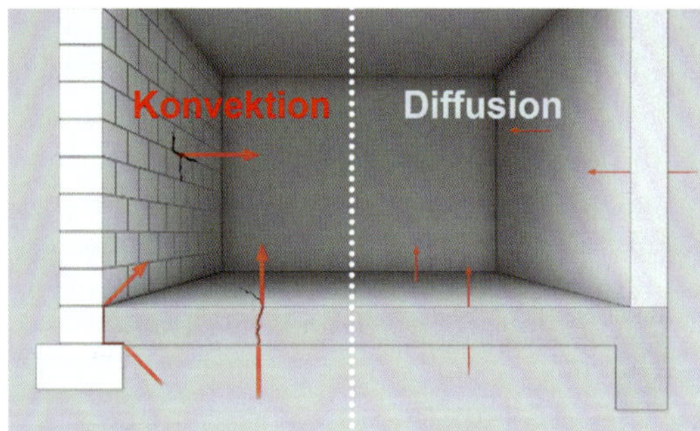

Abb. 1.7: Konvektion (links) und Diffusion (rechts), schematisch (Quelle: Radon-Handbuch Deutschland, BfS 2019)

Wohnungslüftung kann es schnell zu einer kritischen Anreicherung im Innenbereich kommen. Die Hauptursachen für Radon im Innenraum sind somit mangelhafte Abdichtungen von Gebäuden zum Erdreich und mangelhafte Lüftung von Innenräumen.

Erfahrungsgemäß gibt es im Winter bei reduzierter Lüftung und im Heizbetrieb meist höhere Radon-Innenraumkonzentrationen als im Sommer.

Radon kommt auf konvektivem Weg bei bereits geringen Druckdifferenzen zwischen Bodenluft und Raumluft (z. B. durch thermischen Auftrieb im Heizbetrieb) über Undichtigkeiten in der erdberührenden Gebäudehülle (Risse, Fugen, Durchführungen) in ein Gebäude. Für die Höhe der Radonkonzentration im Gebäude ist hierbei der Volumenstrom der eintretenden Bodenluft entscheidend. Diffusion durch Betonbodenplatten spielt in der Regel eine untergeordnete Rolle. Entscheidend sind daher die Gebäudeeigenschaften und hierbei insbesondere die Dichtheit der Gebäudehülle zum Erdreich (vgl. Abb. 1.6 und 1.7).

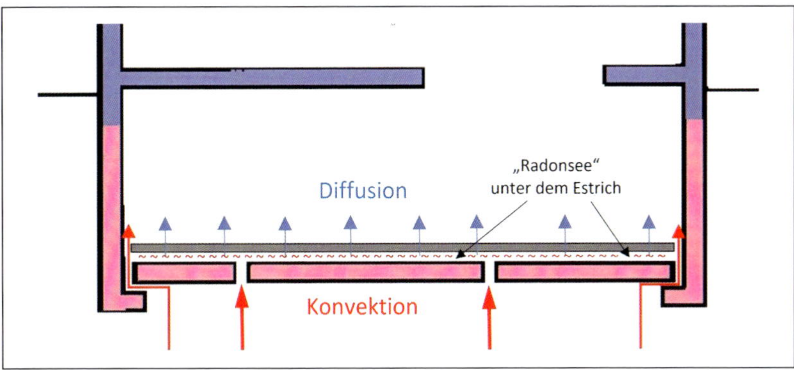

Abb. 1.8: Radonsee unter dem Estrich

Hinweis

In der Praxis kann in manchen Gebäuden ein sog. Radonsee im Bodenaufbau zum Erdreich unter dem Estrich beobachtet werden. Der eigentliche Radoneintritt resultiert aus Konvektion, z. B. über Risse im Fundament. Die angestaute radonhaltige Bodenluft kann dann großflächig durch den gut gasdurchlässigen Estrich diffundieren (vgl. Abb. 1.8). Es handelt sich hier um eine ungünstige Kombination von konvektivem und diffusivem Radoneintrag. Diese Situation kann messtechnisch über das Radon-Sniffing gut erkannt werden (vgl. dazu Kapitel 3.5).

In manchen Fällen kann sich Radon auch direkt über das Mauerwerk ausbreiten; besonders anfällig dafür ist z. B. zweischaliges Mauerwerk, Mauerwerk mit Hohlräumen oder mit porösem Fugenmaterial. Hier kann unter Umständen auch Radon aus der Bodenluft direkt in höhere Etagen vordringen und zu ähnlich hohen (oder sogar höheren) Raumbelastungen wie im Keller führen.

Ebenso spielt die lufttechnische Verbindung zwischen Etagen eine wichtige Rolle. Radonhaltige Kellerluft kann sich gut über offene Treppenaufgänge, Leitungsrohre oder sonstige lufttechnische Verbindungen wie z. B. alte, nicht mehr genutzte Abflussrohre in höheren Etagen verteilen.

Vertiefende Darstellungen und Beschreibungen des Radoneintrags in Gebäude sind z. B. zu finden im Radon Handbuch Deutschland des Bundesamtes für Strahlenschutz (vgl. Radon-Handbuch Deutschland, 2019) und in der Fachinformationsschrift „Radonschutzmaßnahmen – Planungshilfe für Neu- und Bestandsbauten“ des Sächsischen Staatsministeriums für Energie, Klimaschutz, Umwelt und Landwirtschaft (SMEKUL; vgl. Reiter/Wilke/Uhlig, 2020). Des Weiteren wird bis zum Ende des Jahres 2024 die Veröffentlichung eines Merkblatts der Wissenschaftlich-Technischen Arbeitsgemeinschaft für Bauwerkserhaltung und Denkmalpflege e. V. (WTA) zu Radon im Gebäudebestand erwartet.

Im **Altbau** treten vermehrt Radonprobleme auf, insbesondere bei Streifenfundamenten oder einer fehlenden Bodenplatte. Geringer Luftwechsel nach der Altbausanierung und hohe Druckdifferenzen im Winter führen zu einer verstärkten Anreicherung von Radon im Innenraum. Schon wenige Pascal Unterdruck können zu einem erheblichen Volumenstrom radonhaltiger Bodenluft in ein Gebäude führen. Daher können Überschreitungen von Referenz- und Empfehlungswerten auch schon bei mittlerem und niedrigem Radonpotenzial beobachtet werden.

Im **Neubau** sind es häufig Ausführungsfehler, die für Radonprobleme verantwortlich sind. Hier geht es um unzureichende Anschlüsse und Abdichtungen von Mediendurchführungen (z. B. Kabel, Rohre, Leitungen). In manchen Fällen treten hier auch Feuchtigkeitsprobleme auf, oft sind die Mängel erst durch Radonmessungen erkennbar. Zudem kommen Planungsfehler hinzu, wenn z. B. an einem Standort mit unerkannt erhöhtem Radonpotenzial (z. B. außerhalb von Radonvorsorgegebieten) gebaut wird ohne besondere Anforderungen an den technischen Feuchteschutz (z. B. nur Wassereinwirkungsklasse W1-E [Bodenfeuchte und nicht drückendes Wasser] nach DIN 18533 „Abdichtung von erdberührten Bauteilen").

Quellstärke bzw. Radon-Eintrittsrate

Entscheidend für die Anreicherung von Radon in einem Gebäude ist die Radon-Quellstärke (auch: Radon-Eintrittsrate). Hierbei können folgende Einheiten verwendet werden:

- Aktivität pro Zeit: Bq/h,
- Aktivität pro Zeit und Fläche: $Bq/(m^2 \cdot h)$,
- Aktivität pro Zeit und Volumen: $Bq/(m^3 \cdot h)$.

Üblich ist die Angabe in $Bq/(m^3 \cdot h)$.

Die im Innenraum zusätzlich zur meist sehr niedrigen Außenluftkonzentration auftretende mittlere Radonkonzentration richtet sich nach der mittleren Radon-Quellstärke bzw. Radon-Eintrittsrate und dem mittleren Luftwechsel pro Stunde, jeweils bezogen auf die Jahresmittelwerte. Die folgende Formel zeigt den Zusammenhang als vereinfachte Gleichung:

$$C_{Rn} = \frac{Q_{Rn}}{n} \quad \text{in Bq/m}^3 \tag{1.6}$$

mit
C_{Rn} mittlere Radonkonzentration in Bq/m^3
Q_{Rn} mittlere Radon-Quellstärke bzw. Radon-Eintrittsrate in $Bq/(m^3 \cdot h)$
n Luftwechsel pro Stunde in 1/h

Bei dieser näherungsweisen Betrachtung werden zur Vereinfachung die Radonkonzentration in der Außenluft, der Eintrag durch Diffusion oder Baustoffe sowie die Zerfallskonstante des Radons vernachlässigt.

Die sog. Radonnorm (Vornorm) DIN/TS 18117-1 „Bauliche und lüftungstechnische Maßnahmen zum Radonschutz – Teil 1: Begriffe, Grundlagen und Beschreibung von Maßnahmen" (2021) enthält im Anhang auch ein Berechnungsformular für die Abschätzung der zu erwartenden Radonkonzentration in der Raumluft in Abhängigkeit der wesentlichen standortabhängigen, witterungsbedingten und gebäudespezifischen Einflussparameter.

Die Radonkonzentration ergibt sich nach DIN/TS 18117-1 (Anhang A.4) nach folgender Gleichung:

$$C_{ges} = \frac{Q_{KB} + Q_{KF} + Q_D + Q_M + Q_W + Q_G}{V \cdot (n_{ges} + \lambda_{Rn})} + C_A \qquad \text{in Bq/m}^3 \tag{1.7}$$

mit

C_{ges} gesamte Radonkonzentration in der Innenraumluft in Bq/m³
Q_{KB} Quellstärke aus Konvektion durch Bauteile in Bq/h
Q_{KF} Quellstärke aus Konvektion durch Fenster, Türen usw. in Bq/h
Q_D Quellstärke aus Diffusion in Bq/h
Q_M Quellstärke aus Baumaterialien in Bq/h
Q_W Quellstärke aus Nutzung von Trinkwasser in Bq/h
Q_G Quellstärke aus Nutzung von Erdgas in Bq/h
V Volumen der betrachteten Räume in m^3
n_{ges} Gesamtluftwechsel der betrachteten Räume in 1/h
λ_{Rn} Zerfallskonstante von Radon (Rn-222) in 1/h (λ_{Rn} = 0,0076/h)
C_A Radonkonzentration in der Außenluft in Bq/m^3

Die einzelnen Beiträge der Quellstärken Q können nach den in DIN/TS 18117-1 aufgeführten Berechnungsgrundlagen und Gleichungen ermittelt werden.

Diese modellhaften Berechnungen dienen in erster Linie dazu, die Gewichtung der verschiedenen Einflussparameter zu erkennen und Schwerpunkte bei der Maßnahmenplanung setzen zu können. In der Regel liefert der Term Q_{KB} (Quellstärke aus Konvektion durch Bauteile) in Verbindung mit der dort eingerechneten Radonkonzentration im Erdreich den größten Beitrag.

2 Radon – Recht, Regelwerke und Bewertung

2.1 Entwurf Radonschutzgesetz 2005

Im Jahr 2005 legte das damalige Bundesministerium für Umwelt, Naturschutz und Reaktorsicherheit einen Entwurf eines Radonschutzgesetzes vor. In diesem Entwurf enthalten war ein **Raumluft-Zielwert von 100 Bq/m³** für Radon in Gebäuden. Das Gesetz sollte Ende 2005 verabschiedet werden, es kam nach dem Regierungswechsel im September 2005 jedoch nicht durch den Bundesrat und durch den Bundestag.

Der damals bereits von der rot-grünen Koalition geplante Zielwert von 100 Bq/m³ gilt derzeit als Empfehlung des Bundesamtes für Strahlenschutz, des Umweltbundesamtes (Ausschuss für Innenraumrichtwerte AIR) sowie der Weltgesundheitsorganisation WHO.

Regelungsansätze nach Radonschutzgesetz 2005 (Entwurf) für Deutschland

Hinweis

> Im Folgenden wird aus der damaligen Ankündigung zum Radonschutzgesetz unter dem Titel „Begrenzung von Radon in Gebäuden“ zitiert. Diese Ankündigung war auf der damaligen Internetseite des Bundesministeriums für Umwelt, Naturschutz und Reaktorsicherheit (BMU) unter http://www.bmu.de/strahlenschutz/doc/6402.php verfügbar und wurde vom Verfasser am 10. Mai 2005 ausgedruckt und archiviert.

*„**a) Baurichtlinie** [Stand 2005]*

Ein erster Ansatz, die Radonbelastung in Aufenthaltsräumen zu begrenzen, wurde vor einiger Zeit im Rahmen des Baurechts unternommen. Dabei orientiert sich das Baurecht an dem Aspekt der Gefahrenabwehr. Da bereits verschiedene chemische Innenraumschadstoffe über entsprechende Baurichtlinien begrenzt sind, wurde eine entsprechende Musterrichtlinie auch für das Radon erarbeitet. Diese Richtlinie befindet sich derzeit in Abstimmung mit den zuständigen Länderbehörden.

Für Altbauten (bestehende Gebäude) schreibt die Richtlinie einen Grenzwert von 1.000 Bq/m³ als Gefahrenwert in Gebäuden vor, ab dem innerhalb von drei Jahren saniert werden muss. Empfohlen wird dabei ein Sanierungszielwert von unter 200 Bq/m³. Sanierungsmaßnahmen werden darüber hinaus auch unterhalb von 1.000 Bq/m³ Raumluft empfohlen, insbesondere ab einem Wert von 400 Bq/m³. Die Bauaufsichtsbehörde soll einschreiten, wenn ihr ein Wert von 10.000 Bq/m³ bekannt wird. Bei der Planung von Neubauten sieht die Baurichtlinie lediglich als Empfehlung eine Reihe von Baumaßnahmen vor, die geeignet sind, Radonkonzentrationen von weniger als 200 Bq/m³ einzuhalten.

***b) Vorgesehene Regelung im Radonschutzgesetz** [Stand 2005]*

Aufbauend auf den Überlegungen zu der Baurichtlinie unter Berücksichtigung der neuen wissenschaftlichen Erkenntnisse und der Tatsache, dass der Radonschutz effektiv ausgestaltet sein muss, bereitet das Bundesumweltministerium derzeit ein Radonschutzgesetz als Ergänzung des Strahlenschutzvorsorgegesetzes vor, die für den Zielwert 100 Bq/m³ Maßnahmen für Neu- und Altbauten unter dem Aspekt der Vorsorge regeln soll.

Hierfür werden Radonverdachtsgebiete definiert, in denen aufgrund einer erhöhten Radonkonzentration im Untergrund mit erhöhten Radonkonzentrationen in Gebäuden zu rechnen ist.

Radonverdachtsgebiet
I: 20.000 Bq/m³ bis 40.000 Bq/m³
II: 40.000 Bq/m³ bis 100.000 Bq/m³
III: über 100.000 Bq/m³ Radon in der Bodenluft

Bei Neubauten (Planung) sind dabei entsprechend den Verdachtsgebieten I, II, III bauliche Schutzmaßnahmen der Klasse I, II, III zu berücksichtigen. Die Planung hat so zu erfolgen, dass möglichst 100 Bq/m³ nicht überschritten werden. Dies gilt für alle Neubauten.

In bestehenden Gebäuden in Radon-Verdachtsgebieten der Klasse III ist grundsätzlich mit Radonkonzentrationen von mehr als 100 Bq/m³ zu rechnen, dort ist deshalb die Radonkonzentration zu messen, in den Verdachtsgebieten II ist unter bestimmten Umständen zu messen. Werden mehr als 100 Bq/m³ gemessen, so sind im Bereich von

100–400 Bq/m³ Sanierungszeiten von zehn Jahren,
400–1.000 Bq/m³ Sanierungszeiten von fünf Jahren und
oberhalb von 1.000 Bq/m³ Sanierungszeiten von drei Jahren

einzuhalten. Die Sanierung ist möglichst so durchzuführen, dass Werte unterhalb von 100 Bq/m³ erreicht werden. Dies gilt nur für Gebäude, die öffentlich genutzt oder anderen Personen zur Nutzung überlassen werden, also nicht für vom Eigentümer selbst genutzte Räume."

Nachdem das Radonschutzgesetz und die Baurichtlinie 2005 nicht in Kraft getreten waren, gab es in Deutschland keine weiteren besonderen gesetzlichen Aktivitäten im Hinblick auf den ursprünglich geplanten Radonschutz.

2.2 EU Basic Safety Standards 2013 – Richtlinie 2013/59/Euratom

Auf internationaler Ebene wurde eine Neufassung der EU Basic Safety Standards (EU-BSS) als „Richtlinie 2013/59/Euratom des Rates vom 5. Dezember 2013 zur Festlegung grundlegender Sicherheitsnormen für den Schutz vor den Gefahren einer Exposition gegenüber ionisierender Strahlung" verabschiedet.

Um einen umfassenden Strahlenschutz zu gewährleisten, weitet die Richtlinie den Anwendungsbereich des Strahlenschutzrechts auch auf das natürlich vorkommende radioaktive Edelgas Radon aus. Es wurden erstmals Regelungen für die Begrenzung der Radonkonzentration in Gebäuden aufgenommen.

Für die nationalen Regelungen im Strahlenschutz haben sich hieraus wesentliche verbindliche Änderungen ergeben. Durch die Richtlinie 2013/59/ Euratom wurden folgende **Referenzwerte** zum Schutz der Bevölkerung vor Radon festgelegt:

- **maximal 300 Bq/m³** im Jahresmittel für Gebäude bzw. Aufenthaltsräume und ebenso
- **maximal 300 Bq/m³** für den Arbeitsplatz.

Die Mitgliedstaaten hatten die Aufgabe, Gebäuderichtlinien einführen, um den Zutritt von Radon aus dem Boden und aus Baumaterialien zu verhindern. Die geforderten Messvorschriften für Luftmessungen und Materialprüfungen (Radon-Exhalation) sollten noch erarbeitet bzw. vereinheitlicht werden.

Die bisherigen Richtwerte der EU waren als Empfehlungen zu verstehen, die Referenzwerte der Richtlinie 2013/59/Euratom sollten dann einen deutlich verbindlicheren Charakter und mehr juristische Relevanz haben. Dadurch sollte dem baulichen Radonschutz deutlich größere Bedeutung zukommen.

Durch die Richtlinie der EU und die neuen Regelungen im Strahlenschutzrecht in Deutschland wird Radon in den Fachkreisen deutlich stärker wahrgenommen. Für den baulichen Radonschutz wurde ein DIN-Arbeitskreis ins Leben gerufen, der die Vorgaben für den praktischen Radonschutz auf normativer Ebene regelt (vgl. DIN/TS 18117-1 und -2 [Teil 2 seit März 2024 als Entwurf vorliegend]). Als wichtiger Baustein ist auch der Radonmaßnahmenplan zu sehen, aus dem viele Forschungsvorhaben zum Thema Radon hervorgehen und zum Teil schon hervorgegangen sind.

Richtlinie 2013/59/Euratom – Auszüge

„*(1) Die Mitgliedstaaten legen nationale Referenzwerte für Radonkonzentrationen an* ***Arbeitsplätzen*** *in Innenräumen fest. Der Referenzwert für die Aktivitätskonzentration in der Luft im Jahresmittel darf nicht höher sein als 300 Bq m⁻³, es sei denn, eine Überschreitung ist durch Gegebenheiten gerechtfertigt, die auf nationaler Ebene bestehen.*“
(Richtlinie 2013/59/Euratom, Kapitel VI, Artikel 54 [Radon am Arbeitsplatz], Abs. 1; Hervorhebung nicht im Original)

„*(1) Die Mitgliedstaaten legen nationale Referenzwerte für die Radonkonzentration in* ***Innenräumen*** *fest. Der Referenzwert für die Aktivitätskonzentration in der Luft im Jahresmittel darf 300 Bq m⁻³ nicht überschreiten.*“
(Richtlinie 2013/59/Euratom, Kapitel VIII, Abschnitt 3, Artikel 74 [Radonexposition in Innenräumen], Abs. 1; Hervorhebung nicht im Original)

„*(1) […] erstellen die Mitgliedstaaten einen nationalen Maßnahmenplan, um die langfristigen Risiken der Radon-Exposition in Wohnräumen, öffentlich zugänglichen Gebäuden und an Arbeitsplätzen anzugehen, und zwar hinsichtlich jeglicher Quelle für den Radonzutritt, sei es aus dem Boden, aus Baustoffen oder aus dem Wasser. […]*

(2) Die Mitgliedstaaten sorgen dafür, dass geeignete Maßnahmen getroffen werden, um bei neuen Gebäuden einen Radoneintritt zu verhindern. […]
(3) Die Mitgliedstaaten ermitteln Gebiete, für die erwartet wird, dass die Radonkonzentration (im Jahresmittel) in einer beträchtlichen Zahl von Gebäuden den einschlägigen nationalen Referenzwert überschreitet.“
(Richtlinie 2013/59/Euratom, Kapitel IX, Abschnitt 6, Artikel 103 [Radon-Maßnahmenplan], Abs. 1 bis 3)

Definition Referenzwert nach Richtlinie 2013/59/Euratom

Der Referenzwert bezieht sich auf die über das Jahr gemittelte Radon-222-Aktivitätskonzentration.

„*Referenzwert: in einer Notfall-Expositionssituation oder bestehenden Expositionssituation der Wert der effektiven Dosis- oder Organ-Äquivalentdosis- oder Aktivitätskonzentrationswert, oberhalb dessen* ***Expositionen als unangemessen betrachtet werden,*** *auch wenn es sich nicht um einen Grenzwert handelt, der nicht überschritten werden darf.*“
(Richtlinie 2013/59/Euratom, Kapitel II, Artikel 4 [Begriffsbestimmungen], Nr. 84; Hervorhebung nicht im Original)

„*(1) […] Bei der Optimierung des Schutzes wird Expositionen oberhalb des Referenzwerts Vorrang eingeräumt, und die Optimierung wird auch* ***unterhalb des Referenzwerts*** *fortgesetzt.*“
(Richtlinie 2013/59/Euratom, Kapitel III, Artikel 7 [Referenzwerte], Abs. 1; Hervorhebung nicht im Original)

2.3 Strahlenschutzgesetz und Strahlenschutzverordnung

Das im Juni 2017 erlassene Strahlenschutzgesetz (StrlSchG) ist zum Jahresende 2018 vollständig in Kraft getreten, zusammen mit den überwiegenden Teilen der neuen Strahlenschutzverordnung (StrlSchV). Es gibt nun erstmals verbindliche gesetzliche Regelungen für Radon an Aufenthaltsplätzen sowie seit dem 1. Januar 2021 eine Messpflicht an Arbeitsplätzen im Erdgeschoss und Untergeschoss eines Gebäudes in Radonvorsorgegebieten bzw. behördlich ausgewiesenen Radongebieten.

Nach der gültigen Strahlenschutzgesetzgebung gelten für Radon u. a. folgende Regelungen (vgl. auch Kapitel 2.8):

„*Wer ein Gebäude mit Aufenthaltsräumen oder Arbeitsplätzen errichtet, hat grundsätzlich geeignete Maßnahmen zu treffen, um den Zutritt von Radon aus dem Baugrund zu verhindern oder erheblich zu erschweren. […]*“
(§ 123 Abs. 1 StrlSchG)

„*Wer im Rahmen der baulichen Veränderung eines Gebäudes mit Aufenthaltsräumen oder Arbeitsplätzen Maßnahmen durchführt, die zu einer erheblichen Verminderung der Luftwechselrate führen, soll die Durchführung von Maßnahmen zum Schutz vor Radon in Betracht ziehen, soweit diese Maßnahmen erforderlich und zumutbar sind.*“ (§ 123 Abs. 4 StrlSchG)

Ausgangspunkt für die aktuelle Strahlenschutzgesetzgebung war die Neufassung der europäischen Richtlinie 2013/59/Euratom im Jahr 2013, in der Referenzwerte für die Radonkonzentration von jeweils maximal 300 Bq/m^3 im Jahresmittel zum Schutz der Bevölkerung vor Radon in Gebäuden für Aufenthaltsbereiche sowie auch für den Arbeitsplatz festgelegt wurden (vgl. dazu Kapitel 2.2). Im neuen Strahlenschutzgesetz ist für Deutschland dieser maximal mögliche Beurteilungswert als Referenzwert übernommen worden – trotz zahlreicher Einwände aufgrund des bereits recht hohen Lungenkrebsrisikos bei einem Wert von 300 Bq/m^3 im Jahresmittel.

Der Referenzwert ist im deutschen Strahlenschutzrecht wie folgt etwas anders definiert als in der EU-Richtlinie:

„Referenzwert: In bestehenden Expositionssituationen oder Notfallexpositionssituationen ein festgelegter Wert, der als Maßstab für die Prüfung der Angemessenheit von Maßnahmen dient. Ein Referenzwert ist kein Grenzwert.“
(§ 5 Abs. 29 StrlSchG)

Im Gegensatz zur EU-Richtlinie ist in dieser Definition kein direkter Hinweis auf ein gesundheitliches Risiko erkennbar; in der 2013/59/Euratom werden Expositionen oberhalb des Referenzwertes immerhin als *„unangemessen“* betrachtet (vgl. Kapitel 2.2).

Obwohl es sich beim Referenzwert nicht um einen Grenzwert handelt, wird dieser Wert in der Rechtsprechung sicherlich als **gesetzlich festgelegter Beurteilungswert** einen vergleichbaren Stellenwert haben.

Radon im Strahlenschutzrecht

Im **Strahlenschutzgesetz** finden sich die Regelungen zu Radon in Teil 4 (Strahlenschutz bei bestehenden Expositionssituationen) des Gesetzes unter Kapitel 2 (Schutz vor Radon) in 3 Abschnitten:

- **Gemeinsame Vorschriften** (Teil 4 StrlSchG, Kapitel 2, Abschnitt 1):
  - § 121 Festlegung von Gebieten; Verordnungsermächtigung
  - § 122 Radonmaßnahmenplan
  - § 123 Maßnahmen an Gebäuden; Verordnungsermächtigung
- **Schutz vor Radon in Aufenthaltsräumen** (Teil 4 StrlSchG, Kapitel 2, Abschnitt 2):
  - § 124 Referenzwert; Verordnungsermächtigung
  - § 125 Unterrichtung der Bevölkerung; Reduzierung der Radonkonzentration
- **Schutz vor Radon an Arbeitsplätzen in Innenräumen** (Teil 4 StrlSchG, Kapitel 2, Abschnitt 3):
  - § 126 Referenzwert
  - § 127 Messung der Radonkonzentration
  - § 128 Reduzierung der Radonkonzentration
  - § 129 Anmeldung
  - § 130 Abschätzung der Exposition
  - § 131 Beruflicher Strahlenschutz
  - § 131a Aufgabe oder Änderung des angemeldeten Arbeitsplatzes
  - § 132 Verordnungsermächtigung

In der **Strahlenschutzverordnung** werden die Regelungen zu Radon in Teil 4 (Strahlenschutz bei bestehenden Expositionssituationen) der Verordnung unter Kapitel 1 (Schutz vor Radon) in 2 Abschnitten angeführt:

- **Gemeinsame Vorschriften für Aufenthaltsräume und für Arbeitsplätze** (Teil 4 StrlSchV, Kapitel 1, Abschnitt 1):
  - § 153 Festlegung von Gebieten nach § 121 Absatz 1 Satz 1 des Strahlenschutzgesetzes
  - § 154 Maßnahmen zum Schutz vor Radon für Neubauten in Gebieten nach § 121 Absatz 1 Satz 1 des Strahlenschutzgesetzes
- **Radon an Arbeitsplätzen in Innenräumen** (Teil 4 StrlSchV, Kapitel 1, Abschnitt 2):
  - § 155 Messung der Radon-222-Aktivitätskonzentration, anerkannte Stelle
  - § 156 Arbeitsplatzbezogene Abschätzung der Exposition
  - § 157 Ermittlung der Exposition und der Körperdosis
  - § 158 Weitere Anforderungen des beruflichen Strahlenschutzes

Zusammenfassend ergeben sich u. a. nachfolgende **Pflichten** in Bezug auf Radon:

- behördliche Ausweisung der Radonvorsorgegebiete gemäß § 121 StrlSchG und § 153 StrlSchV durch die Bundesländer,
- grundsätzliche Berücksichtigung von Radon bei Neubau und bei der Altbausanierung gemäß § 123 StrlSchG,
- zusätzliche Maßnahmen zum Radonschutz beim Neubau in Radonvorsorgegebieten gemäß § 154 StrlSchV (ab Bekanntgabe zur Ausweisung der Gebiete),
- Radonmessungen an Arbeitsplätzen im Erd- oder Kellergeschoss eines Gebäudes in Radonvorsorgegebieten gemäß § 127 StrlSchG (innerhalb von 18 Monaten ab Bekanntgabe zur Ausweisung der Gebiete) von nach § 153 StrlSchV vom Bundesamt für Strahlenschutz anerkannten Messstellen,
- Einhaltung des Referenzwertes von 300 Bq/m^3 der Radon-222-Aktivitätskonzentration im Jahresmittel an Aufenthaltsplätzen gemäß § 124 StrlSchG und an Arbeitsplätzen gemäß § 126 StrlSchG.

Für die Umsetzung der gesetzlichen Mess- und Maßnahmenpflichten zu Radon an Arbeitsplätzen hat das Bundesamt für Strahlenschutz (BfS) einen Leitfaden „Radon an Arbeitsplätzen in Innenräumen“ (Ausgabe Juni 2022) zu den §§ 126 bis 132 StrlSchG herausgegeben. Der Leitfaden soll das gemeinsame Verständnis der für einen Arbeitsplatz Verantwortlichen und der zuständigen Behörden hinsichtlich der Regelungen zum Schutz vor Radon an Arbeitsplätzen fördern (vgl. zum BfS-Leitfaden auch Kapitel 2.9.5).

2.4 Radonmaßnahmenplan

Im Auftrag der Bundesregierung hat das damalige Bundesministerium für Umwelt, Naturschutz und nukleare Sicherheit (BMU) im Jahr 2019 einen „Radonmaßnahmenplan zur nachhaltigen Verringerung der Exposition gegenüber Radon“ erstellt (vgl. Radonmaßnahmenplan, 2019).

In diesem Maßnahmenplan werden die geplanten und bereits durchgeführten Aktivitäten genauer beschrieben. Neben dem Aspekt Öffentlichkeitsarbeit werden insbesondere die Maßnahmen zur Erhebung des Radonvorkommens sowie zur Identifikation und Ausweisung von Radonvorsorgegebieten (Gebiete nach § 121 StrlSchG) beschrieben. Für die Verbesserung der Erkenntnisse zum Radonvorkommen laufen bereits weiterführende Datenerhebungen des Bundesamtes für Strahlenschutz (BfS) zu Innenraummessungen im gesamten Bundesgebiet. Hierbei werden auch die Ergebnisse von den anerkannten Stellen zu den ermittelten Radonkonzentrationen in der Luft an Arbeitsplätzen (Messpflicht) vom BfS gesammelt und ausgewertet.

Die Länder hatten die Aufgabe, die Datenlage zur Ausweisung von Radonvorsorgegebieten zusammenzufassen und ggf. zu verbessern, um zu einer möglichst abgesicherten Gebietsausweisung Ende 2020 zu gelangen (vgl. dazu Kapitel 2.5). Im Mittelpunkt der Daten zur Gebietsausweisung stehen hierbei Ergebnisse von Messungen der Radon-Aktivitätskonzentrationen in der Bodenluft inkl. Gasdurchlässigkeit des Bodens, die zur Bestimmung des geogenen Radonpotenzials verwendet werden (vgl. Bossew/Hoffmann, 2018).

In einigen Ländern und Gebieten werden intensive Datenerhebungen zum Radonvorkommen in der Bodenluft und in der Raumluft laufend weitergeführt, zum Teil unter Einbezug der geologischen Landesämter. Weitere wichtige Punkte im Plan betreffen Maßnahmen, die den Zutritt von Radon in Aufenthaltsräume von Neubauten verhindern oder erheblich erschweren sollen, sowie Maßnahmen zur Reduzierung der Radonkonzentration in der Luft von bestehenden Gebäuden.

Zur konkreten Umsetzung von Maßnahmen befindet sich bereits seit 2016 beim Deutschen Institut für Normung (DIN) die Vornorm DIN/TS 18117 „Bauliche und lüftungstechnische Maßnahmen zum Radonschutz" in Bearbeitung. Teil 1 „Begriffe, Grundlagen und Beschreibung von Maßnahmen" liegt seit September 2021 vor. Teil 2 „Klassifizierung, Auswahl und Handlungsempfehlungen" liegt als Entwurf DIN/TS 18117-2:2024-03 vor und soll noch im Jahr 2024 in der endgültigen Fassung als Vornorm veröffentlicht werden (vgl. Kapitel 2.9.2). Die Vornorm DIN/TS 18117 soll technische Lösungen zum radongeschützten Bauen vereinheitlichen bzw. festlegen und erläutern.

Weiterhin werden im Maßnahmenplan die Themenfelder Radon am Arbeitsplatz, Forschung zu Radon und Schutzmaßnahmen sowie Radonvorsorge bei Trinkwasser behandelt. Die Umsetzung des Maßnahmenplans wird von einem Lenkungskreis unter Vorsitz des Bundesministeriums für Umwelt, Naturschutz, nukleare Sicherheit und Verbraucherschutz (BMUV) gesteuert. Alle 10 Jahre sollen die Datenlage und der Maßnahmenplan überprüft und angepasst werden (vgl. Radonmaßnahmenplan, 2019).

2.5 Radonvorsorgegebiete

Nach § 121 StrlSchG sind Radonvorsorgegebiete von der zuständigen Behörde festgelegte Gebiete, für die erwartet wird, dass die über das Jahr gemittelte Radon-Aktivitätskonzentration in der Luft in einer beträchtlichen Zahl von

Gebäuden mit Aufenthaltsräumen oder Arbeitsplätzen den Referenzwert übersteigt. Als „beträchtliche Anzahl" wird hier ein Anteil von ca. 10 % angesehen. Auf der gesamten Gebietsfläche von Deutschland wird der Anteil von Gebäuden mit Referenzwertüberschreitungen auf ca. 2 % geschätzt (vgl. Radon-Handbuch Deutschland, 2019).

Die Festlegung der Gebiete ist Sache der Bundesländer und wird in § 153 StrlSchV geregelt; sie erfolgt innerhalb der in dem Land bestehenden **Verwaltungsgrenzen.** Die zuständige Behörde kann davon ausgehen, dass die über das Jahr gemittelte Radon-222-Aktivitätskonzentration den Referenzwert in der Luft von Aufenthaltsräumen oder Arbeitsplätzen in einer beträchtlichen Anzahl von Gebäuden eines Gebiets überschreitet, wenn aufgrund einer Vorhersage auf mindestens 75 % des jeweils auszuweisenden Gebiets der Referenzwert in mindestens 10 % der Gebäude überschritten wird.

Die üblicherweise für die Vorhersage herangezogenen Daten sind geologische Daten, Messdaten der Radon-222-Aktivitätskonzentration in der Bodenluft, Messdaten der Bodenpermeabilität und Messdaten zur Radon-222-Aktivitätskonzentration in Aufenthaltsräumen oder an Arbeitsplätzen.

Aufgrund der unterschiedlichen Größe der Verwaltungseinheiten der Länder (z. B. Landkreise, Städte und Gemeinden) und der zum Teil noch geringen Datenlage kann die Ausweisung der Gebiete zum Stichtag 31. Dezember 2020 (gemäß § 121 Abs. 1 StrlSchG) als noch unvollständig betrachtet werden.

Derzeit wurden Radongebiete in den Bundesländern Baden-Württemberg, Bayern, Niedersachsen, Sachsen, Sachsen-Anhalt und Thüringen ausgewiesen (vgl. Tabelle 2.1).

Tabelle 2.1: Übersicht Radonvorsorgegebiete in Deutschland nach Bundesamt für Strahlenschutz (www.bfs.de; Stand: 15. Juni 2021)

Bundesland	betroffene Regionen (Kreise bzw. Teile von Kreisen)[1)]
Baden-Württemberg	Breisgau-Hochschwarzwald, Lörrach, Ortenau, Rottweil, Schwarzwald-Baar, Waldshut
Bayern	Wunsiedel im Fichtelgebirge
Niedersachsen	Goslar
Sachsen	Erzgebirgskreis, Mittelsachsen, Sächsische Schweiz-Osterzgebirge, Vogtlandkreis, Zwickau
Sachsen-Anhalt	Harz, Mansfeld-Südharz
Thüringen	Altenburger Land, Gotha, Greiz, Hildburghausen, Ilm-Kreis, Saalfeld-Rudolstadt, Schmalkalden-Meiningen, Sonneberg, Wartburgkreis
1) Details sind abrufbar unter www.bfs.de/DE/themen/ion/umwelt/radon/karten/vorsorgegebiete.html.	

Die übrigen Bundesländer haben (noch) keine Ausweisung vorgenommen. Die Datenlage wird derzeit in den Bundesländern durch laufende Messkampagnen der Radon-Aktivitätskonzentration in der Bodenluft inkl. Bodenpermeabilität und Radon-Aktivitätskonzentration in Aufenthaltsräumen oder an Arbeitsplätzen verbessert.

In einigen Bundesländern ist daher nach Ablauf der Frist von 10 Jahren (gemäß § 121 StrlSchG) bei der Überprüfung von bereits festgelegten oder noch festzulegenden Gebieten von einer differenzierteren, ergänzenden oder erstmaligen Ausweisung von Radonvorsorgegebieten auszugehen. Hierbei können auch die Veränderungen der betroffenen Verwaltungsgrenzen und damit veränderte Gebietsgrößen eine wichtige Rolle spielen.

In Radonvorsorgegebieten gelten erhöhte Anforderungen an den Schutz vor Radon, insbesondere durch Mess- und Maßnahmenpflichten an Arbeitsplätzen und Maßnahmenpflichten für Neubauvorhaben.

Hinweis

> Erhöhte Radonkonzentrationen in Gebäuden können auch immer außerhalb von (derzeitig und auch zukünftig) ausgewiesenen Radonvorsorgegebieten auftreten, da sich die Geologie und die Bodeneigenschaften nicht an Verwaltungsgrenzen halten. Zudem stützen sich die Kriterien für die Ausweisung auf Vorhersagen, die auf statistischen Modellen basieren.
>
> Letztendlich sind aber die Gebäudebeschaffenheit und die Dichtheit der Gebäudehülle zum Erdreich als Faktoren für das Ausmaß individueller Radonprobleme noch bedeutsamer als die Zuordnung zu einem Radonvorsorgegebiet.

Der Schutz vor Radon ist daher auch in Regionen wichtig, die nicht als Radonvorsorgegebiet ausgewiesen wurden, z. B. wenn sie erhöhte Radon-Bodengaskonzentrationen aufweisen und/oder Radonpotenziale nach BfS-Geoportal (vgl. dazu Kapitel 1.3).

2.6 Radon in Aufenthaltsräumen

Im Zusammenhang mit Radon und dem Schutz vor Radon bezieht sich die Strahlenschutzgesetzgebung explizit auf Aufenthaltsräume und Arbeitsplätze (vgl. Kapitel 2.3). Unter einem Aufenthaltsraum wird nach § 5 StrlSchG ein Innenraum verstanden, der zum nicht nur vorübergehenden Aufenthalt von Personen bestimmt ist (z. B. zum Wohnen, in einer Schule, einem Krankenhaus oder einem Kindergarten).

Es gilt hier der gleiche Referenzwert der Radon-222-Aktivitätskonzentration von derzeit 300 Bq/m^3 im Jahresmittel für Aufenthaltsräume und für Arbeitsplätze. Für Aufenthaltsräume wird üblicherweise eine Aufenthaltszeit von 7.000 Stunden pro Jahr angenommen, für Arbeitsplätze hingegen 2.000 Stunden pro Jahr (vgl. Berechnungsgrundlagen zur Ermittlung der Strahlenexposition, 2010).

Die Bewertung für den Arbeitsplatz im Hinblick auf die Exposition erscheint bei Radon also deutlich schärfer als für Aufenthaltsräume bzw. die Allgemeinbevölkerung. Üblicherweise ist es im Bereich der Gesundheitsvorsorge genau umgekehrt (vgl. z. B. die Arbeitsplatzgrenzwerte [AGW] für Schadstoffe gemäß TRGS 900). Eine Erklärung dafür liegt nicht auf der Hand. Hinzu kommt, dass für Radon in der Luft in Aufenthaltsräumen keine Mess- oder Maßnahmenpflichten vorliegen – auch nicht in Radonvorsorgegebieten. Die einzigen verbindlichen Regelungen bestehen in den Maßnahmenpflichten für den baulichen Radonschutz von Neubauten (auch für Wohnzwecke) in Vorsorgegebieten.

2.7 Radon am Arbeitsplatz

Anders als bei Aufenthaltsräumen gibt das Strahlenschutzgesetz für Arbeitsplätze verbindlichere Regelungen im Zusammenhang mit Radon vor (vgl. §§ 127 und 128 StrlSchG). Nach § 5 Abs. 4 StrlSchG ist ein Arbeitsplatz jeder Ort, *„an dem sich eine Arbeitskraft während ihrer Berufsausübung regelmäßig oder wiederholt aufhält“*. In Bezug auf den Radonschutz, Mess- und Maßnahmenpflichten sind erstmalig auch Arbeitsplätze in allen Branchen betroffen (also auch z. B. Bäcker, Friseure, Steuerberater usw.). Bisher gab es nur Regelungen für z. B. Arbeitsplätze in Wasserwerken und in untertägigen Bereichen wie Bergwerken, Höhlen, Radonheilbädern und Radonheilstollen.

An Arbeitsplätzen bestehen in Radonvorsorgegebieten gemäß § 127 StrlSchG für Erd- oder Kellergeschosse eines Gebäudes Messpflichten in Bezug auf Radonkonzentrationen in der Luft.

Besondere Regelungen betreffen unabhängig von ausgewiesenen Gebieten auch andere Arbeitsbereiche, die schon nach der alten Strahlenschutzverordnung (2001) in der Messpflicht standen. Diese sind als Arbeitsplätze sog. Radon-Arbeitsfeldern zugeordnet (§ 127 Abs. 1 StrlSchG). Dabei handelt es sich um Arbeitsplätze in Anlagen der Wassergewinnung, -aufbereitung und -verteilung, in untertägigen Bergwerken, Schächten und Höhlen (einschließlich Besucherbergwerken) sowie in Radonheilbädern und Radonheilstollen (vgl. Anlage 8 StrlSchG).

Die Messungen müssen nach § 155 StrlSchV mit Geräten einer vom BfS anerkannten Messstelle über eine Messzeit von einem Jahr vorgenommen werden. Die Toleranz der Messdauer liegt im Ermessen der zuständigen Behörde und wurde bisher nicht gesetzlich verankert. Zur Sicherheit sollte die Messdauer nicht mehr als 10 % von den geforderten 365 Tagen abweichen.

Wird der Referenzwert an einem Arbeitsplatz überschritten, so hat *„der für den Arbeitsplatz Verantwortliche“* nach § 128 StrlSchG unverzüglich Minderungsmaßnahmen zu ergreifen. Hierbei ist es unerheblich, ob die Überschreitung aufgrund einer gesetzlich vorgeschrieben Messung oder aufgrund anderer Erkenntnisse festgestellt wurde (z. B. durch freiwillige Messungen außerhalb von Vorsorgegebieten oder Arbeitsfeldern nach Anlage 8 StrlSchG). Hier greift die Maßnahmenpflicht. Nachdem eine Überschreitung des Referenzwertes bekannt geworden ist, muss der Erfolg der Minderungsmaßnahmen innerhalb von 24 Monaten durch Luftmessungen nachgewiesen werden.

Es gibt jedoch auch die Möglichkeit, auf Reduzierungsmaßnahmen aus besonderen Gründen zu verzichten (§ 128 StrlSchG) und die entsprechenden

Arbeitsplätze – mit Begründung – bei der zuständigen Behörde (z. B. Regierungspräsidium, Bezirksregierung) direkt anzumelden (§ 129 StrlSchG). Dies kann zutreffen, wenn die Reduzierungsmaßnahmen technisch nicht möglich oder kaum umsetzbar sind und die entsprechenden Räume sehr selten genutzt werden (z. B. bei Brunnenstuben in Wasserwerken).

Auch wenn nach der Durchführung von Maßnahmen und einer Kontrollmessung keine Unterschreitung des Referenzwertes an einem Arbeitsplatz erreicht werden kann, muss der Arbeitsplatz bei der zuständigen Behörde „angemeldet" werden. In einem nächsten Schritt muss dann – innerhalb von 6 Monaten – eine Dosisabschätzung auf der Basis von z. B. kombinierten orts- und personenbezogenen Expositionsmessungen (Radon in der Raumluft) vorgenommen werden.

Ergibt die Abschätzung der effektiven Dosis eine mögliche Überschreitung von 6 mSv/a, greifen die Regelungen des beruflichen Strahlenschutzes mit weiteren Auflagen. Eine Überschreitung von 20 mSv/a ist nicht zulässig (Grenzwert für den Arbeitsplatz gemäß § 78 StrlSchG).

Wertvolle Hinweise zur Vorgehensweise in Bezug auf Radon am Arbeitsplatz bieten der BfS-Leitfaden „Radon an Arbeitsplätzen in Innenräumen" (Ausgabe Juni 2022) und das vom baden-württembergischen Ministerium für Umwelt, Klima und Energiewirtschaft herausgegebene Merkblatt „Schutz vor Radon an Arbeitsplätzen in Anlagen der Wassergewinnung, -aufbereitung und -verteilung" (Ausgabe Dezember 2020).

2.8 Radonschutz im Neubau und in der Gebäudesanierung

Neubau

Für den Neubau gilt **außerhalb von Radonvorsorgegebieten** nach Strahlenschutzgesetz:

„Wer ein Gebäude mit Aufenthaltsräumen oder Arbeitsplätzen errichtet, hat geeignete Maßnahmen zu treffen, um den Zutritt von Radon aus dem Baugrund zu verhindern oder erheblich zu erschweren. Diese Pflicht gilt als erfüllt, wenn […] die nach den allgemein anerkannten Regeln der Technik erforderlichen Maßnahmen zum Feuchteschutz eingehalten werden […]."
(§ 123 Abs. 1 StrlSchG)

Aus sachverständiger Sicht ist diese derzeitige Formulierung im Gesetzestext problematisch und kann zu Missverständnissen und Fehlinterpretationen führen. Zum einen liegen in Deutschland erhöhte Radon-Aktivitätskonzentrationen und/oder Radonpotenzialwerte in der Bodenluft noch in vielen Gebieten auch außerhalb der derzeit von den Ländern ausgewiesenen Radonvorsorgegebieten vor (vgl. BfS-Geoportal [www.imis.bfs.de/geoportal]). Zum anderen bewirkt der Feuchteschutz nach den anerkannten Regeln der Technik – wie z. B. Wassereinwirkungsklasse W1-E nach DIN 18533 bei nicht drückendem Wasser – bei durchschnittlichem Radonpotenzial keine ausreichend gas- oder radondichte Abdichtung zum Erdreich (vgl. Schäfer, 2017).

Die gesetzlichen Vorgaben sind als Mindestanforderungen im Hinblick auf die Erfüllung von gesetzlichen Pflichten unter Berücksichtigung von Unsicherheiten zu verstehen. Ziel ist es, die Wahrscheinlichkeit der Unterschreitung des Referenzwertes in Gebäuden signifikant zu erhöhen und eine Überschreitungswahrscheinlichkeit von unter 10 % zu erreichen.

Bei hohen Radonkonzentrationen in der Bodenluft oder hohem Radonpotenzial am Bauplatz oder bei einem erhöhten Schutzbedürfnis (Zielwert < Referenzwert) sind lüftungstechnische und/oder bauliche Maßnahmen sinnvoll und notwendig. Derartige Maßnahmen sind nur in Radonvorsorgegebieten gesetzlich vorgeschrieben.

In Radonvorsorgegebieten muss nach § 154 StrlSchV beim Neubau mindestens eine der folgenden Maßnahmen durchgeführt werden:

- Verringerung der Radon-222-Aktivitätskonzentration unter dem Gebäude,
- gezielte Beeinflussung der Luftdruckdifferenz zwischen Gebäudeinnerem und Bodenluft an der Außenseite von Wänden und Böden mit Erdkontakt, sofern der diffusive Radoneintritt aufgrund des Standorts oder der Konstruktion begrenzt ist,
- Begrenzung der Rissbildung in Wänden und Böden mit Erdkontakt und Auswahl diffusionshemmender Betonsorten mit der erforderlichen Dicke der Bauteile,
- Absaugung von Radon an Randfugen oder unter Abdichtungen,
- Einsatz diffusionshemmender, konvektionsdicht verarbeiteter Materialien oder Konstruktionen.

Zur Konkretisierung der Maßnahmen wurde 2014 die Erarbeitung einer Vornorm DIN/TS 18117 auf den Weg gebracht. Die konkrete Maßnahmenplanung sollte über eine sachverständige Beurteilung der Standort- und Gebäudeparameter erfolgen (vgl. Kapitel 4), insbesondere im Hinblick auf das konkrete Radonrisiko am Standort (ggf. durch Messungen) und die geplante Bauweise (Gebäudetyp, Fundamentart, Keller, Feuchteschutz, Lüftungskonzept usw.).

Gebäudesanierung

Bei der Gebäudesanierung stehen in erster Linie Ziele der Nachhaltigkeit und Energieeffizienz im Vordergrund. Radon wird in der Regel nicht berücksichtigt, auch aus Unkenntnis. Für Bestandsgebäude – unabhängig von Vorsorgegebieten – gilt nach dem Strahlenschutzgesetz jedoch grundsätzlich Folgendes:

„Wer im Rahmen der baulichen Veränderung eines Gebäudes mit Aufenthaltsräumen oder Arbeitsplätzen Maßnahmen durchführt, die zu einer erheblichen Verminderung der Luftwechselrate führen, soll die Durchführung von Maßnahmen zum Schutz vor Radon in Betracht ziehen, soweit diese Maßnahmen erforderlich und zumutbar sind.“ (§ 123 Abs. 4 StrlSchG)

Auch hier sind bauliche und/oder lüftungstechnische Maßnahmen in Betracht zu ziehen. Konkretisierungen der Maßnahmen finden sich in der Vornorm DIN/TS 18117 und zukünftig auch im geplanten Merkblatt der Wissenschaftlich-Technischen Arbeitsgemeinschaft für Bauwerkserhaltung und Denkmalpflege e. V. (WTA) zu Radonschutz im Gebäudebestand.

Die konkrete Planung von Maßnahmen sollte durch eine sachverständige Beurteilung des vorhandenen Radonrisikos (ggf. durch Messungen in der Raumluft oder der Radon-Eintrittsrate) und relevanter vorhandener Gebäudeparameter (Fundamentart, Zustand Gebäudehülle, Radon-Eintrittsstellen, Mängel, Luftwechsel vor und nach Maßnahmen) erfolgen (vgl. Kapitel 5).

2.9 Normen, Merkblätter, Leitfäden und Richtlinien

Für Radonmessungen und die Vorgehensweise bei Untersuchungen sowie bei der Prävention und Sanierung sind in den letzten Jahren einige Normen, Merkblätter, Leitfäden und Richtlinien herausgegeben worden, von denen die wichtigsten in den folgenden Unterkapiteln mit Bezug auf die jeweiligen Inhalte zusammenfassend beschrieben werden sollen:

- DIN (EN) ISO 11665 „Ermittlung der Radioaktivität in der Umwelt – Luft: Radon-222“ (vgl. Kapitel 2.9.1)
- DIN/TS 18117 „Bauliche und lüftungstechnische Maßnahmen zum Radonschutz“ (vgl. Kapitel 2.9.2)
- WTA-Merkblatt „Radonschutz im Gebäudebestand“ (in Bearbeitung; vgl. Kapitel 2.9.3)
- „Leitfaden zur Messung von Radon, Thoron und ihren Zerfallsprodukten“ der Strahlenschutzkommission (vgl. Kapitel 2.9.4)
- BfS-Leitfaden „Radon an Arbeitsplätzen in Innenräumen“ (vgl. Kapitel 2.9.5)
- Merkblatt „Schutz vor Radon an Arbeitsplätzen in Anlagen der Wassergewinnung, -aufbereitung und -verteilung“ (vgl. Kapitel 2.9.6)
- BVS-Standpunkt „Radon in Gebäuden“ (vgl. Kapitel 2.9.7)
- Radon-Handbuch Deutschland (vgl. Kapitel 2.9.8)
- weitere relevante Normen und Regelwerke (u. a. zu Abdichtung, Lüftung, Gebäudediagnostik; vgl. Kapitel 2.9.9)

Hinweis

Bei Redaktionsschluss dieses Buches befindet sich das WTA-Merkblatt noch in der finalen Bearbeitung und Teil 2 von DIN/TS 18117 liegt seit März 2024 als Entwurf vor.

2.9.1 DIN (EN) ISO 11665

Die für die Messung von Radon relevante Normenreihe DIN (EN) ISO 11665 (VDE 0493-1) mit dem Haupttitel „Ermittlung der Radioaktivität in der Umwelt – Luft: Radon-222“ besteht aus folgenden Teilen:

- **DIN EN ISO 11665-1** (VDE 0493-1-6651) „[…] – Teil 1: Radon und seine kurzlebigen Folgeprodukte: Quellen und Messverfahren“ (2020)
- DIN EN ISO 11665-2 (VDE 0493-1-6652) „[…] – Teil 2: Integrierendes Messverfahren für die Bestimmung des Durchschnittswertes der potenziellen Alpha-Energiekonzentration der kurzlebigen Radon-Folgeprodukte“ (2020)
- DIN EN ISO 11665-3 (VDE 0493-1-6653) „[…] – Teil 3: Punktmessverfahren der potenziellen Alpha-Energiekonzentration der kurzlebigen Radon-Folgeprodukte“ (2020)

- **DIN ISO 11665-4** (VDE 0493-1-6654) „[…] – Teil 4: Integrierendes Messverfahren zur Bestimmung des Durchschnittwertes der Radon-Aktivitätskonzentration mittels passiver Probenahme und zeitversetzter Auswertung“ (2021)
- **DIN EN ISO 11665-5** (VDE 0493-1-6655) „[…] – Teil 5: Kontinuierliche Messverfahren für die Aktivitätskonzentration“ (2020)
- DIN EN ISO 11665-6 (VDE 0493-1-6656) „[…] – Teil 6: Punktmessverfahren für die Aktivitätskonzentration“ (2020)
- DIN EN ISO 11665-7 (VDE 0493-1-6657) „[…] – Teil 7: Anreicherungsverfahren zur Abschätzung der Oberflächenexhalationsrate“ (2015)
- **DIN ISO 11665-8** (VDE 0493-1-6658) „[…] – Teil 8: Methodik zur Erstbewertung sowie für zusätzliche Untersuchungen in Gebäuden“ (2020)
- DIN ISO 11665-9 (VDE 0493-1-6659) „[…] – Teil 9: Bestimmung der Exhalationsrate aus Baumaterialien“ (2020)
- **DIN EN ISO 11665-11** (VDE 0493-1-6661) „[…] – Teil 11: Verfahren zur Probenahme und Prüfung von Bodenluft“ (2020)

Die für die Radondiagnostik besonders relevanten Normen sind die Teile 1, 4, 5, 8 und 11 der Normenreihe.

Teil 1 – Radon und seine kurzlebigen Folgeprodukte: Quellen und Messverfahren

„[…] Dieser Teil der Reihe DIN ISO 11665 gibt einen Überblick über die Durchführung von Messungen der 222Rn-Aktivitätskonzentration und der potenziellen Alpha-Energiekonzentration der kurzlebigen 222Rn-Folgeprodukte in der Luft. […]“
(Einführungsbeitrag zu DIN EN ISO 11665-1:2020-02 [www.beuth.de])

Teil 2 – Integrierendes Messverfahren für die Bestimmung des Durchschnittswertes der potenziellen Alpha-Energiekonzentration der kurzlebigen Radon-Folgeprodukte

„[…] Dieser Teil der Reihe DIN ISO 11665 umfasst ausschließlich integrierende Messverfahren für kurzlebige Radon-222-Folgeprodukte. Er gibt Hinweise für die Bestimmung des Durchschnittswertes der potenziellen Alpha-Energiekonzentration der kurzlebigen Folgeprodukte in der Luft und für die Bedingungen zum Einsatz der Messgeräte. Die Norm beinhaltet die Probenahme während Zeiträumen, die von wenigen Wochen bis zu einem Jahr variieren. Ein Messsystem mit einer Expositionszeit von nicht länger als einer Woche wird nicht durch diese Norm abgedeckt. […]“
(Einführungsbeitrag zu DIN EN ISO 11665-2:2020-02 [www.beuth.de])

Teil 3 – Punktmessverfahren der potenziellen Alpha-Energiekonzentration der kurzlebigen Radon-Folgeprodukte

„[…] Dieser Teil der Reihe DIN ISO 11665 umfasst ausschließlich Punktmessverfahren für kurzlebige Radon-222-Folgeprodukte. Die Norm gibt Hinweise für Punktmessungen zur schnellen Bestimmung der potenziellen Alpha-Energiekonzentration der kurzlebigen Folgeprodukte in der Luft und für die Bedingungen zum Einsatz der Messgeräte. […]“
(Einführungsbeitrag zu DIN EN ISO 11665-3:2020-08 [www.beuth.de])

Teil 4 – Integrierendes Messverfahren zur Bestimmung des Durchschnittwertes der Radon-Aktivitätskonzentration mittels passiver Probenahme und zeitversetzter Auswertung

„[…] Dieser Teil der Reihe DIN ISO 11665 umfasst ausschließlich integrierende Messtechniken für Radon-222 mit passiver Probenahme. Er gibt Hinweise für die Messung des Durchschnittswerts der Aktivitätskonzentration von Radon-222 in der Luft, die auf einer einfach anzuwendenden und kostensparenden passiven Probenahme beruht, und den Nutzungsbedingungen des Messgeräts."
(Einführungsbeitrag zu DIN ISO 11665-4:2021-06 [www.beuth.de])

Teil 5 – Kontinuierliches Messverfahren für die Aktivitätskonzentration

„[…] Dieser Teil der Reihe DIN ISO 11665 behandelt ausschließlich kontinuierliche Messverfahren für Radon-222. Er gibt Hinweise für die kontinuierliche Messung der zeitlichen Veränderung der Radon-Aktivitätskonzentration in offenen und umschlossenen Atmosphären. Die kontinuierliche Messung gestattet die Bewertung der zeitlichen Schwankungen der Radon-Aktivitätskonzentration in der Umgebung, in öffentlichen Gebäuden, in Häusern und an Arbeitsplätzen als eine Funktion der Belüftung und/oder der meteorologischen Bedingungen. Die Messergebnisse sind unmittelbar verfügbar. Ein mittlerer oder integrierter Wert kann durch ein geeignetes Verfahren erhalten werden, dem ein Zeitintervall zugrunde liegt, das vergleichbar mit dem untersuchten Phänomen jedoch kleiner oder gleich einer Stunde ist. […]"
(Einführungsbeitrag zu DIN EN ISO 11665-5:2020-08 [www.beuth.de])

Teil 6 – Punktmessverfahren für die Aktivitätskonzentration

„[…] Dieser Teil der Reihe DIN ISO 11665 umfasst ausschließlich Punktmessverfahren für Radon-222. Er gibt Hinweise für die Punktmessung der Radon-Aktivitätskonzentration im Bereich von wenigen Minuten an einem vorgegebenen Ort in offenen und umschlossenen Atmosphären. […]"
(Einführungsbeitrag zu DIN EN ISO 11665-6:2020-08 [www.beuth.de])

Teil 7 – Anreicherungsverfahren zur Abschätzung der Oberflächenexhalationsrate

„[…] Dieser Teil der Reihe DIN ISO 11665 gibt eine Anleitung zur Abschätzung der Radon-222-Oberflächenexhalationsrate innerhalb einer kurzen Zeitspanne (wenige Stunden) an einem vorgegebenen Ort an der Grenzfläche zwischen dem Medium (Erdboden, Gestein, Material des Gebäudekellers, Wand und so weiter) und der Atmosphäre. Dieses Verfahren dient nur zur Abschätzung, da es schwierig ist, den Einfluss von vielen Parametern unter Umgebungsbedingungen zu quantifizieren. Es ist jedoch von besonderem Interesse bei der Untersuchung, dem Auffinden von Quellen oder vergleichenden Studien der Exhalationsrate auf derselben Fläche. […]"
(Einführungsbeitrag zu DIN EN ISO 11665-7:2015-11 [www.beuth.de])

Teil 8 – Methodik zur Erstbewertung sowie für zusätzliche Untersuchungen

„[…] Dieser Teil der Reihe DIN ISO 11665 umfasst die maßgeblichen Anforderungen, um die Anwesenheit von Radon in einem Gebäude anzuzeigen und um die Quelle und die Transportwege des Radons im Gebäude zu identifizieren (zusätzliche Untersuchungen). Unterschiedliche Maßnahmestufen können für ein Gebäude erforderlich sein:

- ***Erstbewertungen** zur Abschätzung des Jahresmittelwertes der Radon-Aktivitätskonzentration im Gebäude. Geeignete Verfahren sind integrierende Messungen während einer Dauer von mindestens zwei Monaten […]. Durch Vergleich des Jahresmittelwertes der Radon-Aktivitätskonzentration im Gebäude mit den Zielwerten kann die Erstbewertung den erforderlichen Grad des Eingriffs in das Gebäude feststellen.*
- ***Zusätzliche Radonmessungen** werden empfohlen, wenn die Ergebnisse der Erstmessungen höher als die Zielwerte sind. Diese zweite Stufe wird angewendet, um die Radonquellen und/oder die Transportwege des Radons zu ermitteln. Sie soll die Gebäudediagnose unterstützen, welche eine geeignete technische Lösung vorschlägt. Die technische Lösung könnte sofort umgesetzt werden, wenn das Niveau der Radon-Aktivitätskonzentration dies rechtfertigt. Die Maßnahmen dieser Stufe können auch von Gebäudegutachtern gefordert werden, um die kritischen Stellen und die Mittel für die Sanierung genauer zu bestimmen.*
- ***Kontrolle der Wirksamkeit** der vereinbarten Reduzierungsmaßnahmen nach ihrer Installation. Diese Kontrolle erfolgt mittels Messung der Radon-Aktivitätskonzentration, welche unter denselben Bedingungen am Ort der Erstmessungen durchzuführen ist. Die verwendeten Messverfahren gestatten die Vergleichbarkeit mit den Zielwerten (Erstbewertung). Die Anforderungen gelten für die Kontrolle der Wirksamkeit und der Nachhaltigkeit der Sanierungsmaßnahmen. Der Entwurf beinhaltet auch die maßgeblichen Anforderungen an die Radonmessungen bezüglich dieser Stufen und die dazu erforderliche Fachkunde. Er beinhaltet jedoch nicht die Gebäudediagnose. […]“*

(Einführungsbeitrag zu DIN ISO 11665-8:2020-08 [www.beuth.de]; Hervorhebungen nicht im Original)

Teil 9 – Verfahren zur Bestimmung der Exhalationsrate aus Baumaterialien

„[…] Die Radon-Aktivitätskonzentration kann zeitlich und örtlich von einer bis zu mehreren Größenordnungen variieren. Die Exposition durch Radon und seine Folgeprodukte variiert erheblich von Ort zu Ort. Sie hängt erstens von der Menge des aus dem Boden und den Baumaterialien emittierten Radons und zweitens vom Grad der Anreicherung sowie den Wetterbedingungen an den Expositionsorten ab. DIN ISO 11665-9 (VDE 0493-1-6659) beschreibt eine Methode für die Bestimmung der freien Radon-Exhalationsrate aus Baumaterialien (Radon-222). Jeder Beitrag von Thoron (Radon-220) zum Messergebnis wird vernachlässigt, wenn das beschriebene Verfahren angewendet wird. […]“
(Einführungsbeitrag zu DIN ISO 11665-9:2020-05 [www.beuth.de])

Teil 11 – Verfahren zur Probenahme und Prüfung der Bodenluft

„[…] Die Radon-222-Aktivitätskonzentration im Erdboden kann durch Punktmessung, kontinuierliche oder integrierende Messverfahren mit aktiver oder passiver Probenahme der Bodenluft gemessen werden (siehe DIN ISO 11665-1 […]). Im Falle von Punktmessungen sind die Probenahmen der Bodenluft aktiv. Andererseits sind die integrierenden und kontinuierlichen Verfahren mit passiven Probenahmen verbunden. Die vorliegende Norm beschreibt allgemeine Leitlinien für Probenahmetechniken, die entweder passiv oder aktiv mittels kurzzeitiger, kontinuierlicher oder integrierender In-situ-Messung der Radon-222-Aktivitätskonzentration der Bodenluft erfolgen. […] Die Messverfahren sind anwendbar auf alle Bodentypen und sind durch die Verwendung der Messergebnisse bei Berücksichtigung des zu erwarteten Wertes der Radon-222-Aktivitätskonzentration festgelegt (phänomenologische Beobachtung, Festlegung und Verifikation von Reduzierungsmaßnahmen und so weiter). […]“
(Einführungsbeitrag zu DIN EN ISO 11665-9:2020-01 [www.beuth.de])

Normenreihe DIN IEC (bzw. EN) 61577

Ergänzend zur Normenreihe DIN (EN) ISO 11665 sind zu Radonmessgeräten in der Normenreihe DIN IEC (bzw. EN) 61577 (VDE 0493-1-10) mit dem Haupttitel „Strahlenschutz-Messgeräte – Geräte für die Messung von Radon und Radon-Folgeprodukten“ folgende Normen erschienen:

- DIN IEC 61577-1 (VDE 0493-1-10-1) „[…] – Teil 1: Allgemeine Anforderungen“ (2007)
- DIN EN 61577-2 (VDE 0493-1-10-2) „[…] – Teil 2: Besondere Anforderungen für Messgeräte für Rn-222 und Rn-220“ (2017)
- DIN EN 61577-3 (VDE 0493-1-10-3) „[…] – Teil 3: Besondere Anforderungen an Messgerate für Radonfolgeprodukte“ (2015)
- DIN EN 61577-4 (VDE 0493-1-10-4) „[…] – Teil 4: Einrichtungen für die Herstellung von Referenzatmosphären mit Radonisotopen und ihren Folgeprodukten (STAR)“ (2015)

2.9.2 DIN/TS 18117

Bei DIN/TS 18117 „Bauliche und lüftungstechnische Maßnahmen zum Radonschutz“ handelt es sich um eine Vornorm bzw. „Technische Spezifikation“ zum radongeschützten Bauen. Der Arbeitsausschuss sieht derzeit keine Basis für eine Norm. Gewählt wurde vielmehr das Verfahren einer DIN/TS, in der Maßnahmen zum radongeschützten Bauen vorerst auf Basis der bisher bekannten Maßnahmen dargestellt werden. Die DIN/TS kann und soll jedoch später in eine vorbehaltsfreie Norm überführt werden. Schwerpunkt dieser Vornorm ist die Anwendung für den Neubau. Einige Vorgaben können jedoch auch für die Sanierung verwendet werden.

Geplant sind für diese Vornorm 2 Teile, von denen bisher nur DIN/TS 18117-1 „Bauliche und lüftungstechnische Maßnahmen zum Radonschutz – Teil 1: Begriffe, Grundlagen und Beschreibung von Maßnahmen“ (2021) in der finalen Fassung vorliegt. Teil 2 der Vornorm liegt noch im Entwurf vor mit dem Untertitel „Klassifizierung, Auswahl und Handlungsempfehlungen“.

Teil 1 – Begriffe, Grundlagen und Beschreibung von Maßnahmen

„Dieses Dokument beinhaltet Grundlagen und beschreibt Maßnahmen zum radongeschützten Bauen. Die in diesem Dokument beschriebenen Maßnahmen:

- *umfassen bauliche und lüftungstechnische Maßnahmen;*
- *unterscheiden für neu zu errichtende oder zu sanierende Gebäude;*
- *berücksichtigen die Nutzung der Innenräume.*

Dieses Dokument ist nur anzuwenden für Gebäude mit Aufenthaltsräumen oder Arbeitsplätzen."
(Einführungsbeitrag zu DIN/TS 18117-1:2021-09 [www.beuth.de])

Teil 2 – Klassifizierung, Auswahl und Handlungsempfehlungen (Entwurf)

Teil 2 zu DIN/TS 18117 liegt seit 2024 als Entwurf vor.

Mit dem zweiten Teil der Vornorm sollen die konkreten baulichen und lüftungstechnischen Maßnahmen geregelt, Materialkennwerte, Planung und Bemessung im Einzelnen beschrieben und Teil 1 mit den erforderlichen, baupraktischen und spezifischen Angaben und Regelungen detailliert ergänzt werden (vgl. Klingelhöfer, 2022).

„[...] Dieses Dokument beinhaltet die detaillierte Beschreibung und Bewertung der Maßnahmen zum radongeschützten Bauen. Die Grundlagen und Maßnahmen zum radongeschützten Bauen werden in DIN/TS 18117-1 beschrieben. Die in diesem Dokument konkretisierten Maßnahmen:

- *umfassen bauliche und lüftungstechnische Maßnahmen;*
- *unterscheiden für neu zu errichtende oder zu sanierende Gebäude;*
- *berücksichtigen die Nutzung der Innenräume.*

Dieses Dokument ist nur anzuwenden für Gebäude mit Aufenthaltsräumen oder Arbeitsplätzen. Dieses Dokument gilt allgemein nicht für nachträgliche Maßnahmen im Bauwerksbestand, es sei denn, es können hierfür Verfahren angewendet werden, die in diesem Dokument geregelt sind."
(Einführungsbeitrag zu DIN/TS 18117-2:2024-03 – Entwurf [www.beuth.de])

2.9.3 WTA-Merkblatt „Radonschutz im Gebäudebestand"

Eine Arbeitsgruppe der Wissenschaftlich-Technischen Arbeitsgemeinschaft für Bauwerkserhaltung und Denkmalpflege e. V. (WTA) erarbeitet derzeit ein Merkblatt „Radonschutz im Gebäudebestand". Die WTA hat inzwischen über 500 Mitglieder in verschiedenen Ländern. Mitglieder der WTA haben sich zu nationalen Gruppen zusammengeschlossen. Ergänzende Aufgaben dieser Gruppen sind u. a. die Veranstaltung von regionalen Seminaren und die Anpassung der von der WTA erarbeiteten Merkblätter an die nationalen Gegebenheiten sowie deren Übersetzung in die jeweilige Landessprache.

Das WTA-Merkblatt soll die Vorgaben der Vornorm DIN/TS 18117 mit für die Sanierung spezifischen Lösungsbeschreibungen ergänzen. Das Merkblatt ist noch in Bearbeitung und eine Veröffentlichung ist für das Jahr 2024 geplant. Nach einem Grundlagenkapitel sollen Lösungen des bau- und lüftungstechnischen Radonschutzes in Bestandsgebäuden genauer beschrieben sowie Handlungsempfehlungen gegeben werden.

Ein Baustein des Merkblatts stellt eine Klassifizierung von Gebäuden nach Altersgruppen dar. Unter Typ A fallen Gebäude etwa ab Anfang der 1970er-Jahre bis heute, unter Typ B fallen Gebäude von Beginn der Gründerzeit (etwa 1870er-Jahre) bis etwa 1960er-Jahre und Typ C beinhaltet sonstige Gebäude (Bauzeit vor ca. 1870 sowie Sonderbauten). Zudem soll die umfassende Erfassung und Untersuchung der Bestandssituation als wichtiger Ausgangspunkt für die Planung und Durchführung von Maßnahmen in einem Kapitel zu Radon und Gebäudediagnostik beschrieben werden (vgl. Uhlig, 2023).

Weitere der für das WTA-Merkblatt geplanten Inhalte werden auch in Kapitel 5 aufgeführt.

2.9.4 „Leitfaden zur Messung von Radon, Thoron und ihren Zerfallsprodukten" der SSK

Der „Leitfaden zur Messung von Radon, Thoron und ihren Zerfallsprodukten" der Strahlenschutzkommission (SSK) stammt aus dem Jahr 2002 und ist daher zwangsläufig nicht mehr ganz aktuell. Trotzdem hat sich an den physikalisch-technischen Vorgaben und Grundlagen der Messtechnik nichts geändert. Viele Vorgaben und Details sind auch in Teilen der Normenreihe DIN (EN) ISO 11665 wiederzufinden.

Der Leitfaden bietet Informationen zu speziellen Messverfahren und Messaufgaben in Bezug auf Radon, Thoron und ihre Zerfallsprodukte. Der Leitfaden gliedert sich in 3 Teile:

- **Teil I** behandelt die Grundlagen des Radons und Thorons sowie ihrer Zerfallsprodukte und ihre Bedeutung für den Strahlenschutz. Es werden die physikalischen Grundlagen dargestellt und die Prinzipien der verschiedenen Messungen erläutert. In einem Anhang werden die physikalischen Daten der betrachteten Radionuklide sowie die Definitionen der in dem Leitfaden verwendeten Größen und anderer wichtiger Begriffe angegeben.
- **Teil II** enthält Empfehlungen für die praktische Durchführung von Messungen mit Hinweisen für die Praxis.
- In **Teil III** werden die verschiedenen Messprinzipien und -verfahren zur Messung der Konzentrationen von Radon, Thoron und ihren Zerfallsprodukten systematisch dargestellt.

2.9.5 BfS-Leitfaden „Radon an Arbeitsplätzen in Innenräumen"

Der Leitfaden „Radon an Arbeitsplätzen in Innenräumen" wurde vom Bundesamt für Strahlenschutz (BfS) als Hilfestellung zur Umsetzung der gesetzlichen Vorgaben gemäß §§ 126 bis 132 StrlSchG im Jahr 2020 herausgegeben und im Jahr 2022 aktualisiert und ergänzt. Der Leitfaden kann als unverzichtbar im Zusammenhang mit Messungen und Bewertungen am Arbeitsplatz angesehen werden.

In Kapitel 1 (Zweck des Leitfadens) des BfS-Leitfadens heißt es:

„[...] Der vorliegende Leitfaden erläutert im Detail die Vorgehensweise und die erforderlichen Maßnahmen zum Schutz vor Radon an Arbeitsplätzen in Innenräumen, wie sie durch Strahlenschutzgesetz und Strahlenschutzverordnung festgelegt sind.

Der Leitfaden soll das gemeinsame Verständnis der für einen Arbeitsplatz Verantwortlichen und der zuständigen Behörden hinsichtlich der Regelungen zum Schutz vor Radon an Arbeitsplätzen fördern sowie ein bundeseinheitliches Verwaltungshandeln [...] unterstützen. Es werden Art, Umfang, Methodik und Vorgehensweise erläutert für die:

- *Messung der über das Jahr gemittelten Radon-Aktivitätskonzentration an Arbeitsplätzen nach §§ 127 und 128 StrlSchG,*
- *Abschätzung der Radon-222-Exposition oder der Körperdosis bei Betätigung an angemeldeten Arbeitsplätzen nach § 130 Abs. 3 StrlSchG,*
- *Ermittlung der Radon-222-Exposition und der Körperdosis der an anmeldungsbedürftigen Arbeitsplätzen beschäftigten Arbeitskräfte nach § 131 StrlSchG,*
- *Dokumentation und Aufzeichnung von Messungen, Abschätzungen und Ermittlungen sowie die Übermittlung von Informationen an das BfS.*

Die detaillierte Beschreibung sowohl der Aufgaben und Zuständigkeiten als auch der erforderlichen Handlungen und Konsequenzen soll dazu beitragen, dass die gesetzlichen Vorgaben einfacher umgesetzt und geeignete Maßnahmen zur Überwachung und Verringerung von Expositionen durch Radon eingeleitet werden können, um die Expositionen der Arbeitskräfte so gering wie möglich zu halten.

Aufgrund der Vielfalt der denkbaren Betätigungen und der speziellen Expositionsbedingungen an den zu betrachtenden Arbeitsplätzen werden weitere Informationen und Empfehlungen zur Umsetzung der Regelungen der Strahlenschutzverordnung im Einzelfall auch von Berufsverbänden oder Berufsgenossenschaften bereitgestellt."
(BfS-Leitfaden „Radon an Arbeitsplätzen in Innenräumen" [Ausgabe Juni 2022], S. 10 f.)

2.9.6 Merkblatt „Schutz vor Radon an Arbeitsplätzen in Anlagen der Wassergewinnung, -aufbereitung und -verteilung"

In Ergänzung zum BfS-Leitfaden „Radon an Arbeitsplätzen in Innenräumen" bietet das vom baden-württembergischen Ministerium für Umwelt, Klima und Energiewirtschaft herausgegebene Merkblatt „Schutz vor Radon an Arbeitsplätzen in Anlagen der Wassergewinnung, -aufbereitung und -verteilung" (Ausgabe Dezember 2020) wichtige Hilfestellungen für Radonmessungen am Arbeitsplatz in Anlagen der Wassergewinnung, -aufbereitung und -verteilung (gemäß Anlage 8 StrlSchG).

Die Arbeitsplätze der Wassergewinnung, -aufbereitung und -verteilung werden in dem Merkblatt u. a. in folgende Bereiche unterteilt:

- **Bereich A** umfasst Anlagen und Räume wie Quelle, Sammelschacht, Brunnen, Wasseraufbereitung und Hochbehälter mit bekanntermaßen hoher Radonkonzentration.
- **Bereich B** umfasst Anlagen und Räume wie Büros, Lager und Werkstätten, die aufgrund baulicher oder bautechnischer Verbindung zu Anlagen des Bereichs A eine erhöhte Radonkonzentration aufweisen könnten.
- **Bereich C** umfasst Anlagen und Räume wie Büros, Lager und Werkstätten, die keinerlei Verbindung zu Anlagen des Bereichs A haben.

Zudem wird zur Vermeidung der Überexposition von Messgeräten eine Unterteilung in **Messreihen** empfohlen. Die erste Messreihe (Messreihe 1) wird über einen Zeitraum von maximal 4 Wochen durchgeführt. Die zweite Messreihe (Messreihe 2) wird unmittelbar nach der ersten Messreihe gestartet. Die Dauer von Messreihe 2 wird nach dem Ergebnis der Erstmessung festgelegt. Bei absehbarer Überbelegung des Detektors wird eine verkürzte Messzeit vorgegeben. Die übrigen Messungen der zweiten Messreihe werden bis zu einer Gesamtdauer (Messreihe 1 und 2) als Jahresmessung fortgesetzt.

2.9.7 BVS-Standpunkt „Radon in Gebäuden"

Mit dem BVS-Standpunkt „Radon in Gebäuden" (Ausgabe Februar 2017) des Bundesverbandes öffentlich bestellter und vereidigter sowie qualifizierter Sachverständiger e. V. (BVS) liegt eine Publikation vor, die Anforderungen, Messverfahren, Risikofaktoren und die Empfehlung der vor Ort tätigen Sachverständigen erläutert und fixiert.

In den Empfehlungen des Standpunktes liegt eine zentrale Forderung in der Unterschreitung der Radonkonzentration von 100 Bq/m³ im Jahresmittel für Neubauten:

„Ziel der Planungsleistungen bei der Gebäudeerrichtung muss es sein, eine Konzentration von 100 Bq/m³ in der Innenraumluft zu unterschreiten."
(BVS-Standpunkt „Radon in Gebäuden" [Ausgabe Februar 2017], S. 6)

2.9.8 Radon-Handbuch Deutschland

Das „Radon-Handbuch Deutschland" wurde vom Bundesamt für Strahlenschutz (BfS) 2001 erstmals zusammengestellt und in den Jahren 2010 und 2019 aktualisiert. Das Handbuch zeigt auf, wie Radon in Gebäude gelangt und welchen Einfluss typische Bauweisen und Gebäudeeigenschaften auf den Radongehalt in Innenräumen haben. Es erläutert bautechnische Regeln und legt dar, wie mit bautechnischen Mitteln und der Lüftungstechnik ein wirksamer Radonschutz an Gebäuden eingerichtet werden kann. Es richtet sich an alle, die an weiterführenden Informationen zum Radonschutz interessiert sind: Hausbesitzer und Bauherren, die Immobilien- und Wohnungswirtschaft, Architekten, Bauingenieure, Gutachter, Planer sowie Handwerker und Techniker. Viele Fachinformationen werden thematisch breit gefächert – von Grundlagen über Gesundheitsrisiko, Vorkommen, Messung, Schutzmaßnahmen bis hin zu Planung und Bauausführung – auf 59 Seiten gut verständlich mit Abbildungen und Diagrammen zur Verfügung gestellt.

2.9.9 Weitere Normen und Regelwerke

Die Kenntnisse folgender Normen und Regelwerke können im Zusammenhang mit der Radondiagnostik und dem Radonschutz eine Rolle spielen:

- DIN 1946-6 „Raumlufttechnik – Teil 6: Lüftung von Wohnungen – Allgemeine Anforderungen, Anforderungen an die Auslegung, Ausführung, Inbetriebnahme und Übergabe sowie Instandhaltung“ (2019)
- DIN 4095 „Baugrund; Dränung zum Schutz baulicher Anlagen; Planung, Bemessung und Ausführung“ (1990)
- DIN 4108-2 „Wärmeschutz und Energie-Einsparung in Gebäuden – Teil 2: Mindestanforderungen an den Wärmeschutz“ (2013)
- DIN 4108-7 „Wärmeschutz und Energie-Einsparung in Gebäuden – Teil 7: Luftdichtheit von Gebäuden – Anforderungen, Planungs- und Ausführungsempfehlungen sowie -beispiele“ (2011)
- DIN EN ISO 9972 „Wärmetechnisches Verhalten von Gebäuden – Bestimmung der Luftdurchlässigkeit von Gebäuden – Differenzdruckverfahren (ISO 9972:2015)“ (2018)
- DIN 18017-3 „Lüftung von Bädern und Toilettenräumen ohne Außenfenster – Teil 3: Lüftung mit Ventilatoren“ (2022)
- DIN 18195 „Abdichtung von Bauwerken – Begriffe“ (2017)
- DIN 18205 „Bedarfsplanung im Bauwesen“ (2016)
- DIN 18533 „Abdichtung von erdberührten Bauteilen“ (2017; Teile 1 bis 3)
- DIN 31051 „Grundlagen der Instandhaltung“ (2019)
- DIN EN 16798-3 „Energetische Bewertung von Gebäuden – Lüftung von Gebäuden – Teil 3: Lüftung von Nichtwohngebäuden – Leistungsanforderungen an Lüftungs- und Klimaanlagen und Raumkühlsysteme (Module M5-1, M5-4)“ (2017)
- DIN EN ISO 12569 „Wärmetechnisches Verhalten von Gebäuden und Werkstoffen – Bestimmung des spezifischen Luftvolumenstroms in Gebäuden – Indikatorgasverfahren (ISO 12569:2017)“ (2018)
- DGUV-Information 203-094 „Radon – Eine Handlungshilfe zu Expositionsmessungen, zur Interpretation von Messergebnissen und zu Strahlenschutzmaßnahmen“ (Ausgabe Juni 2021) der Deutschen Gesetzlichen Unfallversicherung (DGUV)
- DAfStb-Richtlinie „Wasserundurchlässige Bauwerke aus Beton (WU-Richtlinie)“ (Ausgabe Dezember 2017) des Deutschen Ausschusses für Stahlbeton (DAfStb)
- DAfStb-Richtlinie „Schutz und Instandsetzung von Betonbauteilen (Instandsetzungs-Richtlinie)“ (Ausgabe Oktober 2001) des Deutschen Ausschusses für Stahlbeton (DAfStb)
- TR Instandhaltung – Technische Regel „Instandhaltung von Betonbauwerken“ (Ausgabe Mai 2020; Teile 1 und 2)
- Kapitel B I 8 „Untersuchungen auf Radon“ in Band 2 der VDB-Richtlinien zur Vorgehensweise bei baubiologischen Untersuchungen in Gebäuden (Ausgabe Oktober 2018) des Berufsverbandes Deutscher Baubiologen VDB e. V.
- WHO handbook on indoor Radon (2009)
- FHRK-Merkblatt MB 101 „Radonschutz“ (Ausgabe Juni 2022) des Fachverbandes Hauseinführungen für Rohre und Kabel e. V. (FHRK)

- ANSI/AARST RMS-LB-2018 „Radon Mitigation Standards for Schools and Large Buildings“ (2018, letzte Revision Dezember 2020)
- CAN/CGSB-149.12-2017 „Radon mitigation options for existing low-rise residential buildings" (2017; National Standard of Canada, Canadian General Standards Board)

2.10 Bewertung von Radon

Die Bewertung von Radon in der Innenraumluft leitet sich von der gesundheitlichen Wirkung bzw. über die Dosiswirkung ab. Da es – ähnlich wie bei Asbest und anderen krebserzeugenden Schadstoffen – keinen Schwellenwert gibt, bei dem keine gesundheitliche Beeinträchtigung zu erwarten ist, gibt es wenig Spielraum für tolerierbare Raumluftwerte. Streng nach dem klassischen Bewertungskonzept der WHO (IARC) wären schon bei dauerhaften 100 Bq/m^3 in der Raumluft Regelungen einzuführen. Jedes Becquerel Radon oder jede Asbestfaser auf dem Lungengewebe hat eine Schadwirkung. Das Risiko steigt nahezu linear und ist eine statistisch abgeleitete Größe. Je höher die Konzentration bzw. die Exposition ist, desto wahrscheinlicher ist es, dass die Schadwirkung zu einer Erkrankung und im Härtefall zum Tod (Lungenkrebs) führt.

Bei der Betrachtung und Bewertung der Risiken durch radioaktive Strahlenbelastung sollte daher beachtet werden, dass eine charakteristische **Dosis-Wirkungs-Beziehung** gilt. Die Strahlenwirkung auf Zellen erfolgt nach dem Zufallsgesetz, d. h., auch sehr kleine Dosen führen zu einem Effekt. In diesem Zusammenhang wird auch von **stochastischen Wirkungen** gesprochen, die nach Ablauf einer längeren Latenzzeit mit einer bestimmten Wahrscheinlichkeit auftreten können.

Die gesundheitsschädliche Wirkung hoher Dosen ionisierender Strahlung ist gut bekannt. Die Meinungen über die **Wirkung niedriger Strahlendosen** gehen jedoch in der Wissenschaft auseinander. Neuere Untersuchungen an Modellsystemen, aber auch an exponierten Populationen zeigen immer deutlicher, dass das Strahlenrisiko insbesondere im Bereich niedriger Strahlenwirkungen unterschätzt wird.

Bei Einhaltung der daraus resultierenden Grenzwerte kann von keiner Stelle ein Schutz der Gesundheit garantiert werden. An dieser Stelle ist es angezeigt, die Bedeutung und Auslegung des Begriffes „Grenzwert“ in das richtige Licht zu rücken, so wie es im März 1998 von Prof. Dr. Roland Scholz bei seinem Vortrag bei dem internationalen Kongress „Die Wirkungen niedriger Strahlendosen“ in Münster nahegelegt wurde. Scholz betont sehr eindrucksvoll, dass Grenzwerte dazu geschaffen seien, das Gesundheitsrisiko der Allgemeinbevölkerung im Sinn einer wirtschaftlichen Verträglichkeit in angemessenen Grenzen zu halten, wobei ein statistisch ermittelter Verlust an Lebenstagen oder -jahren für die Bevölkerung in Kauf genommen werden müsse:

„Was soll in das Geldäquivalent des volkswirtschaftlichen Verlustes mehr eingehen: der Verlust an Lebensjahren oder der Verlust an Ausbildung und Erfahrung? Willkürlich angenommene Größen, an denen sich spielend manipulieren lässt, gehen in die volkswirtschaftliche Rechnung ein; und entsprechend will-

kürlich sind auch die Grenzwerte. [...] Eine unbekannte Zahl von Toten muss dabei in Kauf genommen werden.

Jedoch ***vorzugeben, Grenzwerte seien medizinisch begründet, sie dienten zum Schutz der Gesundheit, ihre Einhaltung garantiere gesundheitliche Unbedenklichkeit*** *[...],* ***beruht entweder auf verantwortungsloser Ignoranz oder ist eine arglistige Täuschung der Bevölkerung.***“ (Scholz, 1998/2001, S. 356 f.; Hervorhebungen im Original)

Anfang des 20. Jahrhunderts galt gemäß der amtlichen Röntgenverordnung ein Wert von 2.500 mSv/a (Millisievert pro Jahr) noch als unbedenklich. Nach dem Zweiten Weltkrieg waren es nur noch 250 mSv/a und Anfang der 1960er-Jahre noch 5 mSv/a. Das ehemalige Bundesgesundheitsamt (BGA) empfahl bis 1994 für die Allgemeinbevölkerung, eine Äquivalentdosis für Ganzkörperbelastungen von 1,7 mSv/a nicht zu überschreiten.

Das aktuelle Strahlenschutzgesetz fordert nach § 80 StrlSchG für Einzelpersonen der Bevölkerung, dass neben der natürlichen Umgebungsstrahlung die zivilisatorische Zusatzbelastung durch Tätigkeiten höchstens **1 mSv/a** ausmachen darf. Dieser Wert bezieht sich auf alle Strahlenexpositionen ausgehend von kerntechnischen und sonstigen Anlagen zur Erzeugung ionisierender Strahlung sowie den Umgang mit radioaktiven Stoffen und somit nicht auf Radon in Gebäuden.

Für den Arbeitsplatz liegt der Grenzwert (effektive Dosis) nach § 78 StrlSchG bei **20 mSv/a** und ab **6 mSv/a** gibt es bereits besondere Auflagen im beruflichen Strahlenschutz.

Grenzwertfestlegungen sagen darüber hinaus immer implizit, dass jede radioaktive Strahlendosis – unabhängig von den Grenzwerten – so niedrig wie möglich zu halten ist. Folgende vergleichende Gegenüberstellung soll das am Beispiel von Radon illustrieren:

- Grenzwert Arbeitsplatz: 20 mSv/a – ca. 3.200 Bq/m^3 (Radon), berechnet für eine Expositionszeit von 2.000 Stunden pro Jahr,
- Grenzwert Allgemeinbevölkerung: 1 mSv/a – ca. 46 Bq/m^3 (Radon), berechnet für eine Expositionszeit von 7.000 Stunden pro Jahr.

Grenzwerte sind im umweltrechtlichen Sinne *„präzise definierte Schadstoffkonzentrationen, die nicht überschritten werden dürfen bzw. deren Überschreitung vorab festgelegte Konsequenzen nach sich ziehen“* (Mayntz, 1990, S. 140). Fälschlicherweise wird oft angenommen, dass ein Grenzwert eine „wirkungslose“ oder jedenfalls unbedenkliche Dosis darstellt. Tatsächlich handelt es sich um einen Kompromiss zwischen Machbarkeit, Verhältnismäßigkeit, Wirtschaftlichkeit, Gesundheitsschutz und politischem Willen.

In Deutschland wurde bisher kein Grenzwert für Radon festgelegt. Für Radon gilt ein Referenzwert, *„der als Maßstab für die Prüfung der Angemessenheit von Maßnahmen dient“* (§ 5 Abs. 29 StrlSchG). In der EU-Richtlinie von 2013 werden Expositionen oberhalb des Referenzwertes *„als unangemessen betrachtet“* (Richtlinie 2013/59/Euratom, Kapitel II, Artikel 4 [Begriffsbestimmungen], Nr. 84).

Der Referenzwert ist ein gesetzlich festgelegter Beurteilungswert, der im Arbeitsschutz durch die in § 128 StrlSchG festgelegte Maßnahmenpflicht bei Überschreitung vorab festgelegte Konsequenzen nach sich zieht. Dies kommt der ursprünglichen Definition eines Grenzwertes sehr nahe.

Für den Innenraum gibt es bei den Schadstoffen für die Allgemeinbevölkerung keine Grenzwerte. Es liegen für die Bewertung aus Tausenden von Untersuchungen in Innenräumen **statistisch abgeleitete Orientierungswerte** (AGÖF) und **toxikologisch abgeleitete Richtwerte** (Umweltbundesamt/AIR) vor.

Orientierungswerte der AGÖF

Die Arbeitsgemeinschaft ökologischer Forschungsinstitute e. V. (AGÖF) ist ein Zusammenschluss zahlreicher Fachlabore mit dem Schwerpunkt Innenraumdiagnostik. Aus den Ergebnissen aus Tausenden von Innenraumuntersuchungen wurden für über 150 Schadstoffe neben statistischen Kenndaten – wie der Stichprobengröße, dem 50. und dem 90. Perzentil – der Orientierungswert aufgeführt und als „AGÖF-Orientierungswerte für flüchtige organische Verbindungen in der Raumluft" veröffentlicht (vgl. AGÖF-Orientierungswerte, 2013). Das folgende Zitat zeigt einen Auszug aus der Eingliederung in Bewertungsstufen:

„***[…] Normalwert P 50***

Der Normalwert stellt die ‚durchschnittliche' Belastungssituation im betrachteten Kollektiv dar. Er entspricht dem 50. Perzentilwert. Auch eine Luftkonzentration im Bereich des Normalwerts geht in der Regel auf eine oder mehrere Quellen zurück, jedoch wird im Allgemeinen kein ausreichendes Indiz für einen zwingenden Handlungsbedarf im Sinne einer Minimierung gesehen.

[…] Auffälligkeitswert P 90

Der Auffälligkeitswert entspricht dem 90. Perzentilwert. Er beschreibt eine Überschreitung von in Innenräumen üblichen Konzentrationen und deutet damit auf die Existenz einer entsprechenden Emissionsquelle hin.

[…] Orientierungswert der AGÖF

Der Orientierungswert entspricht dem gerundeten Auffälligkeitswert beziehungsweise toxikologisch abgeleiteten Werten, wenn diese unter dem Auffälligkeitswert liegen.

Aus Sicht der AGÖF ist bei einem Erreichen bzw. Überschreiten des Orientierungswertes zu prüfen, ob im Sinne einer vorbeugenden Minimierung der VOC-Belastung ein weiterer Handlungsbedarf besteht. Auch sollte hier die gesundheitliche Relevanz und Sanierungsnotwendigkeit geprüft werden. […]" (AGÖF-Orientierungswerte, 2013, S. 6)

Richtwerte RW I und RW II des Umweltbundesamtes (UBA)

Seit Ende der 1990er-Jahre erarbeiten eine Innenraumlufthygiene-Kommission und der Ausschuss für Innenraumrichtwerte (AIR; vormals Ad-hoc-Arbeitsgruppe) des Umweltbundesamtes (UBA) Vorschläge für einheitliche und nachvollziehbare Kriterien zur Bewertung von chemischen Verunreinigungen der Innenraumluft (vgl. Festgelegte Richtwerte vom Ausschuss für Innenraumrichtwerte, 2023).

„Die Vorgehensweise bei der Ableitung von Richtwerten des AIR ist in verschiedenen Basispapieren im Bundesgesundheitsblatt veröffentlicht.

Der AIR leitet zur gesundheitlichen Beurteilung zwei Richtwerte (Vorsorge- und Gefahrenrichtwert) ab:

***Richtwert I** (RW I – Vorsorgerichtwert) beschreibt die Konzentration eines Schadstoffes in der Innenraumluft, bei dessen Einhaltung oder Unterschreitung nach gegenwärtigem Forschungsstand auch bei lebenslanger Exposition keine gesundheitliche Beeinträchtigung zu erwarten ist.*

Ist der RW I überschritten, sollte allerdings aus Gründen der Vorsorge gehandelt werden. Gleichzeitig sollten Maßnahmen zur Minimierung der Schadstoffkonzentration ergriffen werden. Der RW I kann hiermit als Zielwert bei einer Sanierung dienen.

***Richtwert II** (RW II – Gefahrenrichtwert) ist ein wirkungsbezogener Wert, der sich auf die gegenwärtigen toxikologischen und epidemiologischen Kenntnisse zur Wirkungsschwelle eines Schadstoffes stützt. Er stellt die Konzentration eines Schadstoffes in der Innenraumluft dar, bei dessen Erreichen beziehungsweise Überschreiten unverzüglich zu handeln ist. Beim Überschreiten dieser Konzentration sind Schäden für die menschliche Gesundheit mit hinreichender Wahrscheinlichkeit anzunehmen. Der Richtwert II steht im direkten Bezug zu den Bauordnungen der Länder, in denen es heißt: ‚Bauliche Anlagen müssen so beschaffen sein, dass Gefahren durch chemische, physikalische oder biologische Einflüsse nicht entstehen.'"*
(www.umweltbundesamt.de, Unterseite „Ausschuss für Innenraumrichtwerte" [dort „Richtwerte für die Innenraumluft"; Stand: März 2024]; Hervorhebungen nicht im Original)

Bewertungsmöglichkeiten für Radon

Radon könnte gut in das Bewertungsschema nach UBA/AIR eingeordnet werden mit einem **Richtwert II** von **300 Bq/m³** als Gefahrenrichtwert (= Referenzwert) und einem **Richtwert I** von **100 Bq/m³** als Vorsorgerichtwert (= Empfehlungen WHO/BfS/UBA). Allerdings würde hier nicht passen, dass nach Definition des UBA bei Einhaltung von RW I auch bei lebenslanger Exposition keine gesundheitliche Beeinträchtigung zu erwarten ist, was bei einer Radonkonzentration von 100 Bq/m³ im Jahresmittel so nicht der Fall ist. Trotzdem wäre das Risiko stark reduziert, zumal auch die nicht zu vermeidende Hintergrundkonzentration von ca. 10 Bq/m³ an der Außenluft bereits zu einem – wenn auch minimalen – Risiko führt.

Aus statistischer Sicht würde Radon in der Innenraumluft auch gut in das Schema der AGÖF mit einem **Auffälligkeitswert bzw. Orientierungswert von 100 Bq/m³** (90. Perzentil) passen, da nach statistischen Erhebungen des BfS ca. 10 % der Häuser und Wohnungen in Deutschland Werte von über 100 Bq/m³ aufweisen. Aufgrund der toxikologischen bzw. strahlenbiologischen Relevanz könnte bei Radon der Orientierungswert sogar eher niedriger ausfallen (wie z. B. bei Formaldehyd).

In den nachfolgenden Unterkapiteln sind die derzeit gültigen Bewertungsgrundlagen für Radon in der Raumluft zusammengestellt. Bewertungsmöglichkeiten für weiterführende Untersuchungen wie Quellensuche und Bodengasmessungen finden sich an den entsprechenden Stellen in Kapitel 3 zur Radondiagnostik.

2.10.1 Bewertung der Radon-Aktivitätskonzentration in der Raumluft

Die Strahlenschutzkommission (SSK) beschäftigt sich schon seit vielen Jahren mit der Problematik der Radonexposition in Wohnungen. Laut einer Empfehlung der SSK aus dem Jahr 1994 galten für Wohnräume Jahresmittelwerte der Radonkonzentration bis 250 Bq/m³ als „normal", obwohl nur weniger als 2 % der Wohnungen und Häuser ähnliche oder höhere Radonkonzentrationen aufweisen (ca. 98. Perzentil). Erst bei Radonkonzentrationen bis 1.000 Bq/m³ wurde empfohlen zu prüfen, ob durch einfache Maßnahmen – wie z. B. Änderung der Raumnutzung, Lüften oder Abdichten offensichtlicher Radon-Eintrittspfade – eine Reduzierung der Radonkonzentration herbeigeführt werden kann. Bei noch höheren Radonkonzentrationen wurden in einem dem Konzentrationsniveau angemessenen Zeitraum Sanierungsmaßnahmen empfohlen (innerhalb eines Jahres oberhalb von 15.000 Bq/m³). Bei der Bewertung von Arbeitsplätzen sollten die im Vergleich zu Wohnungen geringeren Aufenthaltszeiten berücksichtigt werden. In Gebieten mit erhöhten Radonvorkommen empfahl die SSK, neue Häuser radongeschützt zu bauen (vgl. Strahlenschutzgrundsätze zur Begrenzung der Strahlenexposition durch Radon, 1994).

Auf der Basis neuerer Erkenntnisse (Radonstudien bis 2005, Entwurf Radonschutzgesetz) nahm die SSK dann im Jahr 2005 wie folgt Stellung:

„Angesichts der statistisch gut abgesicherten Ergebnisse der europäischen Studie ist bei Entscheidungen über konkrete Maßnahmen zur Reduzierung von Radonkonzentrationen in Wohnungen auch der Bereich unterhalb von 250 Bq/m³ zu berücksichtigen."
(Jahresbericht 2005 der Strahlenschutzkommission, S. 14; SSK-Berichte Heft 49 [2006])

Auch das BfS und die WHO haben auf Basis der jüngeren wissenschaftlichen Erkenntnisse Konzepte für Strahlenschutzmaßnahmen zur Verminderung der Strahlenexposition durch Radon in Aufenthaltsräumen entwickelt. Ab einer Belastung von **100 Bq/m³** in der Innenraumluft sollen Sanierungsmaßnahmen bei bereits bestehenden Gebäuden durchgeführt werden. Neu zu errichtende Gebäude sollen so geplant und gebaut werden, dass Radonkonzentrationen von mehr als 100 Bq/m³ im Jahresmittel vermieden werden. Dieser Wert gilt ebenso als Empfehlung des Ausschusses für Innenraumrichtwerte AIR des Umweltbundesamtes (vgl. Ergebnisprotokoll der 50. Sitzung der Ad-hoc-Arbeitsgruppe, 2014, TOP 3.2).

In den USA gilt seit 1994 ein von der US-Umweltschutzbehörde (EPA) aufgestellter Richtwert (Empfehlungswert) von 4 pCi/L bzw. 150 Bq/m³ für die Radon-Aktivitätskonzentration in der Raumluft. In 37 Bundesstaaten der USA gelten Mess- und ggf. Maßnahmenpflichten bei Ankauf/Verkauf einer Immobilie. In 11 Bundestaaten der USA sind ausreichend radondichte Baukonstruktionen gesetzlich vorgeschrieben (vgl. https://lawatlas.org/datasets/

state-radon-laws). Die Einteilung in Radon-Zonen ist für alle Bundesstaaten über die EPA verfügbar. Zu Radon laufen derzeit staatliche Programme wie z. B. der National Radon Action Plan (2021 bis 2025).

Tabelle 2.2 zeigt beispielhaft nationale und internationale Bewertungen zu Radon in der Raumluft in einer Übersicht.

Tabelle 2.2: Übersicht nationale und internationale Bewertungen zu Radon in der Raumluft

Land/ Organisation	Wert in Bq/m³	Bewertungsgrundlage (Quelle)
Deutschland	100	Empfehlung (BfS, UBA/AIR)
	300	Referenzwert an Arbeitsplätzen und in Aufenthaltsräumen (StrlSchG)
WHO	100	Richtwert (WHO Air Quality Guidelines)
USA	150	Richtwert (US-EPA)
Kanada	200	Richtwert (Health Canada)
Großbritannien/ Irland	200	Referenzwert (UK Health Security Agency; EPA Ireland)
Dänemark/ Norwegen/ Schweden	200	Referenzwert (Danish Health Authority; Norwegian Radiation Protection Authority; Swedish Radiation Safety Authority)
Dänemark	100	Richtwert für Neubauten (dänisches Baureglement des Bauministeriums BR10 [Ausgabe 2018], Kapitel 13, § 332)

2.10.2 Alternative Bewertungen für Radon in der Raumluft

Unabhängig von gesetzlichen und behördlichen Regelungen haben in einigen Ländern private Institutionen und Verbände oder Zertifizierungsstellen weitere Beurteilungswerte für Radon im Innenraum definiert.

Eine wesentliche Forderung der Empfehlungen des Bundesverbandes öffentlich bestellter und vereidigter sowie qualifizierter Sachverständiger e. V. (BVS) im **BVS-Standpunkt „Radon in Gebäuden“** (Ausgabe Februar 2017) ist die Unterschreitung des Wertes von 100 Bq/m³ für die Radonkonzentration im Jahresmittel für Neubauten. Für Bestandsgebäude lehnt sich der BVS an die gesetzlichen Forderungen (Einhaltung Referenzwert) an, als Zielwert für Bestandsgebäude sollte jedoch auch ein höheres Schutzziel von unter 100 Bq/m³ erreicht werden.

Nach 2 Jahren intensiver Auswertungen einer Pilotstudie stellt der **Berufsverband Deutscher Baubiologen VDB e. V.** seit Januar 2019 mit **VDB-ZERT** ein Konzept zur Zertifizierung von Wohngebäuden zur Verfügung. Die Version 1.0 des Gebäude-Zertifizierungssystems wurde 2022 von der Version 1.2 abgelöst. Bis Ende 2023 wurden über 200 Gebäude zertifiziert. Die VDB-Zertifizierung bezieht sich auf Wohngebäude. Während der Bauplanung sollte neben möglichen Schadstoffen auch Radon berücksichtigt werden (Standortanalyse, Bauplatzuntersuchung, ggf. Bodengasmessung inkl. Radonpotenzial). Die abschließende Messung der Radonkonzentration in der Innenraumluft erfolgt unmittelbar nach Fertigstellung durch jeweils eine Langzeitmessung in 2 Wohnräumen (z. B. Erdgeschoss und Obergeschoss). Wenn es Wohnräume im Keller gibt, wird im Keller gemessen. Zur Beurteilung des Jahresmittelwertes (Jahresdosis) nach DIN ISO 11665-8 bei normalem und üblichem Nutzerverhalten wird diese Messung über mindestens 6 Monate durchgeführt, die Hälfte der Messzeit sollte in der Heizperiode liegen.

Das **Bewertungssystem Nachhaltiges Bauen** für Bundesgebäude (BNB) des Bundesministeriums für Wohnen, Stadtentwicklung und Bauwesen (BMWSB) hat zum Ziel, die Qualität der Nachhaltigkeit von Gebäuden und baulichen Anlagen in ihrer Komplexität zu beschreiben und zu bewerten (vgl. www.bnb-nachhaltigesbauen.de). Im Jahr 2014 gab es einen Entwurf für die Integration von Radon in das Bewertungsschema (Steckbrief 3.1.3: Innenraumlufthygiene). Bisher ist der Entwurf noch nicht als Anforderung in die Kriterien integriert worden. An anderer Stelle hingegen wird der Standort hinsichtlich der Radonsituation am Bauplatz bewertet (Steckbrief 6.1.2: Standortmerkmale – Verhältnisse am Mikrostandort). Es wird eine Dokumentation der aktuellen Daten zur möglichen Radonbelastung des Bodens am Gebäudestandort mit Angabe der Quelle (öffentliche Messwerte) gefordert. Weiterhin werden Anforderungsniveaus nach den Klassen 1 bis 4 (Radonkonzentration in der Bodenluft) formuliert, d. h., ein Standort mit hoher Radonkonzentration in der Bodenluft wird schlecht bewertet. Raumluftmessungen auf Radon sind im BNB (bisher) nicht erforderlich.

Der **Standard der baubiologischen Messtechnik** (SBM) bietet eine Übersicht der physikalischen, chemischen, biologischen, raumklimatischen und sonstigen Risikofaktoren, die in Schlaf- und Wohnräumen, an Arbeitsplätzen und auf Grundstücken sachverständig untersucht, gemessen, ausgewertet und schriftlich (mit Angabe der Messergebnisse, Messgeräte und Analyseverfahren) protokolliert werden. Bei Auffälligkeiten werden entsprechende Sanierungsempfehlungen erarbeitet und vorgeschlagen. Als Ergänzung wurden Richtwerte für Schlafbereiche nach einem Abstufungsmodell eingeführt. Seit Anfang der 1990er-Jahre wird hier schon auf Radon in der Raumluft Bezug genommen. Die höchste Qualitätsstufe „unauffällig" liegt beim Radon bei 30 Bq/m^3 und ist an die natürliche und ungestörte Umgebung (Außenluft) angelehnt (vgl. Maes, 2015; www.sbm-standard.de).

MINERGIE ist eine geschützte Schweizer Marke für nachhaltiges Bauen (vgl. www.minergie.ch/de). Der Verein betreibt die Zertifizierung und das Marketing dieses Labels. Minergie zertifiziert seit ca. 25 Jahren Gebäude nach sog. Minergie-Standards (Minergie, Minergie-P und Minergie-A). Hierbei standen zunächst die Energieeffizienz eines Gebäudes und somit Aspekte des Klimaschutzes im Vordergrund. Mittlerweile können diese „klassischen" Standards um Anforderungen zu den Themen Gesundheit und Bauökologie ergänzt werden. Beim Thema Innenraumklima existieren die Kriterien „Maßnahmen zur Reduktion der Radonbelastung" sowie „Raumluftmessungen (Radon)". Es wird zwischen Neubau und Modernisierung unterschieden. Als Anforderung für Radon liegen Raumluftwerte (Zielwerte) von 100 Bq/m^3 vor.

Die **dänische Variante der DGNB-Zertifizierung** (DGNB-DK) nimmt Bezug auf das dänische Baureglement des Bauministeriums (Ausgabe 2018, Kapitel 13, § 332). Dort wird gefordert, dass das Eindringen von Radon in ein Gebäude begrenzt werden muss. Hierzu müssen die an den Untergrund angrenzenden Bauteile ausreichend abgedichtet werden. Das Gebäude muss so ausgeführt werden, dass die Radonkonzentration 100 Bq/m³ im Jahresdurchschnitt nicht überschreitet. Das dänische DGNB-DK-Manual für Einfamilienhäuser fordert für Radon Raumluftmessungen. Sollte nur ein einzelner Messpunkt 100 Bq/m³ überschreiten, müssen im gesamten Gebäude Kontrollmessungen durchgeführt werden, um den Jahresdurchschnittswert zu ermitteln. In Gebäuden, in denen der Jahresdurchschnittswert über 100 Bq/m³ liegt, müssen Maßnahmen zur Reduzierung erarbeitet und umgesetzt werden. Die Anforderungen gelten für Neubauten und umfangreiche Sanierungen (vgl. Kapitel 7.3).

In der Tabelle 2.3 sind alternative Bewertungen für Radon in der Raumluft in einer Übersicht dargestellt.

Tabelle 2.3: Übersicht alternative Bewertungen für Radon in der Raumluft

Organisation	Radonwert in Bq/m³	Bewertungsgrundlage, Bemerkungen
BVS-Standpunkt „Radon in Gebäuden" (Februar 2017)	≤ 100	Zielwert, Neubau und Bestand
	≤ 300	Richtwert, Bestand
VDB-ZERT Gebäudezertifizierung (Neubau), www.baubiologie.net	≤ 50	baubiologisch besonders empfehlenswert
	≤ 100	baubiologisch empfehlenswert („schadstoffarm")
	≤ 200	baubiologisch bedingt empfehlenswert
	> 200	nicht zertifiziert
BNB Gebäudezertifizierung (Innenraumhygiene), Entwurf BB 2013/2014	≤ 50	Qualitätsniveau 4
	≤ 100	Qualitätsniveau 3
	≤ 200	Qualitätsniveau 2
	≤ 300	Qualitätsniveau 1
baubiologische Richtwerte für Schlafbereiche (vgl. Maes, 2015; www.sbm-standard.de)	< 30	unauffällig
	< 60	schwach auffällig
	< 200	stark auffällig
	> 200	extrem auffällig
MINERGIE ECO (Schweiz), vgl. Kapitel 7.4	< 100	Anforderung für Neubauten und Modernisierungen
DGNB-DK (Dänemark), vgl. Kapitel 7.3	< 100	Anforderung für Neubauten und umfangreiche Sanierungen

3 Radondiagnostik

Bei Untersuchungen auf Radon werden je nach Aufgabenstellung Messungen zur Quellensuche, Bodengasmessungen und Raumluftmessungen durchgeführt. Es kommen Punktmessungen, Kurzzeitmessungen zur Übersicht über einige Tage/Wochen und Langzeitmessungen über mehrere Monate bis zu einem Jahr zum Einsatz. Zur Messung werden direkt anzeigende aktive elektronische Messgeräte mit und ohne Aufzeichnung verwendet oder Passivsammler eingesetzt. Grundlagen für die technische Umsetzung bieten hier die Normenreihe DIN (EN) ISO 11665, der „Leitfaden zur Messung von Radon, Thoron und ihren Zerfallsprodukten" der Strahlenschutzkommission (SSK) aus dem Jahr 2002 sowie das Kapitel B I 8 „Untersuchungen auf Radon" aus dem zweiten Band der Richtlinien des Berufsverbandes Deutscher Baubiologen VDB e. V. (Ausgabe Oktober 2018).

Kenntnisse über die Funktionsweisen der verschiedenen Messgeräte und Messverfahren sind von grundlegender Bedeutung für den optimierten Einsatz der jeweiligen Untersuchungsstrategie sowie für die fachgerechte Interpretation von deren Ergebnissen. Entscheidende Größen der jeweiligen Messsysteme sind Messbereich, Grundempfindlichkeit, Schnelligkeit bei der Ansprache und verschiedene Betriebsmodi. Die Bandbreite der Messmöglichkeiten ist groß. Für die Bewertungsmessungen zu Radon in der Raumluft reicht in der Regel ein passives Verfahren mittels Kernspurexposimeter aus. Ziel einer Bewertungsmessung ist, über einen längeren Zeitraum möglichst exakt die Dosis aus der durchschnittlichen Radonkonzentration bestimmen zu können. Die Verwendung von Kernspurexposimetern ist hierfür – gegenüber elektronischen Maßsystemen – eine sichere und kostengünstige Methode.

Für eine konkretere Sanierungsplanung und differenzierte Beurteilungen sind weitere Untersuchungen mit Quellensuche sowie orts- und zeitaufgelöste Messungen mit aktiven elektronischen Messgeräten erforderlich. Es stehen hierfür unterschiedliche Detektortypen zur Verfügung, die in Kombination mit der jeweiligen Auswertesoftware für Punkt- oder Kurzzeitmessungen geeignet sind. Für Bodengasmessungen wurden spezielle Messsysteme und Probenahmeverfahren entwickelt, die für die besonderen Anforderungen zur Analyse von Bodenluft geeignet sind.

3.1 Grundlagen der Radondiagnostik

Bevor die technischen Einzelheiten der Radondiagnostik erläutert werden, sollten wesentliche Unterschiede zu den sonst üblichen Messungen von Schadstoffen in der Raumluft dargestellt werden, was hier beispielhaft erfolgen soll über den Vergleich mit Formaldehyd und VOC (flüchtige organische Verbindungen wie z. B. Kohlenwasserstoffe, Alkohole und organische

Säuren). Diese typischen Innenraumschadstoffe entweichen z. B. aus Raumoberflächen – Schadstoffquellen sind etwa der Bodenaufbau, Bauplatten, Beschichtungen, Kleber usw. Hier führen Raumluftmessungen in kurzer Zeit unter definierten Bedingungen (Raumlüftung, Temperatur, Feuchte) zu reproduzierbaren Luftkonzentrationen, da die Quellstärken bei gleichem Raumklima annähernd konstant sind.

Bei Radonmessungen in der Raumluft wird weit entfernt von dem Ursprungsort (Erdreich) gemessen. Die Eintrittsrate (Quellstärke) reagiert daher sehr empfindlich auf Temperatur-, Druck- und Klimaschwankungen, was im Resultat zu sehr verschiedenen Tages-, Wochen- und auch Monatsmittelwerten im Innenraum führen kann. Radon-Monatsmittelwerte der Innenraumkonzentrationen können im Sommer um den Faktor 3 bis 5 niedriger liegen als im Winter (vgl. Radon: Vorkommen – Wirkung – Schutz, 2023, S.18). Selbst die Jahresmittelwerte von mehreren Jahren zeigen signifikante Variationen. Auch bei den Radonkonzentrationen in der Bodenluft können jahreszeitlich bedingte Unterschiede auftreten, diese fallen jedoch deutlich geringer aus. Für eine zuverlässige Bewertung der Innenraumluft müssen daher Langzeitmessungen durchgeführt werden.

In Tabelle 3.1 sind die wesentlichen Unterschiede in der Betrachtung von Radon zu den sonst üblichen Schadstoffbetrachtungen im Innenraum dargestellt. Es wird schnell deutlich, dass Radon im Bereich der Innenraumschadstoffe eine Sonderrolle zukommt. Dementsprechend ist auch eine andere messtechnische Herangehensweise erforderlich.

Bei allen Messungen in der Raumluft sind insbesondere die zum Teil starken zeitlichen Konzentrationsschwankungen durch Änderungen der Quellstärke

Tabelle 3.1: Gegenüberstellung der Betrachtung von Radon mit den sonst üblichen Schadstoffbetrachtungen in der Innenraumluft

Kriterium	Formaldehyd/VOC	Radon
Bewertungsmessung	• Punktmessung (aktiv) • Normenreihe DIN (EN) ISO 16000 • Probenahme mit Fachlaborauswertung	• Langzeitmessung (passiv) • DIN ISO 11665-4 und -8 • Fachlaborauswertung (ggf. auch aktive Messung)
Raumsituation	definiert; durch Präparation der Räume (ungelüftet oder Lüftungsanlage)	Nutzungsbedingungen
Quelle	meist im Innenraum, innerhalb eines Gebäudes	meist außerhalb eines Gebäudes (Erdreich)
Wirkung	direkt oder über Metabolismus	indirekt über Zerfallsprodukte (Gleichgewichtsfaktor)
Einfluss von Druckdifferenzen auf die Quellstärke	gering	hoch
Manipulation	kaum relevant	problematisch
Definition „Referenzwert"	• rein statistisch abgeleitet (95. Perzentil; Medizin, Innenraumhygiene) • keine gesundheitliche Bewertung	• „unangemessene Exposition" (EU-Richtlinie 2013/59; Strahlenschutz) • gesundheitliche Bewertung

infolge von Witterungs-, Nutzungs- bzw. Lüftungsverhältnissen zu berücksichtigen. Häufig zeigt sich ein Tagesgang mit höheren Werten in den frühen Morgenstunden aufgrund der höheren Eintrittsraten (Temperaturdifferenzen innen/außen) und wegen des geringeren Luftwechsels in der Nacht.

Kurzzeitmessungen

Kurzzeitmessungen bzw. Punktmessungen werden in der Regel über wenige Minuten oder Stunden mit elektronischen, direkt anzeigenden Radon- oder Zerfallsproduktmessgeräten durchgeführt (vgl. DIN EN ISO 11665-5 und -6). Kurzzeitmessungen werden zur Quellensuche und zur Beurteilung der Quellstärke sowie zur Lokalisierung von Eintrittspfaden oder für vergleichende Beurteilungen durchgeführt. Ein weiteres Einsatzgebiet von Kurzzeitmessungen ist die Untersuchung der Radon-Aktivitätskonzentration in der Bodenluft. Für diese Aufgabenstellung ist eine besonders empfindliche Messtechnik mit einem großen Messbereich erforderlich (z. B. Halbleiterdetektoren, Ionisationskammern oder Lucas-Zellen).

Übersichtsmessungen

Übersichtsmessungen werden über mehrere Tage bis zu wenigen Wochen mit elektronischen Messgeräten (eventuell zeitauflösend) oder Kernspurdetektoren in der Raumluft durchgeführt (vgl. DIN ISO 11665-4, DIN EN ISO 11665-5). Hier geht es um die Beurteilung der örtlichen und zeitlichen Variationen und die Einschätzung der Einflussfaktoren einer Radonbelastung. Sinnvoll sind daher Simultanmessungen in mehreren Räumen und ggf. Etagen sowie im Keller oder anderen Verdachtsräumen. Lüftungsverhältnisse, Raumklimaparameter und Druckdifferenzen können je nach Aufgabenstellung angepasst oder simuliert werden.

Bewertungsmessungen

Zur Bewertung einer Radonkonzentration im Innenraum (Jahresmittelwert, Referenzwert) werden Langzeitmessungen über mindestens 2 bis 3 Monate (bis zu einem Jahr) mit Kernspurdetektoren (Exposimeter) durchgeführt, wobei die Hälfte der Messzeit im Winter oder in der Heizperiode liegen sollte (vgl. DIN ISO 11665-4 und -8). Aufgrund der starken Konzentrationsänderungen im Zeitverlauf werden zur Sicherheit Messungen über ein Jahr empfohlen. Eine Liste der Messstellen mit regelmäßiger Qualitätskontrolle ist auf den Internetseiten des Bundesamtes für Strahlenschutz (BfS) hinterlegt (vgl. www.bfs.de).

3.2 Passive Messungen mit Kernspurdetektoren

Bei den **passiven Verfahren** stehen sog. Kernspurdetektoren bzw. Festkörperspurdetektoren (FKSD) für Raumluftmessungen im Mittelpunkt (vgl. DIN ISO 11665-4). Diese auch als Exposimeter bezeichneten Detektoren werden für integrierende Messungen eingesetzt, d. h., über die gesamte Messzeit wird nur ein Wert als Mittelwert ermittelt.

Die Kernspurdetektoren bestehen aus einer kleinen Filmdose mit einem definierten Volumen, die ein dünnes Kunststoffplättchen mit definierter Größe beinhaltet. Der eigentliche Detektor ist ein Plastikfilm aus z. B. Polycarbonat-

Abb. 3.1: Typische Kernspurdetektoren; links: in der radondichten Folie; Mitte: mit geöffnetem Gehäuse und sichtbarem Detektorfilm (für die Messung darf das Gehäuse jedoch nicht geöffnet werden); rechts: Kernspurdetektor in zylindrischer Bauform (Quelle: Radonova Laboratories AB, Uppsala, Schweden [links/Mitte]; Altrac Radon Messtechnik, Berlin [rechts])

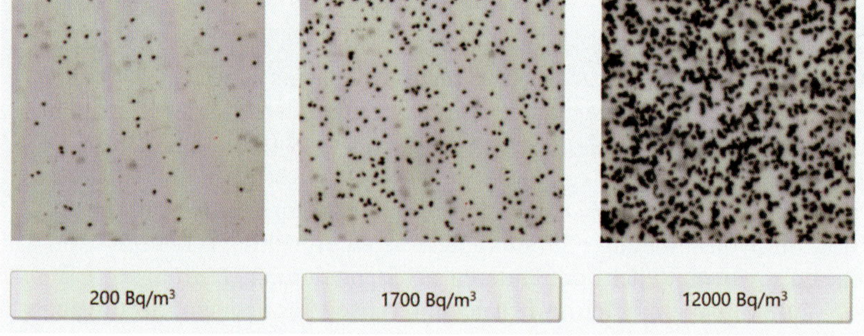

Abb. 3.2: Filmspuren nach 3 Monaten Expositionszeit (Quelle: Radonova Laboratories AB, Uppsala, Schweden)

folie (ca. 1 bis 10 cm^2 groß; ca. 0,1 bis 1 mm dick). Das Messverfahren beruht darauf, dass die radonhaltige Luft durch das Gehäuse in die Messkammer diffundiert. Radonfolgeprodukte, Staub und Feuchte werden hierbei zurückgehalten. Der ausreichend große Diffusionswiderstand verhindert das Eindringen von Thoron. In der Messkammer zerfällt Radon unter Aussendung von Alphateilchen in seine kurzlebigen, zum Teil ebenfalls alphastrahlenden Folgeprodukte. Diese verursachen auf dem Film (Folie) mikroskopisch kleine Spuren.

Nach der Exposition (meist über mehrere Wochen oder Monate) werden die Dosimeter in einem Fachlabor ausgewertet, indem die durch die Alphazerfälle verursachten Spuren im Film mithilfe eines chemischen Ätzverfahrens vergrößert und optisch sichtbar gemacht werden. Die endgültige Auswertung und Quantifizierung erfolgt mikroskopisch durch Auszählen der Spuren (vergleichbar mit Schimmelpilzen auf dem Nährboden) und Umrechnung in eine Radonkonzentration anhand der Expositionszeit.

Einige derzeit verfügbare Bauformen und Detektortypen sind beispielhaft (ohne Anspruch auf Vollständigkeit) in Abb. 3.1 dargestellt. Abb. 3.2 zeigt die mikroskopisch sichtbaren Spuren auf dem beladenen bzw. exponierten Film nach 3 Monaten bei unterschiedlichen mittleren Radonkonzentrationen im Raum. Auf dem rechten Bild ist nach der Expositionszeit bei 12.000 Bq/m^3 eine starke Beladung durch die Spuren sichtbar, die gerade noch quantitativ ausgewertet werden kann. Bei einer Radonkonzentration von über 20.000 Bq/m^3 wäre schon die maximale Belegung erreicht, da sich zu viele Spuren überlagern und nicht mehr einzeln ausgezählt werden können.

Bei Handhabung und Positionierung sind die in der Messanleitung formulierten Vorgaben des Anbieters zu befolgen. Die Exposition bzw. Messung beginnt nach dem Öffnen der radondichten Verpackung.

Die Kernspurdetektoren sind in der Regel für Langzeitmessungen vorgesehen. Es gibt sie auch in einer besonderen Bauform für Kurzzeitmessungen (ca. 10 bis 30 Tage). Die jeweilige Messunsicherheit richtet sich nach der Expositionszeit und der Radonkonzentration und liegt im Normalfall bei unter 20 %. Die maximale Exposition muss jedoch auch berücksichtigt werden, um eine Überbeladung zu vermeiden. Die messtechnischen Expositionsobergrenzen liegen bei den Kernspurdetektoren im Allgemeinen bei 15 bis 55 MBqh/m^3. So können Radonkonzentrationen von 1.700 bis 5.000 Bq/m^3 im Jahresmittel bei Expositionszeiten von 12 Monaten gerade noch erfasst werden.

Bei höheren Radonkonzentrationen oder längeren Expositionszeiten kann der genaue Radonwert nicht mehr dargestellt werden. Daher ist es ratsam, bei Messungen von unbekannten, aber erwartbar hohen Radonkonzentrationen mehrere Dosimeter nacheinander mit kürzeren Expositionszeiten einzusetzen und die jeweiligen einzelnen Ergebnisse zu einem Ergebnis über die gesamte betrachtete Zeit zu addieren.

Kernspurdetektoren werden bevorzugt für Langzeitmessungen (Bewertungsmessungen) zur Bestimmung des Jahresmittelwertes in der Raumluft von Aufenthaltsräumen und am Arbeitsplatz eingesetzt.

3.3 Aktive Messungen mit elektronischen Messgeräten

Bei **aktiven Verfahren** kommen elektronische Messgeräte zum Einsatz, wobei Detektortypen wie Halbleiter, Ionisationskammern und Lucas-Zellen verwendet werden (vgl. DIN EN ISO 11665-5). Es stehen Messgeräte mit und ohne integrierte Pumpen zur Verfügung. Einige elektronische Radonmonitore speichern über einen integrierten Datenlogger Daten ab und manche bieten auch zusätzliche (ggf. optionale) Messparameter an wie z. B. Temperatur, relative Feuchtigkeit, Luftdruck oder CO_2-Konzentration. Hier ist besonders die CO_2-Konzentration von Interesse, da diese Messgröße auch Hinweise auf die Raumnutzung und die Raumlüftung (Luftwechsel) liefern kann.

3.3.1 Elektronische Messgeräte mit Halbleiterdetektor

Ein Halbleiterdetektor (HL-Detektor) eignet sich sehr gut für die Bestimmung der Radonkonzentration. Die Radon-Aktivitätskonzentration wird in erster Linie anhand der in einer Messkammer entstehenden kurzlebigen Folgeprodukte über die Erzeugung elektronischer Impulse auf der Detektoroberfläche bestimmt.

Direkt nach dem Zerfall des Radons (Rn-222) liegt das Folgeprodukt Po-218 als positives Ion vor. Dieses Ion wird durch ein angelegtes elektrostatisches

Feld auf der Oberfläche eines Halbleiterdetektors abgeschieden. Die Anzahl der pro Zeiteinheit gesammelten Po-218-Ionen ist der Radonkonzentration in der Messkammer proportional. Das kurzlebige Folgeprodukt Po-218 – ebenfalls ein Alphastrahler – zerfällt mit einer Halbwertzeit von ca. 3 Minuten auf der Oberfläche des Detektors und erzeugt weitere Ionen. Das Aktivitätsgleichgewicht zwischen Radon und Po-218 ist nach ca. 5 Halbwertzeiten erreicht, also schon nach ca. **15 Minuten.** Im weiteren Verlauf der Zerfallsreihe setzt sich der radioaktive Zerfall bis zum Alphazerfall des Po-214 fort. Daraus folgt, dass jeder Po-218-Zerfall ein weiteres Mal durch den Zerfall von Po-214 am Detektor sichtbar wird. Dieser erfolgt aufgrund der Halbwertzeiten der dazwischenliegenden Nuklide allerdings verzögert, sodass sich das Aktivitätsgleichgewicht zwischen Po-218 und Po-214 erst nach ca. **3 Stunden** einstellt. Da die Emissionsenergien von Po-218 und Po-214 verschieden sind, können beide Nuklide mittels Alphaspektrometrie sauber separiert werden.

Einige Geräte bieten daher über die Alphaspektrometrie verschiedene Betriebsmodi an. Im „fast"-Modus wird nur Po-128 ausgewertet und ein Messwert ist daher schon nach 15 Minuten verfügbar. Eine derart schnelle Messung ist jedoch nur für bestimmte Anwendungen sinnvoll – wie z. B. bei Bodengasmessungen und beim Radon-Sniffing – und erfordert hohe Konzentrationen und eine aktive Probenahme mit einer Pumpe. Mit der Alphaspektrometrie kann auch zwischen Radon (Rn-222) und Thoron (Rn-220) unterschieden werden.

Abb. 3.3 zeigt ein typisches Alphaspektrum einer Radonmessung mit nur geringem Thoronanteil. Die Radon-Folgeprodukte Po-218 und Po-214 (rot) liegen im Energiespektrum bei ca. 6.000 und 7.700 keV und können sauber von den Energiebanden von Po-216 und Po-212 (Thoron-Zerfall) bei 6.800 und 8.800 keV unterschieden werden.

In Abb. 3.4 sind die unterschiedlichen Konzentrationsverläufe im „fast"-Modus (orange) und im „slow"-Modus (gelb) bei einer Bodengasmessung mit dem Messgerät RTM 1688-2 zu sehen. Erst nach ca. 3 Stunden gleichen sich die Konzentrationen durch die verzögerte Darstellung im „slow"-Modus an.

Die meisten einfachen Messgeräte mit Halbleiterdetektoren bieten keine Auswertung eines Alphaspektrums und damit keine Unterscheidung von „fast"- und „slow"-Modus an. Daher ist bei diesen Geräten auch nur eine verzögerte Anzeige der realen Radonkonzentration möglich. Das ist in der Regel aber unproblematisch, weil deren Einsatz aufgrund der geringen Detektorempfindlichkeiten für längere Messzeiten von einigen Tagen, Wochen oder Monaten bei üblichen Innenraumkonzentrationen konzipiert ist.

Alle Geräte liefern recht zuverlässige Messwerte ab ca. 20 Bq/m^3 mit einer Auflösung von 1 Bq/m^3 und einer Genauigkeit von 20 % (nach Herstellerangabe). Die Genauigkeit im niedrigen Konzentrationsbereich (< 100 Bq/m^3) ist jedoch nur bei längeren Messzeiten über einige Tage bis Wochen zu erreichen (vgl. Abb. 3.12). Fast alle Messgeräte eignen sich für zeitauflösende Messungen.

Hochwertigere Messgeräte mit Halbleiterdetektoren bieten neben der Datenlogger-Funktion auch ein Alphaspektrum und als Radon-Thoron-Monitor

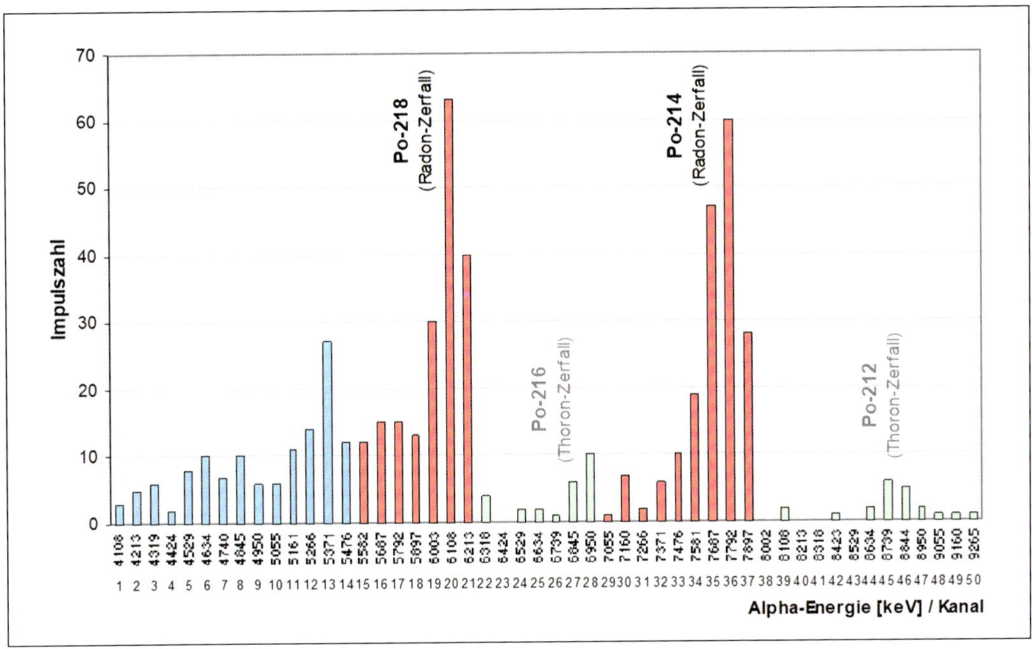

Abb. 3.3: Alphaspektrum einer Radonmessung mit HL-Detektor; Messgerät Doseman (Sarad)

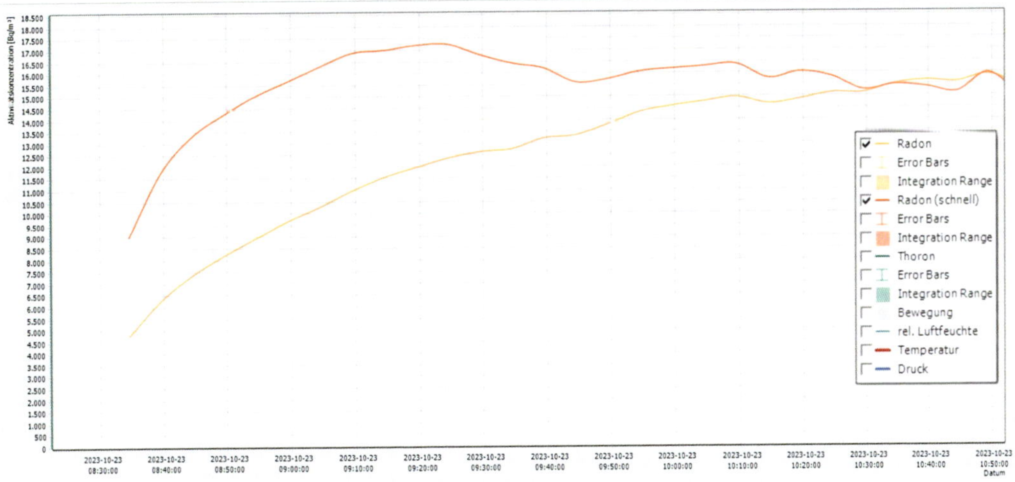

Abb. 3.4: Radonmessung im „fast"-Modus (orange) und im „slow"-Modus (gelb); Messgerät RTM 1688-2 (Sarad)

(RTM) eine Unterscheidung von „fast"- und „slow"-Modus sowie eine Unterscheidung von Radon und Thoron.

Manche Geräte (wie RTM 1688-2 oder RTM 2200) wurden für spezielle Messaufgaben gebaut und ständig weiterentwickelt. Neben zeitauflösenden Messungen in der Raumluft können die Geräte auch zum Radon-Sniffing, zur Messung von Radon in Wasser (mit Zubehör) und für Bodengasmessungen (mit Zubehör) eingesetzt werden. Die Geräte verfügen über eine aktive Pumpe, mit der Volumenströme von ca. 0,4 bis 1,0 l/min generiert werden,

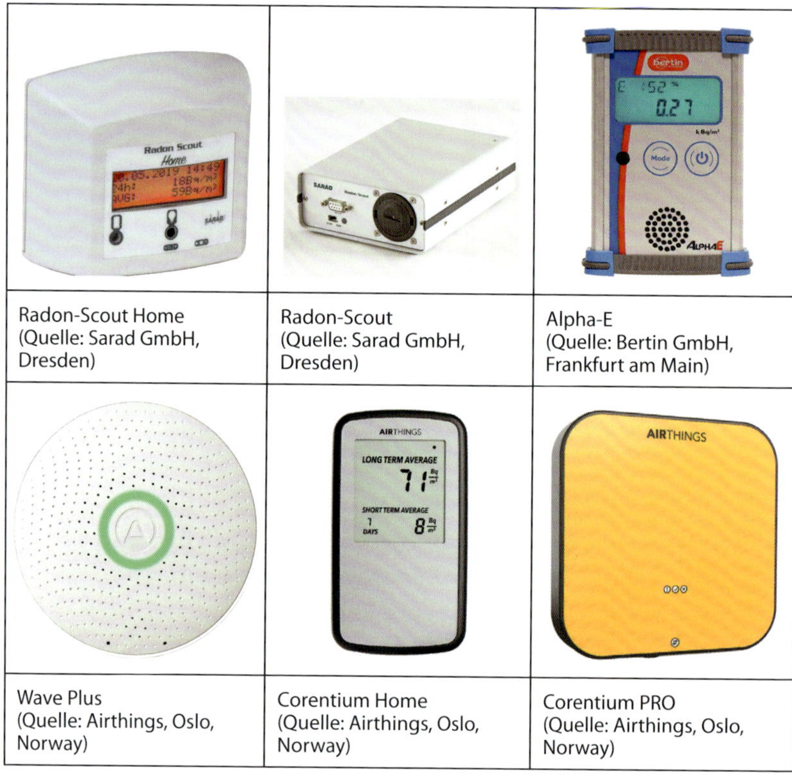

Radon-Scout Home (Quelle: Sarad GmbH, Dresden)

Radon-Scout (Quelle: Sarad GmbH, Dresden)

Alpha-E (Quelle: Bertin GmbH, Frankfurt am Main)

Wave Plus (Quelle: Airthings, Oslo, Norway)

Corentium Home (Quelle: Airthings, Oslo, Norway)

Corentium PRO (Quelle: Airthings, Oslo, Norway)

Abb. 3.5: Radonmessgeräte mit Halbleiterdetektor für aktive Messungen in der Raumluft

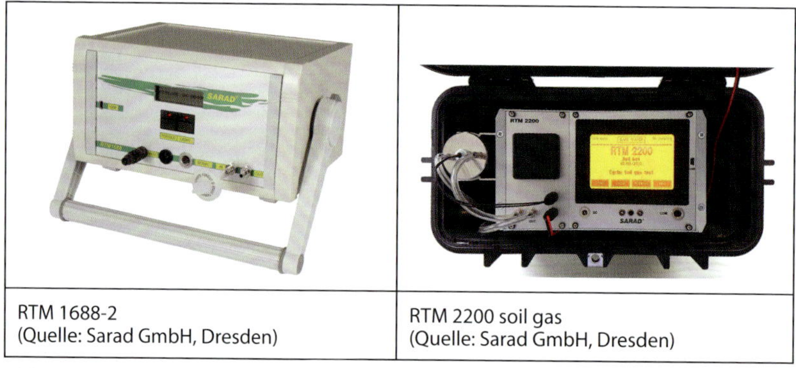

RTM 1688-2 (Quelle: Sarad GmbH, Dresden)

RTM 2200 soil gas (Quelle: Sarad GmbH, Dresden)

Abb. 3.6: Radonmessgeräte mit Halbleiterdetektor für aktive Messungen (Raumluft/ Bodenluft)

und bieten einen sehr großen Messbereich von 1 Bq/m^3 bis über 10 MBq/m^3. Wichtiges Zubehör sind Partikelfilter zum Schutz vor Stäuben und ein Wasserstopp bei Bodengasmessungen.

Einige derzeit verfügbare Bauformen und Messgerätetypen sind beispielhaft (ohne Anspruch auf Vollständigkeit) in Abb. 3.5 und 3.6 dargestellt.

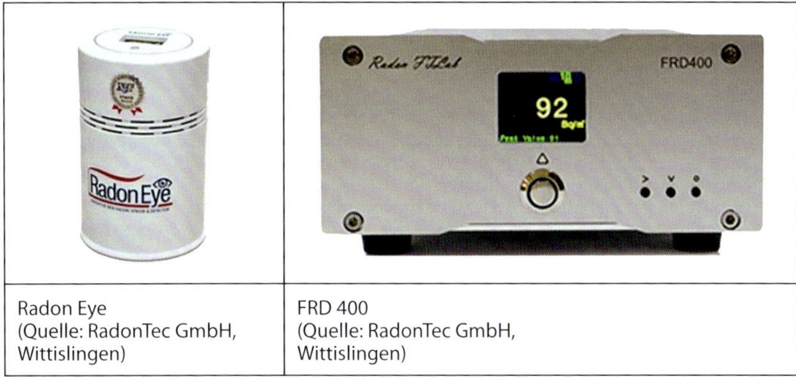

Radon Eye (Quelle: RadonTec GmbH, Wittislingen)	FRD 400 (Quelle: RadonTec GmbH, Wittislingen)

Abb. 3.7: Radonmessgeräte mit Ionisationskammer für aktive Messungen (Raumluft)

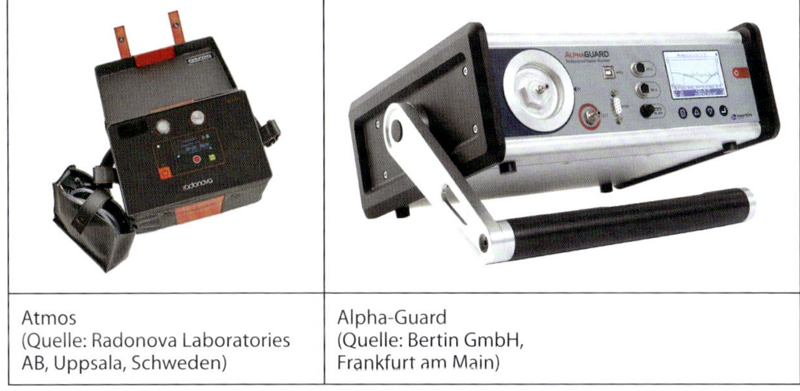

Atmos (Quelle: Radonova Laboratories AB, Uppsala, Schweden)	Alpha-Guard (Quelle: Bertin GmbH, Frankfurt am Main)

Abb. 3.8: Radonmessgeräte mit Ionisationskammer für aktive Messungen (Raumluft/Bodenluft)

3.3.2 Elektronische Messgeräte mit Ionisationskammern

Für Radonmessungen werden auch Geräte mit Impuls-Ionisationskammern eingesetzt. Radon gelangt bei diesen Geräten über Diffusion oder angesaugte Luft in die Messkammer. Dort produzieren Radon und seine kurzlebigen Zerfallsprodukte Alphateilchen. Diese Alphateilchen ionisieren in der Kammer Luftmoleküle (ein Alphazerfall generiert in der Luft mehrere Tausend Luftionen). Die hierbei entstehenden Elektronen werden elektronisch erfasst und der entstehende Stromimpuls ist proportional zu der im Kammervolumen an die Luft übertragenen Energie der Alphateilchen.

Einige derzeit verfügbare Bauformen und Messgerätetypen sind beispielhaft (ohne Anspruch auf Vollständigkeit) in Abb. 3.7 und 3.8 dargestellt. Alle Messgeräte eignen sich für zeitauflösende Messungen.

Der Messbereich ist bei den einfacheren Geräten (Radon Eye, FRD 400) mit maximal erfassbaren Konzentrationen von 3.700 bis 10.000 Bq/m^3 allerdings deutlich eingeschränkt. Dafür bieten Geräte mit Ionisationskammern eine sehr hohe Grundempfindlichkeit mit hohen Impulsausbeuten bei niedrigen Raumluftkonzentrationen und können damit zeitliche Veränderungen der

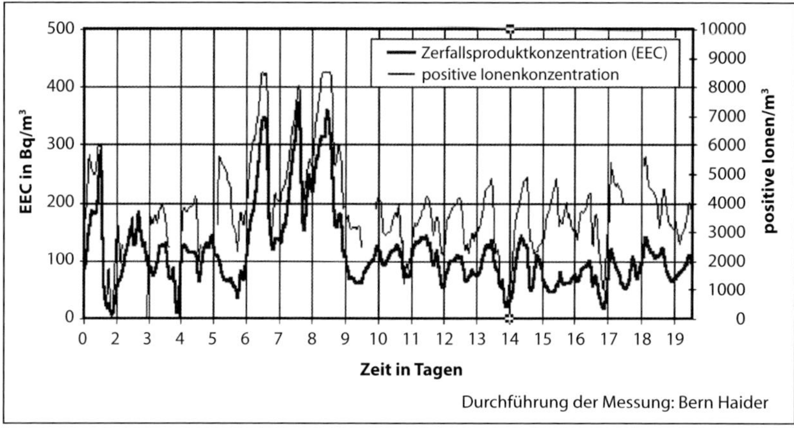

Abb. 3.9: Messungen der Radon- und der Luftionenkonzentrationen (Quelle: Umweltanalytik Holbach GmbH, Wadern)

Radonkonzentrationen sehr gut abbilden. Die Geräte eignen sich daher besonders für vergleichende orts- und zeitauflösende Messungen und Detektoren mit Ionisationskammern werden aus diesem Grund auch bei Sensorsteuerungen eingesetzt (z. B. Lüftungssteuerung mit Radonsensoren).

Die in Abb. 3.8 dargestellten Messgeräte verfügen über eine integrierte Pumpe sowie größere und empfindlichere Detektorkammern. Auch zwischen Radon und Thoron kann mit ihnen zuverlässig differenziert werden. Derartige Geräte eignen sich besonders gut für Kurzzeitmessungen bei niedrigen Konzentrationen, zum Radon-Sniffing und auch für Bodengasmessungen (Alpha-Guard).

Der in der Messkammer ablaufende Prozess bei den Messgeräten mit Ionisationskammer kann auch an der freien Luft beobachtet werden. In einem Raum mit einer Radonkonzentration von 100 Bq/m^3 ist die Anzahl der Kleinionen in der Raumluft bereits deutlich erhöht gegenüber der Außenluft (mit meist unter 10 Bq/m^3 Radon).

In Abb. 3.9 sind die Korrelationen zwischen Radonkonzentrationen (EEC in Bq/m^3) und Luftionenkonzentrationen (Kleinionen) über eine Messzeit von 19 Tagen dargestellt.

Messgeräte zur Messung von Kleinionen in der Raumluft können auch zur schnellen und orientierenden Beurteilung der Radonkonzentration in der Raumluft (Indikatorfunktion) eingesetzt werden.

3.3.3 Elektronische Messgeräte mit Lucas-Zellen

Zur Messung von Radon werden auch Szintillationskammern (sog. Lucas-Zellen) eingesetzt. Die Innenseite der Messkammer ist mit einer speziellen Beschichtung versehen, die Szintillationskristalle enthält. Trifft ein bei einem Zerfall von Radon, Thoron und Folgeprodukten emittiertes Alphateilchen auf diese Schicht, werden Lichtblitze erzeugt. Ein Photodetektor wandelt den Lichtimpuls in einen elektrischen Impuls um. Lucas-Zellen eignen sich sehr gut für die Messung von hohen Radonkonzentrationen und werden aus diesem Grund seit vielen Jahren auch für Bodengasmessungen eingesetzt.

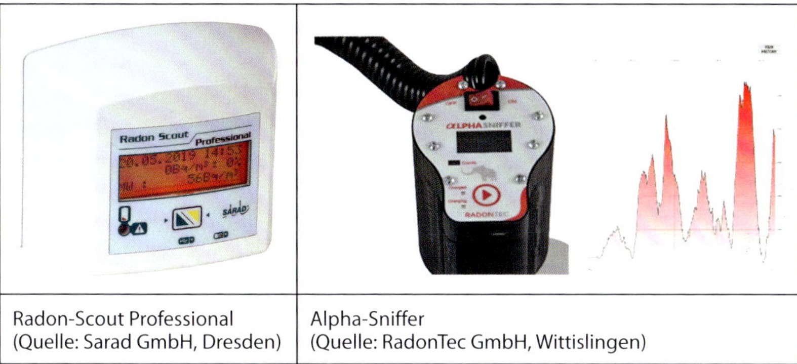

Radon-Scout Professional (Quelle: Sarad GmbH, Dresden)	Alpha-Sniffer (Quelle: RadonTec GmbH, Wittislingen)

Abb. 3.10: Radonmessgeräte mit Lucas-Zellen für aktive Messungen (Raumluft/Radon-Sniffing)

Es gibt Bauformen des Messprinzips, bei denen Kammer und Auswerteeinheit getrennt sind. Bei dieser Variante werden Lucas-Zellen aktiv vor Ort befüllt und zu einem späteren Zeitpunkt, nachdem die Zerfälle von Radon und Folgeprodukten im Gleichgewicht sind, über der Auswerteeinheit ausgelesen. Ebenso gibt es Bauformen, bei denen Kammer und Auswerteeinheit in einem Gerät vereinigt sind.

In Abb. 3.10 sind 2 Beispiele für Messgeräte dargestellt (ohne Anspruch auf Vollständigkeit). Beide Geräte eignen sich für zeitauflösende Messungen.

Das Gerät Radon-Scout Professional für Raumluftmessungen reduziert den störenden Einfluss von Thoron über eine ausreichende Zeitverzögerung bei der Diffusion durch das Gehäuse in die Messkammer.

Das Gerät Alpha-Sniffer wurde speziell für die Quellensuche entwickelt und saugt über einen Probenahmeschlauch aktiv Luft in eine ausreichend groß dimensionierte Messkammer. Die integrierte Auswertesoftware ermöglicht eine schnelle Beurteilung erhöhter Radonkonzentrationen. Im sog. „smart"-Modus wird über einen speziellen Algorithmus die durch den Radonzerfall in der Kammer angestiegene Impulsausbeute unter Berücksichtigung der Halbwertzeiten der Folgeprodukte auf einen Erwartungswert hochgerechnet. Dieser Erwartungswert wird schon nach wenigen Sekunden angezeigt. Ein stabiler Messwert ist in der Regel schon nach wenigen Minuten verfügbar und über eine App grafisch darstellbar (vgl. Abb. 3.10 rechts).

3.3.4 Elektronische Messgeräte für die Messung von Folgeprodukten

Weitere Messmöglichkeiten bieten sich über die Messung der Radon- und Thoron-Folgeprodukte in der Raumluft (vgl. DIN EN ISO 11665-2). Hierbei werden die Folgeprodukte über eine Pumpe angesaugt und auf einem Filter abgeschieden. Direkt über dem Filter befindet sich ein Alphadetektor, der die Alphazerfälle „in situ" registriert. Gasförmiges Radon wird hierbei messtechnisch nicht berücksichtigt. Über das Alphaspektrum kann sicher zwischen Radon- und Thoron-Folgeprodukten oder anderen Strahlern (ggf. künstliche Nuklide) unterschieden werden. Durch die aktive Anreicherung der Folgeprodukte auf dem Detektor ist das Messverfahren recht empfindlich und liefert auch bei niedrigen Raumluftkonzentrationen schnell zuverlässige Messwerte (Radon in EEC oder PAEC).

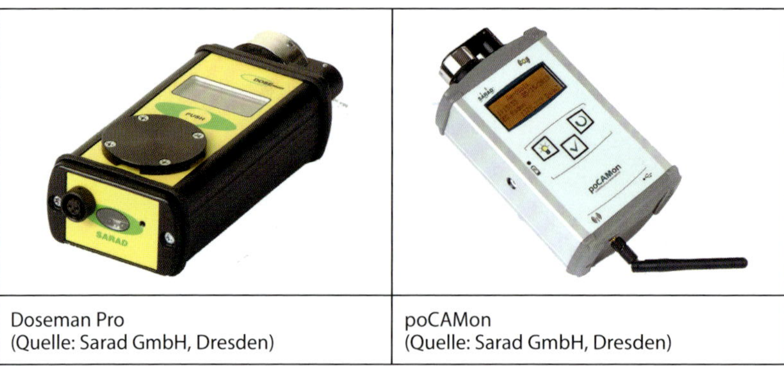

Doseman Pro (Quelle: Sarad GmbH, Dresden)	poCAMon (Quelle: Sarad GmbH, Dresden)

Abb. 3.11: Messgeräte für aktive Messungen von Radon- und Thoron-Folgeprodukten (Raumluft)

Die Messgeräte sind auch gut dazu geeignet, den Gleichgewichtsfaktor über simultan durchzuführende Radonmessungen messtechnisch zu bestimmen oder Hinweise auf Innenraumprobleme durch Thoron (über Po-212) zu erhalten.

In Abb. 3.11 sind 2 Beispiele für Messgeräte dargestellt (ohne Anspruch auf Vollständigkeit).

Die Anreicherung von Folgeprodukten kann auch aus der freien Luft (Außenluft oder Innenraum) mit vergleichsweise einfachen Mitteln dargestellt werden. Mit einer geeigneten Pumpe (z. B. MBASS30 von Holbach) und Filteradapter (z. B. FA30) kann auch eine direkte Luftmessung auf Radon-Zerfallsprodukte durchgeführt werden. Hierbei werden die Zerfallsprodukte aktiv angesaugt und auf einem Filterpapier abgeschieden. Anschließend erfolgt die Auswertung mit einem Strahlenmessgerät (Geigerzähler mit sog. Pancake-Zählrohr wie z .B. MiniTRACE CSDF von Bertin). Dabei wird das beladene Filterpapier unmittelbar (innerhalb von 5 Minuten) mit einer Messzeit von 1 Minute ausgezählt. Die Impulsausbeute bezieht sich auf die Gesamtstrahlung (Alpha-Beta-Gamma) und korreliert mit der Aktivitätskonzentration der Folgeprodukte (EEC) in der Luft.

3.3.5 Geräteempfindlichkeiten und Zählstatistik

Aufgrund der unterschiedlichen Detektortypen und -größen ergeben sich für die aktiven Geräte durch die Zählstatistiken erhebliche Unterschiede bei den Grundempfindlichkeiten. Bei einfachen Geräten mit Halbleiterdetektoren dauert es entsprechend lange, bis bei niedrigen Radonkonzentrationen eine ausreichende Anzahl von Ereignissen bzw. Spannungsimpulsen durch die Strahlungsereignisse von Radon und seinen Folgeprodukten in der Messkammer registriert wird.

Tabelle 3.2 zeigt eine Übersicht über verschiedene Messgeräte und Detektortypen und deren Impulsausbeuten bei gegebenen Radonkonzentrationen.

Die Darstellungen aus Tabelle 3.2 und Abb. 3.12 verdeutlichen die großen Unterschiede der Grundempfindlichkeiten bei aktiven Messgeräten. Von einem einfachen Halbleiterdetektor werden bei einer Radonkonzentration in

Tabelle 3.2: Vergleich Grundempfindlichkeit der Messgeräte bei 1.000 Bq/m³ Radon in der Raumluft (berechnete Werte auf Basis der technischen Herstellerangaben zur Grundempfindlichkeit)

Gerät (Detektortyp)	Grundempfindlichkeit	Messzeit 1 h		Messzeit 3 h	
	Impulse pro Minute bei 1.000 Bq/m³	Impulse pro Messzeit	Fehler (1s) in %	Impulse pro Messzeit	Fehler (1s) in %
Corentium Home (HL)	0,05	3	57	9	33
Radon-Scout Home (HL)	0,09	6	43	17	25
Doseman (HL)	0,38	23	21	68	12
Alpha-E (HL)	0,50	30	18	90	11
Radon-Scout (HL)	1,25	75	12	225	7
Radon-Scout Professional (LZ)	2,0	150	8	450	5
Radon Eye (IC)	13,5	810	4	2.430	2
RTM 1688-2 (HL)	7,2	432	5	1.296	3
FRD 400 (IC)	22	1.320	3	3.960	2
Alpha-Sniffer (LZ)	40	2.160	2	6.480	1
Alpha-Guard (IC)	50	3.000	2	9.000	1

HL Halbleiterdetektor
LZ Lucas-Zelle
IC Ionisationskammer

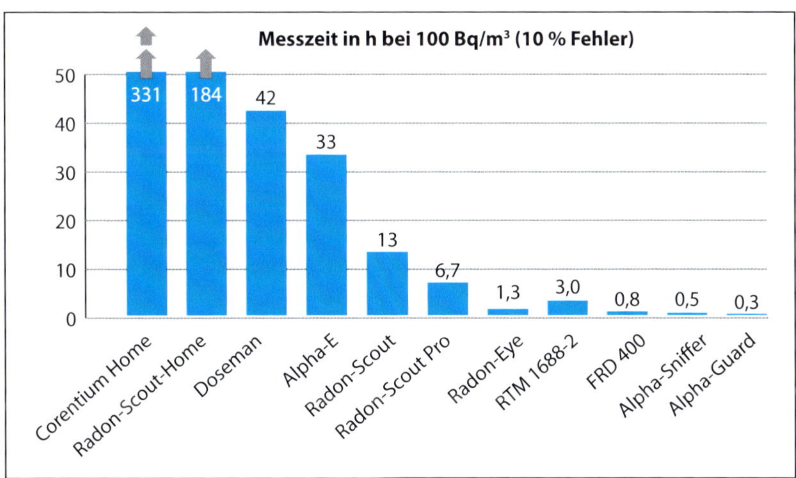

Abb. 3.12: Vergleich Grundempfindlichkeit der Messgeräte und benötigte Messzeit (Standardabweichung 1s < 10 %)

der Raumluft von beispielsweise 1.000 Bq/m^3 nur 0,025 Impulse pro Minute im Detektor registriert. In einer Stunde sind das nicht einmal 2 Impulse, was zu einer sehr hohen einfachen Standardabweichung (1s) in der Zählstatistik von ±57 % führt. Der tatsächliche (wahre) Radonwert liegt demnach mit einer 67%igen Wahrscheinlichkeit zwischen 430 und 1.570 Bq/m^3. In 3 Stunden liegt der statistische Fehler (1s) bei noch ±33 %. Bei sehr empfindlichen Messgeräten mit Ionisationskammer werden bei 1.000 Bq/m^3 schon 50 Impulse pro Minute registriert. Das führt zu einem statistischen Fehler von nur ±2 % in einer Stunde Messzeit; in 3 Stunden liegt der Fehler bereits bei unter 1 %.

Noch deutlicher wird dieser Effekt bei niedrigeren und eher raumlufttypischen Konzentrationen von 100 Bq/m^3. Die in Abb. 3.12 dargestellten Messzeiten werden benötigt, um 100 Bq/m^3 Radon in der Raumluft mit einer einfachen Standardabweichung in der Zählstatistik von ±10 % bestimmen zu können. Das einfache Messgerät mit Halbleiterdetektor (Corentium Home) benötigt hierzu 331 Stunden bzw. 14 Tage. Das empfindliche Messgerät mit Ionisationskammer (Alpha-Guard) benötigt hierzu nur 0,3 Stunden bzw. 18 Minuten.

3.3.6 Zeitauflösende Messungen

Die meisten aktiven elektronischen Messgeräte verfügen über eine Datenlogger-Funktion und sind somit für zeitauflösende Messungen geeignet. Die Daten werden direkt im Gerät gespeichert oder über Funk (WLAN, SIM-Karte) an eine Cloud versendet. Es können Radondaten und ggf. auch andere Parameter (Temperatur, Luftfeuchtigkeit, Druck oder CO_2-Konzentration) im Zeitverlauf dargestellt werden.

Im Rahmen einer weiterführenden Radondiagnostik mit Raumluftuntersuchungen (z. B. für eine Planung und Bewertung einer Sanierung) sind zeitauflösende Messungen besonders hilfreich für die

- Beobachtung der zeitlichen Variation durch Einflüsse der Witterung,
- Beobachtung der zeitlichen Variation durch Einflüsse des Nutzerverhaltens (Lüftung, Luftwechsel und Heizung, Raumnutzung),
- Differenzierung zwischen Zeiten der Nutzung und der Nichtnutzung (differenzierte Dosisabschätzung),
- Beobachtung der zeitlichen Variation nach Maßnahmen (Radon-Monitoring nach Sanierung),
- Beobachtung der zeitlichen und örtlichen Variation durch Simultanmessungen.

Sinnvolle Messintervalle liegen in der Regel bei 1 bis 3 Stunden. Je nach Detektorempfindlichkeit sind die Stundenwerte noch mit großen statischen Fehlern behaftet und müssen über längere Auswertezeiträume geglättet werden (vgl. Abb. 3.12). In manchen einfachen Geräten sind die Darstellungen schon auf gleitende 48-Stunden-Mittelwerte voreingestellt.

In Abb. 3.13 ist beispielhaft eine Aufzeichnung in einem Büroraum über ein Jahr dargestellt. Das obere Bild zeigt den Konzentrationsverlauf über das gesamte Jahr mit gleitenden 24-Stunden-Mittelwerten. Ein typischer Jahresgang mit Spitzenwerten über 2.000 Bq/m^3 im Winter und um 500 Bq/m^3 im

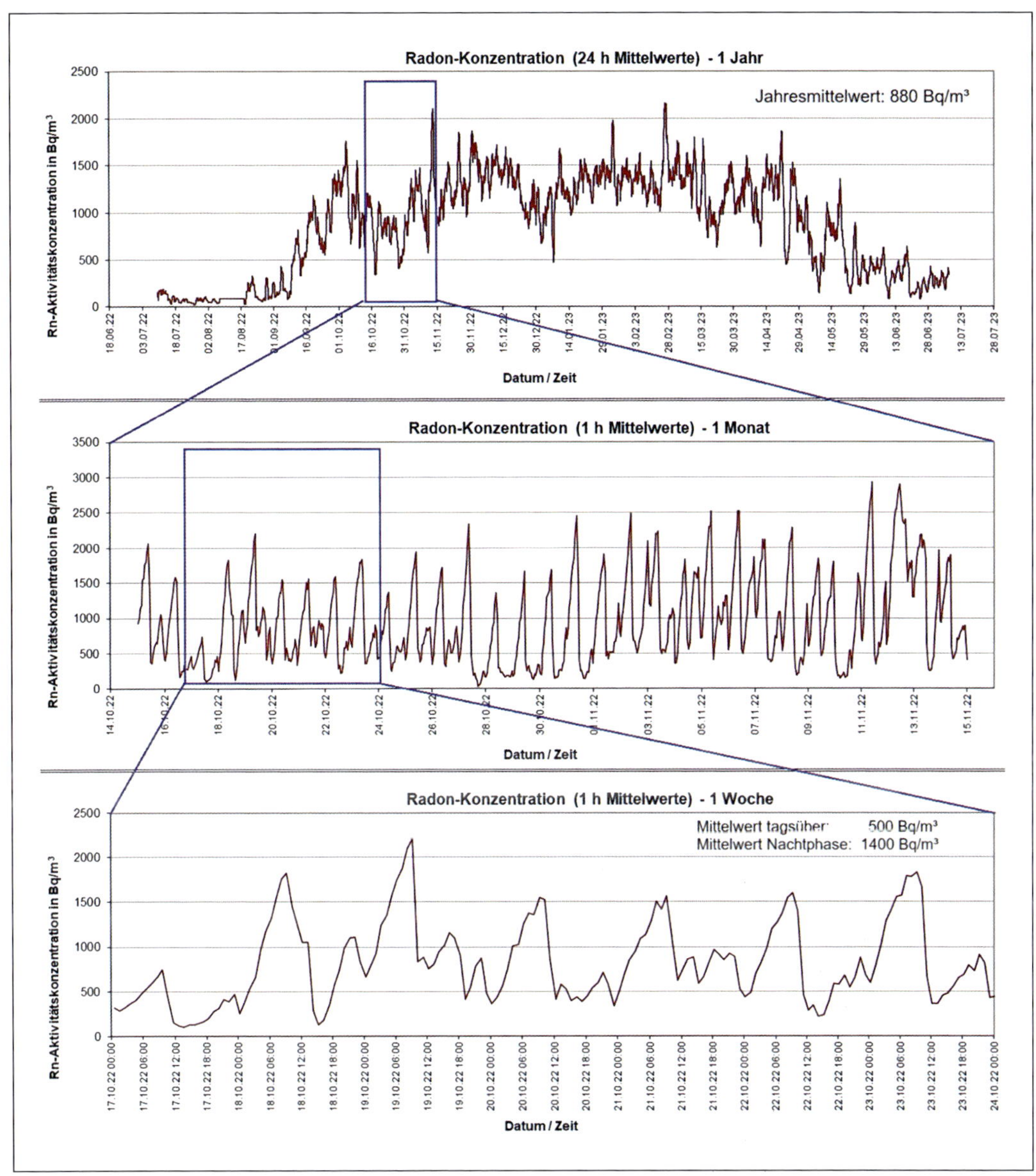

Abb. 3.13: Zeitlicher Verlauf der Radonkonzentration in einem Büroraum über mehrere Tage, Wochen und Monate

Sommer ist deutlich zu erkennen (Mittelwert 880 Bq/m^3). Das mittlere Bild zeigt ein Messintervall über einen Monat in der Übergangszeit (Mitte Oktober bis Mitte November) mit deutlichen und regelmäßig wiederkehrenden Tagesgängen (1-Stunden-Intervall), die im unteren Bild über eine Woche noch deutlicher werden. Tagesspitzen treten immer in den Morgenstunden um ca. 9.00 Uhr auf, bevor der Raum genutzt und belüftet wird. Tagsüber liegen die Konzentrationen zwischen 100 und 1.000 Bq/m^3 (Mittelwert ca. 500 Bq/m^3) und in der Nacht liegen die Konzentrationen zwischen 800 und 2.000 Bq/m^3 (Mittelwert ca. 1.400 Bq/m^3).

Zeitverläufe können aber auch ganz anders aussehen und in seltenen Fällen wurden auch schon „umgekehrte" Jahresgänge mit höheren Werten in Sommer gemessen. Jeder Standort, jedes Gebäude und jedes Nutzerverhalten ist individuell und kann sich sehr unterschiedlich auf die Radon-Quellstärke und die daraus resultierende Radonkonzentration im Raum auswirken. Aus diesem Grund ist in Bezug auf die gesundheitliche Bewertung eine integrierende Messung erforderlich (bezogen auf einen Jahresmittelwert).

Neben der Aufzeichnung der Radonkonzentration kann es auch sinnvoll sein, andere Untersuchungsparameter zeitauflösend darstellen und auswerten zu können. So liefert z. B. die Aufzeichnung der **CO_2-Konzentration** in der Raumluft Informationen in Bezug auf die Raumnutzung und die Raumbelüftung. Zusätzlich kann über den regelmäßig wiederkehrenden Konzentrationsabfall nach Verlassen des Raumes der Luftwechsel nach der Konzentrationsabklingmethode bestimmt werden (vgl. Kapitel 3.3.7). Für ein Büro kann häufig die Zeit nach Feierabend (z. B. 18.00 bis 7.00 Uhr) und für einen Schlafraum die Zeit nach dem Aufstehen (z. B. 7.00 bis 20.00 Uhr) zur Auswertung verwendet werden.

3.3.7 Bestimmung der Luftwechselrate nach der Konzentrationsabklingmethode

In der Praxis erweist sich die Messung der Luftwechselrate gemäß DIN EN ISO 12569 nach der **Konzentrationsabklingmethode** auch bei der erweiterten Radondiagnostik als geeignete Untersuchungsstrategie.

Als Tracergase und Detektoren kommen z. B. CO_2 mit CO_2-Messgeräten (Quelle Mensch) und auch Dimethlyether (DME) mit Photoionisationsdetektoren (PID) infrage. Über die zeitauflösende Sensorik (Abtastung ca. 1 bis 10 Minuten) können auch kurzzeitige Luftwechselschwankungen gut dargestellt werden. Grundsätzlich sind hierbei auch kontinuierliche Aufzeichnungen möglich, wobei die variierenden nutzerbedingten CO_2-Konzentrationsspitzen nach Phasen der Nichtnutzung jeweils regelmäßige Startpunkte der zu genierenden Abklingkurven kennzeichnen können. Bei Messungen in Räumen mit einem relevanten Radoneintritt muss jedoch auch der zusätzliche Eintrag von CO_2 über die eintretende Bodenluft berücksichtigt werden.

Die CO_2-Konzentrationen in der Bodenluft liegen meist zwischen ca. 5.000 und über 100.000 ppm in 1 m Tiefe. An signifikanten Radon-Eintrittsstellen ist daher auch mit einem CO_2-Eintritt zu rechnen. Aus umgekehrter Betrachtung kommt daher auch der Messung von CO_2 bei der Lokalisierung

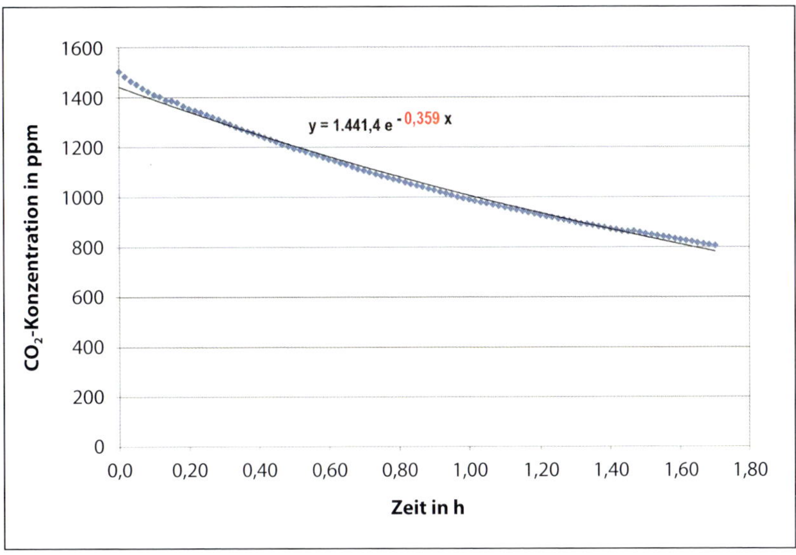

Abb. 3.14: Aufzeichnung der CO_2-Konzentration in einem Innenraum und Bestimmung der Luftwechselrate gemäß DIN EN ISO 12569 (bzw. VDI 4300 Blatt 7:2001-07) mit der Konzentrationsabklingmethode; Beispiel exponentielle Regression nach Formel 3.1 (mit $y = C_t$; C_{t0} = 1.441,4 ppm; n = 0,359/h; $x = t$)

und Quantifizierung von Radon-Eintrittsstellen beim Radon-Sniffing eine Bedeutung zu.

Abb. 3.14 zeigt eine typische Bestimmung der Luftwechselrate mit der **Konzentrationsabklingkurve** von CO_2 (Startkonzentration 1.500 ppm).

Berechnung der Luftwechselzahl *n*

Nach dem zeitlichen Verlauf der Konzentrationsabnahme des Indikatorgases kann die Luftwechselzahl n aus Formel 3.1 abgeleitet werden:

$$C_t = C_{t0} \cdot e^{-(n \cdot t)} \quad \text{in ppm} \tag{3.1}$$

mit

C_t Konzentration zum Zeitpunkt t in ppm

C_{t0} Anfangskonzentration zum Zeitpunkt t_0 in ppm

n Luftwechselzahl in 1/h

t Zeitpunkt t in h

Die Messreihen können in ein Tabellenkalkulationsprogramm (z. B. Excel) überführt werden und die Luftwechselzahl kann aus der Exponentialfunktion in Formel 3.1 mit der Trendlinienfunktion aus dem Exponenten bestimmt werden (vgl. Abb. 3.14). Das Messwert-Speicherintervall sollte im Bereich von 1 bis 10 Minuten liegen. Bei einer Langzeitaufzeichnung über mehrere Tage oder Wochen kommen häufig auftretende Phasen für die Auswertung nach der Konzentrationsabklingmethode gemäß Formel 3.2 infrage.

Aus aufeinanderfolgenden Messwerten ergibt sich die Luftwechselzahl n nach Formel 3.2:

$$n = \frac{1}{t_2 - t_1} \cdot \ln \frac{C_{t1}}{C_{t2}} \quad \text{in 1/h} \tag{3.2}$$

mit

n Luftwechselzahl im Zeitintervall t_1 bis t_2 in 1/h
C_{t1} Anfangskonzentration zum Zeitpunkt t_1 in ppm
C_{t2} Konzentration zum Zeitpunkt t_2 in ppm
t_1 Anfangszeitpunkt 1 in h
t_2 Zeitpunkt 2 in h

Bestimmung der Radon-Eintrittsrate

Abb. 3.15 dokumentiert die Messung der CO_2-Konzentration im Zeitverlauf und die daraus nach Formel 3.2 mit der Konzentrationsabklingmethode berechneten Luftwechselzahlen für einen untersuchten Innenraum im Untergeschoss eines Wohngebäudes (Hobbyraum mit ca. 20 m² Fläche). Dieser Raum wurde nur alle 1 bis 2 Tage für wenige Stunden genutzt und auf eine CO_2-Anfangskonzentration von ca. 1.200 ppm gebracht. Die Abklingkurven während der Abwesenheit sind deutlich zu erkennen. Der Verlauf zeigt durchgehend niedrige Luftwechselzahlen von 0,025 bis 0,06/h bei einem Mittelwert von 0,045/h über die Gesamtzeit von 14 Tagen.

Aus der zeitauflösenden Messung der Radonkonzentrationen kann mit den messtechnisch über CO_2 bestimmten Luftwechselzahlen mit Formel 3.3 näherungsweise auch die Radon-Eintrittsrate im Zeitverlauf (unteres Diagramm in Abb. 3.15) bestimmt werden (vgl. Breckow et al., 2018; die Außenluft bleibt hier ohne Berücksichtigung):

$$Q_{Rnt2} = \frac{-C_{Rnt1} \cdot (n + \lambda) + C_{Rnt2} \cdot (n + \lambda) \cdot e^{(n + \lambda) \cdot (t_2 - t_1)}}{e^{(n + \lambda) \cdot (t_2 - t_1)} - 1} \quad \text{in Bq/(m}^3 \cdot \text{h)} \tag{3.3}$$

mit

Q_{Rnt2} Radon-Eintrittsrate zum Zeitpunkt t_2 in Bq/(m³ · h)
C_{Rnt1} Anfangskonzentration zum Zeitpunkt t_1 in Bq/m³
C_{Rnt2} Konzentration zum Zeitpunkt t_2 in Bq/m³
n Luftwechselzahl zum Zeitpunkt t_2 in 1/h
t_1 Anfangszeitpunkt 1 in h
t_2 Zeitpunkt 2 in h
λ Zerfallskonstante von Radon (Rn-222) in 1/h ($\lambda = 0{,}0076$/h)

In dem Beispiel der Aufzeichnung über 14 Tage gemäß Abb. 3.15 liegen die Radonkonzentrationen in der Raumluft bei anfangs ca. 200 Bq/m³ bis hin zu 800 Bq/m³ zum Ende (Mittelwert 580 Bq/m³). Die Luftwechselrate schwankt gleichmäßig um den Mittelwert von 0,045/h. Die daraus berechnete Radon-Eintrittsrate liegt bei anfangs ca. 10 Bq/(m³ · h) bis hin zu 40 Bq/(m³ · h) zum Ende (Mittelwert 26 Bq/[m³ · h]). Für die Änderung der Radon-Eintrittsrate sind oft witterungsbedingte Einflussfaktoren bestimmend wie Temperaturdifferenz (innen/außen) und die daraus resultierende Druckdifferenz (innen/außen).

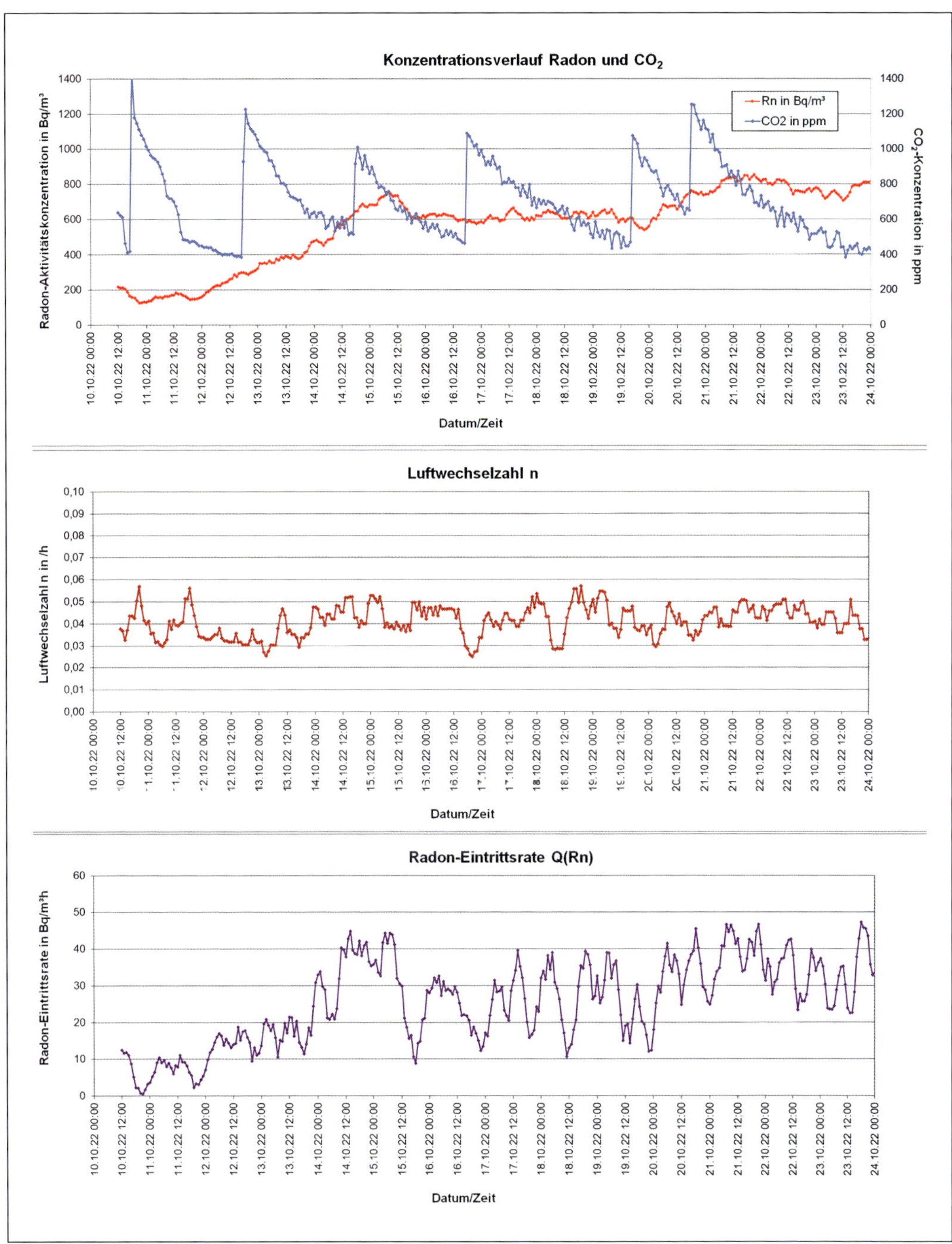

Abb. 3.15: Beispiel – Messung der CO_2-Konzentration in einem Hobbyraum im Untergeschoss; Berechnung der Luftwechselzahlen mit der Konzentrationsabklingmethode und Berechnung der Radon-Eintrittsrate im Zeitverlauf

Abb. 3.16: Übersicht über die Messgeräte beim Messvergleich aktiver Radonmessgeräte im Rahmen der Workshops zur Qualitätssicherung des VDB e. V. aus dem Jahr 2020

3.3.8 Messvergleiche mit aktiven Radonmessgeräten

Der Berufsverband Deutscher Baubiologen (VDB) e. V. führt seit einigen Jahren regelmäßige Messvergleiche für aktive Radonmessgeräte durch. Diese Untersuchungen ersetzen keine Kalibrierung, sie unterstützen jedoch die betriebseigene Qualitätssicherung für sachverständig tätige Radonexperten und Radonfachpersonen. Die Radonmessungen werden unter realen Raumbedingungen durchgeführt. Die Ergebnisse aus den Jahren zeigen eine durchweg gute Übereinstimmung der Messergebnisse bei den Geräten unterschiedlicher Detektoren und Grundempfindlichkeiten (vgl. Tabelle 3.3).

Tabelle 3.3: Ergebnisse der Messvergleiche aktiver Radonmessgeräte im Rahmen der Workshops zur Qualitätssicherung des VDB e. V. aus den Jahren 2012 bis 2022 (vgl. www.baubiologie.net)

Jahr	Anzahl der Geräte	Radon-Mittelwert in Bq/m³	Standardabweichung (1s) in %
2012	15	853	12,2
2014	30	661	13,9
2016	40	965	9,0
2018	37	593	11,7
2020	57	481	8,6
2022	77	780	10,5

Die Streuung der Messwerte liegt mit einer einfachen Standardabweichung von ca. 10 % recht niedrig. Nur vereinzelte Messgeräte zeigen Abweichungen von über 20 % zum Mittelwert.

Abb. 3.16 zeigt eine Aufnahme vom Messgerätevergleich des Jahres 2020 und Abb. 3.17 die Auswertung desselben Jahres.

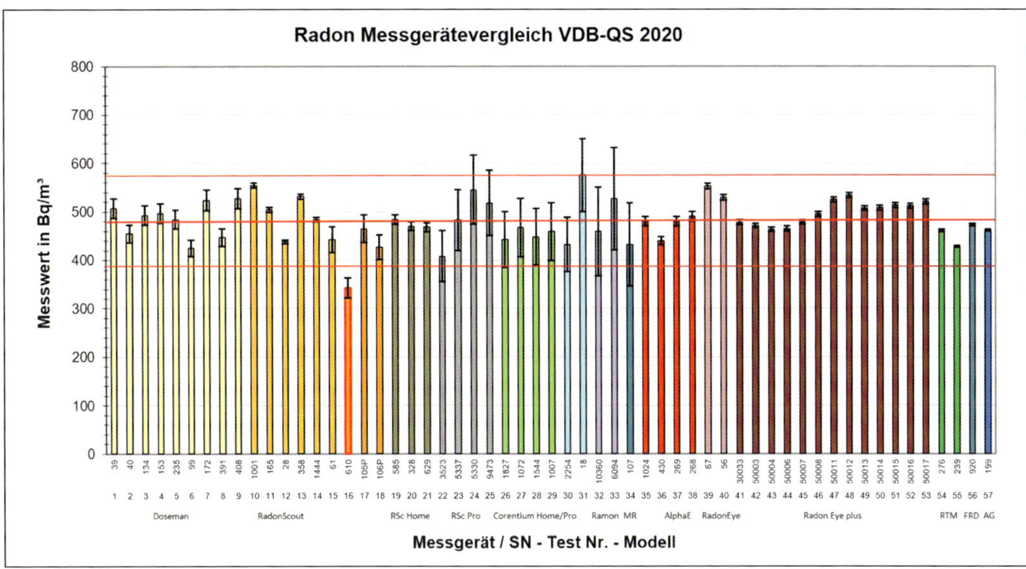

Abb. 3.17: Übersicht über die Messergebnisse beim Messvergleich aktiver Radonmessgeräte im Rahmen der Workshops zur Qualitätssicherung des VDB e.V. aus dem Jahr 2020

Die meisten Radonmessgeräte werden bei der Auslieferung werkskalibriert. Grundsätzlich ist auch eine DAkkS-konforme akkreditierte Kalibrierung möglich (DAkkS: Deutsche Akkreditierungsstelle); die Kosten für eine derartige Kalibrierung übersteigen jedoch bei vielen einfachen Geräten den Anschaffungspreis erheblich.

3.4 Der Rn_{50}-Test

Nach den Erkenntnissen aus der Fachliteratur und eigenen systematischen Untersuchungen des Verfassers eignen sich Radonmessungen im Unterdruckverfahren (Rn_{50}-Test) gut zur Überprüfung der Radondichtheit der erdberührenden Gebäudehülle (vgl. Haumann, 2017; Haumann/Münzenberg, 2017; Haumann/Münzenberg, 2023). Die Untersuchungen mit Kurzzeitmessungen in Kombination mit einem definierten Unterdruck liefern zeitnahe Beurteilungsmöglichkeiten von Bestandsgebäuden in Bezug auf mögliche konvektive Eintrittspfade und können vor Ort an einem Tag durchgeführt werden. Auch beim Neubau sind mit geringen Einschränkungen (Luftdichtheit, Zeitfaktor) gute Einschätzungen der Gebäudedichtheit in Bezug auf den Radoneintritt möglich. Die Messwerte der Raumluftkonzentration und der Luftwechselrate während der Unterdrucksituation liefern die Berechnungsgrundlage für eine Abschätzung der Radon-Aktivitätskonzentration in der Raumluft und der Radon-Eintrittsrate im Jahresmittel.

Der Rn_{50}-Test eignet sich im Sinne der erweiterte Radondiagnostik insbesondere zur

- Beurteilung der konvektiven Radondichtheit zum Erdreich,
- Bestimmung der konvektiven Radon-Eintrittsrate,
- Abschätzung der mittleren Radon-Aktivitätskonzentration in der Raumluft,
- sicheren Quellensuche (Radon-Sniffing).

Für Neubauten wird sich nach der Fertigstellung zukünftig häufiger die Frage stellen, ob die geplanten und durchgeführten Maßnahmen zum Radonschutz erfolgreich waren, und im Altbau wird zu klären sein, ob vor einer Sanierung besondere Maßnahmen berücksichtigt werden müssen. Eine Möglichkeit zur Klärung dieser Fragen liegt darin, die Dichtheit der Gebäudehülle über Kurzzeitmessungen mit empfindlichen elektronischen Messgeräten im Unterdruckverfahren als Rn_{50}-Test zu ermitteln. Die Untersuchung kann unabhängig von Außenklima und Jahreszeit an einem Tag durchgeführt werden.

Die im Raum auftretende Radonkonzentration wird in erster Linie durch das Zusammenspiel der Radon-Eintrittsrate als Quelle und des Luftwechsels als Senke bestimmt. Die Eintrittsrate wird wiederum maßgeblich von den Druckverhältnissen gesteuert. So stellt die zwischen Innenraum und Erdreich vorhandene Druckdifferenz von wenigen Pascal die treibende Kraft für den konvektiven Radoneintritt aus dem Erdreich dar.

Schon vor über 20 Jahren wurde mit dem Differenzdruckverfahren als sog. erweiterte Blower-Door-Methode experimentiert und es wurden recht gute Übereinstimmungen mit Radonkonzentrationen im Jahresmittel beobachtet. Erfahrungen im Zusammenhang mit Radon im Innenraum wurden u. a. von Arbeitsgruppen aus Österreich (vgl. Maringer et al., 1998), Tschechien (vgl. Froňka/Moučka, 2005) und Frankreich (vgl. Collignan/Powaga, 2014) dokumentiert und publiziert. Diese Methode fand jedoch lange Zeit wenig Beachtung und rückt im Rahmen der neueren gesetzlichen Regelungen zum Radonschutz erneut in den Vordergrund. Zur Beurteilung der Dichtheit der Gebäudehülle gegenüber der freien Atmosphäre (Außenluft) gehört das Prüfverfahren mittels Differenzdruck schon lange zum anerkannten Stand der Technik und wird auch für Zertifizierungen gefordert (vgl. DIN EN ISO 9972). Die Messung liefert einen Kennwert (n_{50}-Wert) für die Luftdichtheit eines Gebäudes im Hinblick auf energetische Aspekte und Wärmeverluste.

Diese Methode kann mittels Differenzdruck in etwas abgewandelter Form ebenso zur Beurteilung der Dichtheit der Gebäudehülle gegenüber dem Erdreich (Bodenluft) verwendet werden. Die Messung wird hierbei jedoch nur im Unterdruck durchgeführt.

Im Rahmen einer Studie wurden Radonkonzentrationen in Bestandsgebäuden im Jahresmittel mit Kernspurexposimetern erfasst und den Ergebnissen von Kurzzeitmessungen im Unterdruckverfahren mittels Blower Door gegenübergestellt (vgl. Haumann, 2017). Für das Projekt wurden Kellerräume und Wohnräume im Untergeschoss bzw. Souterrain in 6 Bestandsgebäuden (älter als 10 Jahre) ausgewählt (vgl. beispielhaft Abb. 3.18). Die Radonkonzentrationen wurden nach diesem Verfahren jeweils im Sommer und noch einmal im darauffolgenden Winter gemessen. In der Zwischenzeit wurden Langzeitmessungen mit Kernspurexposimetern durchgeführt.

Die Darstellung der Ergebnisse in Abb. 3.19 zeigt die recht guten Übereinstimmungen zwischen Langzeitmessungen (Rn-Langzeit) und Kurzzeitmessungen (Rn_{50}-Werte) im Unterdruckverfahren (Rn_{50}-Test, Winter und Sommer) in den 6 untersuchten Gebäuden. Zusätzlich wurden in den Gebäuden über die Quellensuche auch Radon-Eintrittsstellen lokalisiert und quantifi-

Abb. 3.18: Objekt (Wohnhaus) für Messungen der Radonkonzentrationen mit dem Unterdruckverfahren im Sommer und im Winter

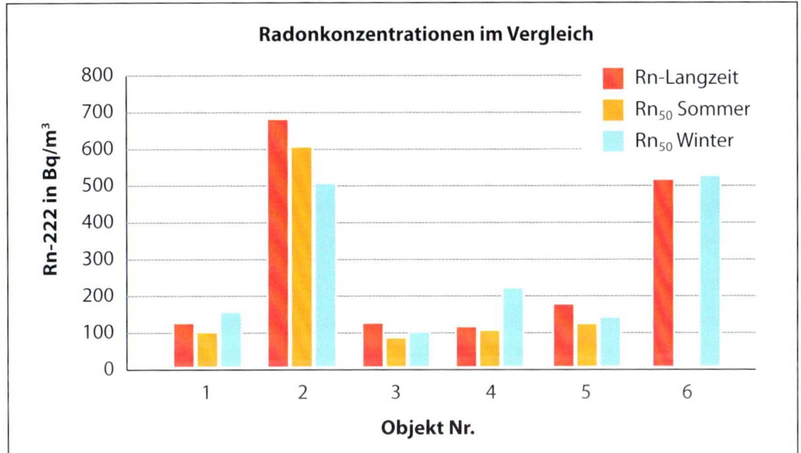

Abb. 3.19: Ergebnisse von Langzeit- und Kurzzeitmessungen der Radonkonzentrationen in der Raumluft unterschiedlicher Gebäude

ziert. Art und Anzahl der gefundenen Radon-Eintrittsstellen beim Radon-Sniffing korrelieren zudem mit der Höhe der Radonkonzentration im Gebäude.

Für neue und vergleichsweise luftdichte Gebäude zeigt auch ein BfS-Forschungsvorhaben – mit geringen Einschränkungen (Zeitfaktor) – gute diagnostische Möglichkeiten auf zur Einschätzung der Gebäudedichtheit in Bezug auf den konvektiven Radoneintritt mithilfe von Differenzdruck (vgl. Schulz/Hermann/Baumert, 2019).

3.4.1 Vorgehensweise

Vor den Untersuchungen werden die Räumlichkeiten intensiv belüftet und die Radonkonzentration auf Außenluftniveau gebracht. Anschließend wird mit einem Ventilator nach dem Blower-Door-Prinzip in Anlehnung an DIN EN ISO 9972 schrittweise ein Unterdruck hergestellt – bevorzugt in dem Raumsegment mit großer Fläche zur erdberührenden Gebäudehülle (Keller, Erdgeschoss ohne Keller). Zielwert ist hierbei eine Druckdifferenz von 50 Pa. Vor dem Start des Ventilators wird im Innenbereich (Unterdruckseite) ein empfindliches elektronisches Radonmessgerät gestartet

Abb. 3.20: Radon-Dichtheitsprüfung unter Einbezug des Unterdruckverfahrens (Rn_{50}-Test) in einer Kita (ohne Unterkellerung)

(Messintervall 5 bis 10 Minuten). Die Radonkonzentration wird kurz vor der Ansaugöffnung (Fortluft) gemessen. Hierfür kommen nur empfindliche aktive Messgeräte infrage (z. B. Alpha-Guard [Bertin], FRD 400 [FTL], ggf. RTM 1688-2 [Sarad]). Abb. 3.20 zeigt einen typischen Rn_{50}-Messaufbau mit Einbau in der Außentür eines Kita-Gruppenraumes ohne Unterkellerung.

Während der Unterdrucksituation wird der vom System ermittelte Volumenstrom dokumentiert, der im zeitlichen Verlauf der Messungen konstant bleiben sollte. Der Betrieb des Ventilators erzeugt einen Volumenstrom, der über das Raumvolumen leicht in die während der Messung aktive Luftwechselrate umgerechnet werden kann.

Bei der nachströmenden Luft sollte es sich um Außenluft handeln – und möglichst nicht um Luft aus anderen Teilen des Gebäudes (z. B. aus dem Erdgeschoss). Deswegen sind eventuell bestehende lüftungstechnische Verbindungen zu anderen Gebäudeteilen möglichst zu verschließen (z. B. Türen, Kabel- und Deckendurchführungen). Der Anteil der angesaugten radonhaltigen Bodenluft charakterisiert die Quellstärke. Der während der Unterdrucksituation und Radonmessung wirksame Luftwechsel sollte im Bereich von 1/h bis 4/h liegen, da der Luftwechsel die Zeit bestimmt, in der die Radon-Ausgleichskonzentration nahezu erreicht wird. Geringere Luftwechselraten führen zu längeren Messzeiten und höhere Luftwechselraten aufgrund der Verdünnung mit Frischluft zu niedrigeren Radonwerten bei kürzeren Messzeiten.

In Abb. 3.21 ist der Messaufbau für den Rn_{50}-Test in einem Kellerbereich eines Einfamilienhauses schematisch dargestellt. Nur ein sehr geringer Anteil der einströmenden Luft stammt aus dem Erdreich (meist unter 1 %). Der größte Anteil kommt aus der Außenluft oder anderen Teilen des Gebäudes (ohne Anbindung an das Erdreich). Trotzdem kann z. B. bei einer Bodenluftkonzentration von 40.000 Bq/m^3 (ungefährer Durchschnitt für Deutsch-

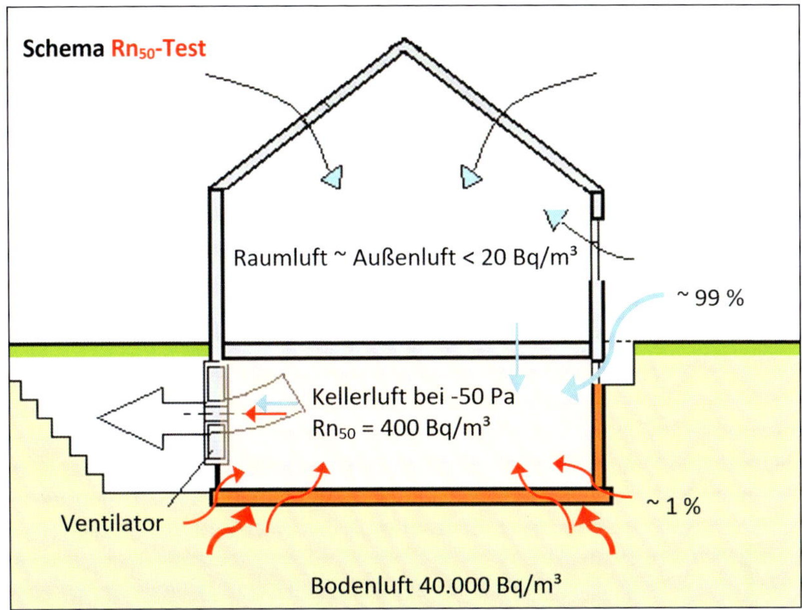

Abb. 3.21: Schema Rn_{50}-Test mit der Unterdrucksituation im Kellerbereich

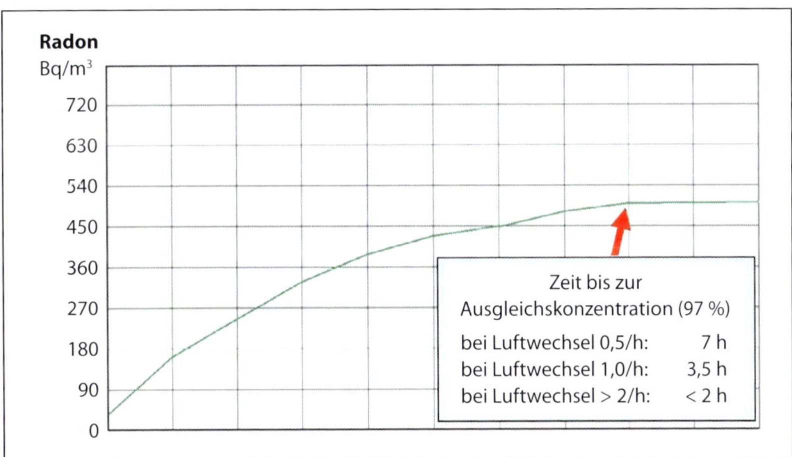

Abb. 3.22: Anstieg der Radonkonzentration in der Raumluft während des Rn_{50}-Tests mit der Unterdrucksituation bis zur Ausgleichskonzentration

land) wie in diesem Beispiel durch den konvektiven Radoneintritt in kurzer Zeit eine Raumluftkonzentration von 400 Bq/m³ als Ausgleichskonzentration resultieren. Dieser Wert wird dann auch **Rn_{50}-Wert** genannt und liegt häufig in der Größenordnung des zu erwartenden Jahresmittelwertes für Radon in der Raumluft des geprüften Raumsegments.

Die Messung ist abgeschlossen, wenn die Radon-Ausgleichskonzentration erreicht ist und die im Gerät angezeigte Radonkonzentration stabil bleibt (Rn_{50}-Wert). In Abb. 3.22 ist der Anstieg der Radonkonzentration in der Raumluft während des Rn_{50}-Tests bis zur Ausgleichskonzentration im zeitlichen Verlauf dargestellt. Der während der Messung wirksame Luftwechsel bestimmt die Dauer bis zum Erreichen der Ausgleichskonzentration. Bei einer dichten Gebäudehülle (z. B. $n_{50} < 0{,}5/h$) dauert es mindestens 7 Stunden, bis 97 % des Maximalwertes der Radonkonzentration (Ausgleichskonzentration) erreicht sind. Der n_{50}-Wert liegt in Bestandsgebäuden meist deutlich höher, weswegen hier auch deutlich kürzere Messzeiten nötig sind.

Um die Empfindlichkeit der Messmethode zu steigern, sollte nur das erdberührende Raumvolumen untersucht werden (z. B. Keller, Gartengeschoss). Bei Häusern mit offenem Treppenaufgang muss daher für die Messung eine Abschottung eingerichtet werden. Alle Räume mit Flächen zur erdberührenden Gebäudehülle sollten bei der Untersuchung sicher erfasst werden. Größere Objekte sollten in Bereiche eingeteilt und diese separat untersucht werden.

3.4.2 Berechnungsgrundlagen

Während der Unterdrucksituation (z. B. 50 Pa) wird auch ein konstanter Volumenstrom erzeugt, aus dem sich im Zusammenhang mit dem geprüften Raumvolumen die Luftwechselzahl n_{Rn50} bei 50 Pa Unterdruck nach Formel 3.4 errechnet:

$$n_{Rn50} = V_{Str} : V \qquad \text{in } 1/\text{h} \tag{3.4}$$

mit

n_{Rn50} Luftwechselzahl in 1/h
V_{Str} konstanter Volumenstrom in m^3/h
V geprüftes Raumvolumen in m^3

Aus der gemessenen Radonkonzentration im Unterdruck (Rn_{50}-Wert) und dem während der Messung wirksamen Luftwechsel errechnet sich die Radon-Eintrittsrate vereinfacht wie folgt (nach Umstellung der Formel 1.6 aus Kapitel 1.4):

$$Q_{Rn50} = C_{Rn50} \cdot n_{Rn50} \qquad \text{in Bq}/(\text{m}^3 \cdot \text{h}) \tag{3.5}$$

mit

Q_{Rn50} Radon-Eintrittsrate in $Bq/(m^3 \cdot h)$
C_{Rn50} gemessene Radonkonzentration in Bq/m^3
n_{Rn50} während der Messung wirksamer Luftwechsel (Luftwechselzahl) in 1/h

Hinweis

Der hier ermittelte n_{Rn50}-Wert entspricht nicht exakt dem n_{50}-Wert, der für ein Gebäude nach der klassischen Blower-Door-Dichtigkeitsprüfung gemäß DIN EN ISO 9972 ermittelt wird, da hier beim Rn_{50}-Test nur im Unterdruck bei einer konstant gehaltenen Druckdifferenz gemessen wird. Bei der Blower-Door-Dichtigkeitsprüfung nach DIN EN ISO 9972 wird der n_{50}-Wert aus Messreihen mit mehreren Differenzdruckstufen in Unterdruck und Überdruck bestimmt, wodurch auch die Nichtlinearität der entstehenden Volumenströme berücksichtigt wird (Strömungsexponent). Näherungsweise gibt es aber gute Übereinstimmungen der n_{50}-Werte nach beiden Bestimmungsverfahren.

Aus der Radon-Eintrittsrate Q_{Rn50} im definierten Unterdruck (50 Pa) kann die konvektive Radon-Eintrittsrate Q_{Rn4} während der normalen Gebäudenutzung im Jahresmittel (Unterdruck für ein Einfamilienhaus ca. 4 Pa) nach Formel 3.6 abgeschätzt werden:

$$Q_{Rn4} = Q_{Rn50} : 12{,}5 \qquad \text{in Bq/(m}^3 \cdot \text{h)} \qquad (3.6)$$

Daraus ergibt sich dann die im Jahresmittel zu erwartende Radonkonzentration C_{Rn4} mithilfe des gemessenen oder zu planenden Luftwechsels n_4 näherungsweise gemäß Formel 3.7:

$$C_{Rn4} = Q_{Rn4} : n_4 \qquad \text{in Bq/m}^3 \qquad (3.7)$$

Tabelle 3.4 zeigt in einer Übersicht berechnete bzw. zu erwartende Radonkonzentrationen in der Raumluft bei einer gegebenen (geplanten) Luftwechselrate von 0,5/h für messtechnisch bestimmte Radon-Quellstärken bei 50 Pa Unterdruck. In diesem Zusammenhang ist auch zu beachten, dass eine Luftwechselrate von 0,5/h in Neubauten und sanierten Bestandsgebäuden nicht mehr durch manuelle Fensterlüftung, sondern nur mit technischer Unterstützung realisierbar ist. Im Fall einer rein nutzerabhängigen manuellen Fensterlüftung wird in der Praxis meist nur ein Wert von 0,2/h bis 0,3/h erreicht (und dies auch nur bei engagiertem Lüftungsverhalten).

Tabelle 3.4: Radon-Quellstärken (bei 50 Pa Unterdruck) und daraus berechnete Radonkonzentrationen

Radon-Eintrittsrate Q_{Rn50} **konvektiv bei –50 Pa (Blower Door) gemessen** **in Bq/(m³ · h)**	**Radon-Eintrittsrate Q_{Rn4}** **konvektiv bei –4 Pa Jahresmittelwert, näherungsweise** **in Bq/(m³ · h)**	**Luftwechsel n_4** **geplant für –4 Pa Jahresmittelwert** **in 1/h**	**Radonkonzentration C_{Rn4}** **berechnet für –4 Pa Jahresmittelwert, näherungsweise** **in Bq/m³**
< 625	< 50	0,5	< 100
625 bis 1.875	50 bis 150	0,5	100 bis 300
> 1.875	> 150	0,5	> 300
> 6.250	> 500	0,5	> 1.000

3.4.3 Besondere Situation Altbau

Für Bestandsgebäude kann der Rn_{50}-Test verwendet werden, um die Radon-Eintrittsrate zu bestimmen und ein bereits akutes Radonproblem zu erkennen oder für eine geplante Sanierung zu berücksichtigen.

Nur in wenigen Fällen liegen Ergebnisse von Radon-Langzeitmessungen in der Innenraumluft vor. In der Praxis ergeben sich daher Fragen nach einer möglichen Radonbelastung erst kurz vor und nach dem Erwerb einer Immobilie oder vor einem Umbau bzw. einer Sanierung.

Auch in Gebieten mit nur durchschnittlichem oder niedrigem Radonpotenzial können insbesondere in älteren Bestandsgebäuden aufgrund der unzureichenden Dichtheit der erdberührenden Gebäudehülle relevante Radonkonzentrationen häufiger auftreten als bisher allgemein angenommen. Hier wirken die Gebäudeparameter viel stärker auf den Radoneintritt als das geogene Radonpotenzial.

Bei Veränderungen an der Gebäudehülle zur Außenluft wird durch den Einbau neuer Fenster und Türen sowie durch weitere Abdichtungsmaßnahmen (Dach usw.) der Infiltrationsluftwechsel oft stark reduziert. Hier fordert bereits die Gesetzgebung, dass Maßnahmen zum Schutz vor Radon in Betracht zu ziehen sind (vgl. § 123 Abs. 4 StrlSchG).

Unter Berücksichtigung der im Unterdruckverfahren messtechnisch erfassten Radon-Eintrittsrate können der erforderliche Luftwechsel und/oder notwendige weiterführende Maßnahmen zum Radonschutz geplant werden. Zudem bietet der Rn_{50}-Test nach der Altbausanierung sowie beim Neubau eine kurzfristige Plausibilitätsprüfung nach Abdichtungsmaßnahmen.

3.4.4 Besondere Situation Neubau

Im Neubau wird viel Wert auf die Dichtheit der Gebäudehülle gelegt. Dies betrifft zum einen die Abdichtung zur Außenluft und zum anderen auch die Dichtheit zum Erdreich gegen Feuchtigkeit. In Gebieten mit durchschnittlichem oder niedrigem Radonpotenzial sollten nach Beachtung und fachgerechten Umsetzung der derzeit gültigen Abdichtungsnormen zum Feuchteschutz (z. B. der Normenreihe DIN 18533) keine besonderen Radonauffälligkeiten auftreten. Ausnahmen können jedoch u. a. Baufelder mit niedriger Wassereinwirkungsklasse (nicht drückendes Wasser) darstellen, wo eine flächendeckende konvektive Dichtigkeit gegenüber Radon nicht zwangsläufig gegeben ist. Zudem führen Ausführungsfehler nicht selten zu einem erhöhten Radoneintritt, was nicht mit einem deutlich sichtbaren Wassereintritt verbunden sein muss.

Der Rn_{50}-Test bietet hier die Möglichkeit einer kurzfristig durchführbaren Plausibilitätsprüfung im Hinblick auf die Radondichtheit eines Gebäudes gegenüber der Bodenluft. Zusätzlich können kritische bzw. verdächtige Eintrittsstellen (z. B. Durchführungen, Fugen, Risse) vor Ort überprüft werden, und eine Abschätzung des zu erwartenden Jahresmittelwertes kann unmittelbar nach der Fertigstellung vorgenommen werden. Die Prüfung sollte möglichst vor Einbau eines Estrichs durchgeführt werden. Die bei Neubauten angestrebte hohe Luftdichtheit zur Außenluft verlängert die Messzeit bei der Durchführung des Rn_{50}-Tests. Vorhandene Öffnungen von lüftungstechnischen Anlagen sind vor der Messung zu verschließen.

3.4.5 Weitere Hinweise

Die sonst über das Jahr stark variierenden Parameter Radon-Eintrittsrate und Luftwechselrate können mit der Methode des Rn_{50}-Tests auf vorgegebene Werte festgesetzt werden, wobei sich die Untersuchung mit dem auch bei den Gebäude-Dichtheitsprüfungen bewährten Unterdruck von 50 Pa als besonders praxistauglich zeigt. Geringere Druckdifferenzen sind prinzipiell auch möglich, sie führen aber zu geringeren Luftwechselzahlen und längeren Messzeiten. Die Radoneinträge aus dem Erdreich durch Diffusion und die Radon-Exhalation von Baustoffen können mit dieser Methode nicht erfasst

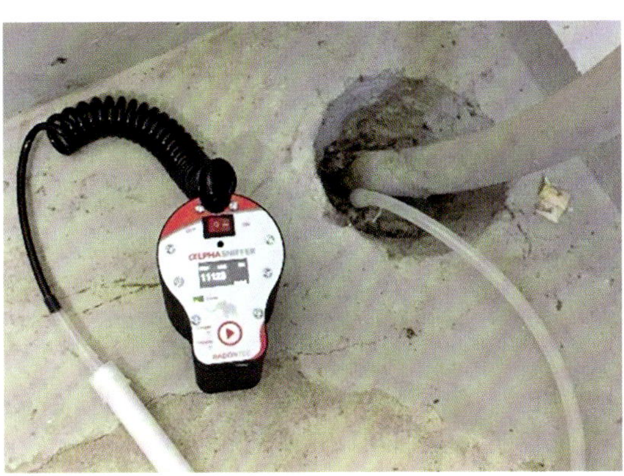

Abb. 3.23: Radon-Quellensuche mit aktivem Messgerät (Radon-Sniffing)

werden. Diese tragen jedoch in der Regel nicht wesentlich zur Radonkonzentration in Innenräumen bei und wirken sich eher bei niedrigeren Jahresmittelwerten in Konzentrationsbereichen von unter 100 Bq/m^3 aus.

Die Stärke dieser Methode liegt insbesondere in der zeitnahen Plausibilitätsprüfung, die sich bei der Bauabnahme auch bei Neubauten als besonders nützlich erweisen kann. Grundsätzlich zeigt sich auch eine gute Verwendbarkeit der Methode zur Abschätzung des Jahresmittelwertes in Gebäuden oder Raumbereichen, zu denen keine Daten von Langzeitmessungen vorliegen und in denen Langzeitmessungen unter normalen Nutzungsbedingungen aus zeitlichen oder technischen Gründen nicht mehr möglich sind.

3.5 Quellensuche und Radon-Sniffing

Ausgangspunkt für weitere Untersuchungen in Form von Quellensuche und Radon-Sniffing ist in der Regel das Vorliegen von auffällig hohe Raumluftkonzentrationen, die durch vorausgegangene Langzeitmessungen erkannt worden sind. Zusätzlich bieten diese Untersuchungen für sanierte Gebäude oder Neubauten die Möglichkeit, potenzielle Verdachtsstellen bzw. Radon-Eintrittsstellen zu lokalisieren und zu quantifizieren.

Beim Radon-Sniffing werden an verdächtigen Radon-Eintrittsstellen im Innenraum aktive Messungen mit speziellen Messgeräten und Messverfahren durchgeführt. Hierbei wird aktiv Luft aus Hohlräumen, Ritzen, Fugen, Spalten und Löchern gesaugt und auf den Radongehalt untersucht (vgl. Abb. 3.23). Dabei ist zusätzlich zu berücksichtigen, wie stark und wie schnell die radonhaltige Luft an den untersuchten Stellen nachströmen kann oder wie groß das Raumvolumen im überprüften Bereich (z. B. Hohlboden, Schacht, Zwischenwand) tatsächlich ist. Nicht nur die Höhe der beim Sniffing gemessenen Radonkonzentration spielt eine Rolle, sondern auch die Art des Eintritts (Konvektion/Diffusion) über die betroffene Fläche oder den Volumenstrom radonhaltiger Bodenluft sowie die Anzahl der gefundenen Verdachtsstellen.

Je nach Art der Radon-Eintrittsstellen und Intensität des Eintritts können geeignete bauliche oder lüftungstechnische Maßnahmen zur Reduzierung erarbeitet werden. Im einfachsten Fall geht es um punktuelle Abdichtungen von Bodenklappen, Durchführungen, Rissen, Fugen usw.

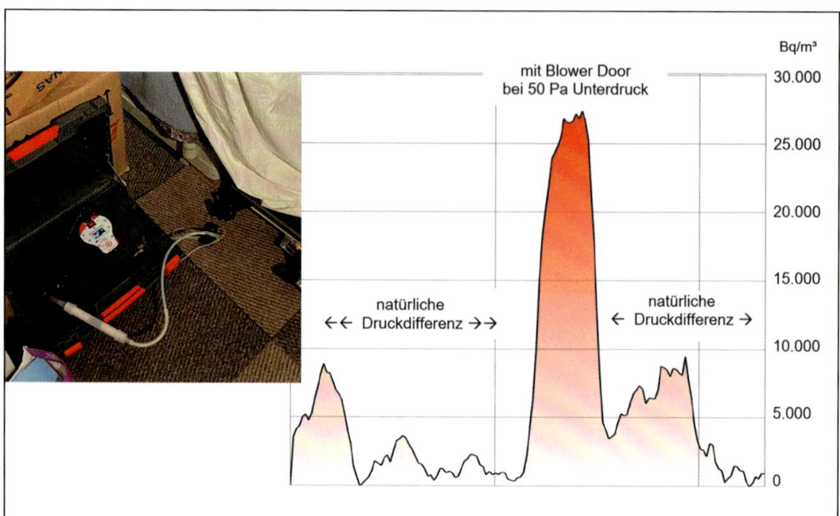

Abb. 3.24: Radon-Sniffing mit und ohne Unterdruck (Messgerät Alpha-Sniffer, „smart"-Modus, 60 Sekunden Integrationszeit)

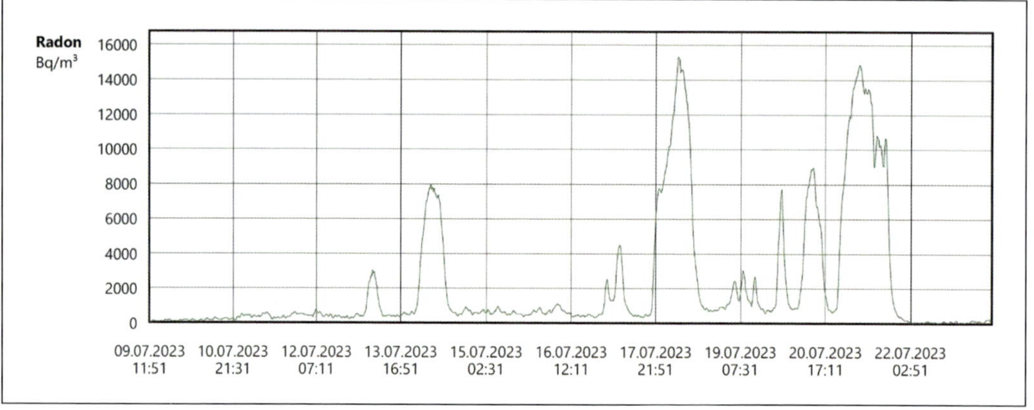

Abb. 3.25: Aufzeichnung der Radonkonzentrationen an einer Sniffing-Messstelle über einen Zeitraum von 14 Tagen

Die Darstellung in Abb. 3.24 verdeutlicht die Abhängigkeit der Messergebnisse von der Drucksituation beim Radon-Sniffing an erkennbaren Eintrittsstellen. Bei der natürlichen Druckdifferenz (meist wenige Pascal) treten hier nur kurzfristig erhöhte Messwerte bis maximal 9.000 Bq/m³ auf. Während der Unterdrucksituation mit 50 Pa (Blower Door) zeigt sich dann eine starke Auffälligkeit an diesem Messpunkt mit einem Messwert von 27.000 Bq/m³. Nach Beendigung der aktiven Druckdifferenz fällt der Messwert wieder schnell ab.

Langzeitmessungen zur Quellensuche mit Radon-Sniffing-Messgeräte sind eher unüblich. Abb. 3.25 zeigt eine Aufzeichnung der Radonkonzentrationen an einer Sniffing-Messstelle über einen Zeitraum von 14 Tagen im Einfluss der natürlichen Druckdifferenzen. Es liegen hier nur wenige Zeitfenster vor, in denen ein relevanter Radoneintritt mit Messwerten über 2.000 Bq/m³ zu erkennen ist. Auch im Sommer (Messung im Juli) ist diese Eintrittsstelle „aktiv" mit Messwerten über 14.000 Bq/m³ und trägt zur Raumluftbelastung bei (Jahresmittel im Raum hier über 400 Bq/m³).

Ziel beim Radon-Sniffing sollte sein, auch in kurzer Zeit – innerhalb von wenigen Stunden zum Ortstermin – Radon-Eintrittsstellen zuverlässig beurteilen zu können. Daher optimiert der Einsatz des Unterdruckverfahrens (z. B. Rn_{50}-Test) auch die Quellensuche mit dem Radon-Sniffing. Hier kann auch schon ein Unterdruck von 10 Pa ausreichend sein, um Eintrittspfade mit empfindlichen Messgeräten über aktives Ansaugen aus Ritzen, Spalten, Hohlräumen an Böden und Wänden und aus der Estrich-Dämmschicht zu lokalisieren. In der Heizperiode kann ggf. der natürliche Unterdruck durch den thermischen Sog des Gebäudes schon ausreichen, um Eintrittsstellen zu verorten, was jedoch über eine Differenzdruckmessung verifiziert werden sollte. Bei dieser Prüfung sollten alle Außentüren und Fenster im unteren Gebäudeteil (Keller, Erdgeschoss) geschlossen und ein Fenster im Obergeschoss geöffnet werden; die Temperaturdifferenz (innen/außen) sollte bei mindestens 10 °C liegen.

Zusätzlich hilfreich beim Radon-Sniffing können Messungen der Oberflächentemperaturen (Thermografie) und Messungen der CO_2-Konzentrationen an Eintrittsstellen sein. Die meist kühlere Bodenluft und die hohen CO_2-Werte im Erdreich (häufig deutlich über 10.000 ppm) machen sich beim Eintritt radonhaltiger Bodenluft ebenso messtechnisch bemerkbar. Je nach Art, Anzahl und Intensität der Radon-Eintrittsstellen können neben den Lüftungsmöglichkeiten geeignete Maßnahmen zur Reduzierung erarbeitet werden wie die Abdichtung von punktuellen Eintrittsstellen (z. B. Bodenklappen, Durchführungen, Fugen, Risse).

Bewertungsvorschläge für Radon bei der Quellensuche

Alle im Rahmen der Quellensuche gemessenen Werte beziehen sich auf Radonkonzentrationen über den aktuell vorhandenen Raumluftkonzentrationen, die durch Messungen bekannt sein sollten. In der Regel führen Konzentrationen bis 500 Bq/m³ (über Raumluftkonzentration) nicht zu einem relevanten Radoneintritt. Werte zwischen 500 und 2.000 Bq/m³ können sich bereits auf die Luftkonzentrationen im Innenraum auswirken. Bei Konzentrationen zwischen 2.000 und 10.000 Bq/m³ ist ein Radoneintrag relevant und deutlich. Werte über 10.000 Bq/m³ führen in der Regel zu einem deutlichen bis starken Radoneintrag in den Innenraum mit Raumluftwerten, die auch über dem Referenzwert liegen können. Tabelle 3.5 zeigt ein aus der Praxis entwickeltes Bewertungsschema anhand der beim Sniffing gefundenen Radonkonzentrationen.

Tabelle 3.5: Bewertung der Radonkonzentration an Eintrittsstellen beim Radon-Sniffing

Radonkonzentration an Eintrittsstelle (über Raumluftkonzentration) in Bq/m³	Bewertung
< 500	unauffällig
500 bis 2.000	schwach auffällig
2.000 bis 10.000	deutlich auffällig
> 10.000	stark auffällig

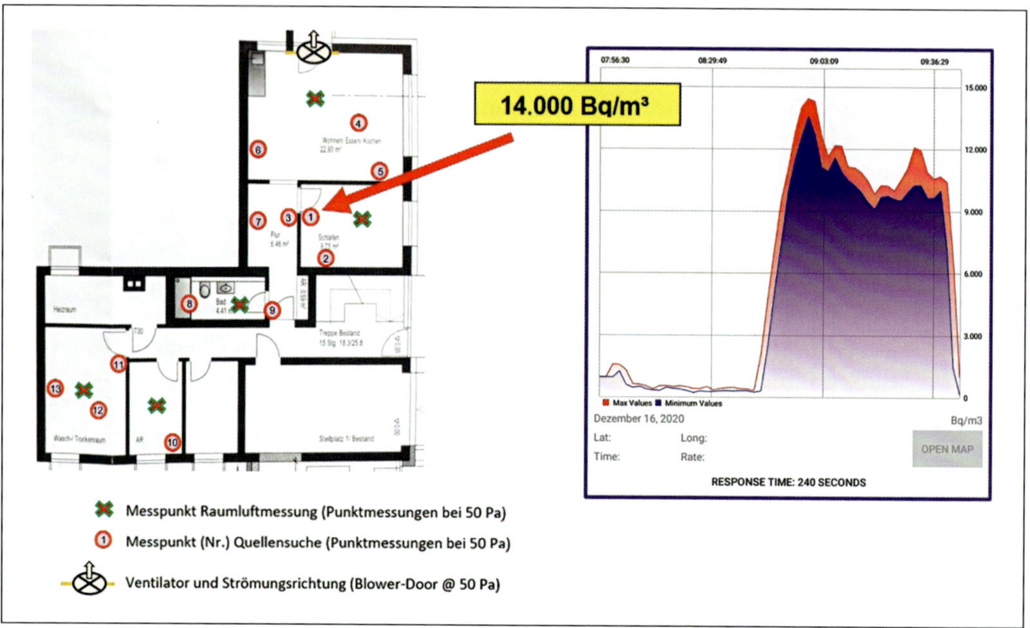

Abb. 3.26: Grundriss mit Radon-Sniffing-Messpunkten in einem Einfamilienhaus beim Rn_{50}-Test (links); Anstieg der Radonkonzentration am Sniffingpunkt 1 im Zeitverlauf (rechts)

Die Bewertungstabelle (Tabelle 3.5) soll zur Orientierung dienen, um im Zusammenhang mit den vorgenommenen Sniffing-Messungen sinnvolle und wirksame Maßnahmen planen zu können. In der Praxis ist es hilfreich, die Messpunkte direkt in einen Grundriss einzuzeichnen. In Abb. 3.26 ist beispielhaft der Grundriss eines Einfamilienhauses mit Radon-Sniffing-Messpunkten beim Rn_{50}-Test dargestellt.

3.6 Radonmessungen in der Bodenluft

Radonmessungen in der Bodenluft sind geeignete Möglichkeiten, das **geogene Radonpotenzial** für ein abgegrenztes Gebiet (Verwaltungseinheit oder geologische Einheit) abzuschätzen oder an einem konkreten Standort (Baufeld) zu bestimmen. Die Ergebnisse dienen dazu, ein erhöhtes Risiko für eine Radon-Aktivitätskonzentration in der Raumluft und das damit verbundene gesundheitliche Risiko erkennen und ggf. geeignete Maßnahmen zum Radonschutz in Betracht ziehen zu können. Nach dem Strahlenschutzgesetz besteht in den von den Bundesländern ausgewiesenen sog. Radonvorsorgegebieten sogar eine Pflicht, zusätzliche Maßnahmen zum Radonschutz bei Neubauvorhaben einzubeziehen. Weiterhin besteht in diesen Gebieten – unabhängig von der Branche – an Arbeitsplätzen im Erd- und Untergeschoss eines Gebäudes auch eine Pflicht zur Messung der Radon-Aktivitätskonzentration in der Raumluft. Zur Ausweisung der Gebiete wurden und werden u. a. auch die Ergebnisse von Radonmessungen in der Bodenluft herangezogen.

Im Mittelpunkt der Radon-Bodengasmessung steht ein geeignetes und bewährtes Verfahren zur Messung der **Radon-Aktivitätskonzentration**

(Rn-222) in der Bodenluft. Zusätzlich wird die **Gaspermeabilität** messtechnisch bestimmt. Aus beiden Messgrößen wird der sog. **Radonpotenzialwert** berechnet, der als Maß für eine statistische Wahrscheinlichkeit des Radoneintritts in ein Gebäude verwendet werden kann.

Entsprechende rechnerische Vorgaben sind in dem Bericht BfS-SW-24/18 des Bundesamtes für Strahlenschutz beschrieben (vgl. Bossew/Hoffmann, 2018; vgl. auch Kapitel 1.3).

Die Radon-Aktivitätskonzentration (Rn-222) in der Bodenluft wird in der Regel über **aktive Probenahmen** mit Sonden in bis zu 1 m Tiefe und anschließender oder kontinuierlicher Auswertung durchgeführt. Entsprechende technische Vorgaben sind in DIN EN ISO 11665-11 beschrieben.

Hinweis

> Die in DIN EN ISO 11665-11 ebenfalls beschriebene passive Probenahme wird zur Bestimmung der Radon-Aktivitätskonzentration (Rn-222) in der Bodenluft nicht empfohlen. Die passive Messung über mehrere Tage oder Wochen (z. B. mit Kernspurdetektoren) basiert auf reiner Diffusion und ist deutlich störungsanfälliger – etwa aufgrund von unterschiedlichen Feuchtegehalten im Erdreich oder unerkannt eintretendem Wasser in die Messkammer. Diese Beobachtungen werden in einem derzeit noch laufenden Forschungsvorhaben des BfS genauer untersucht (Forschungsvorhaben 3621S12240).

Die Gaspermeabilität in der Bodenluft beschreibt die Beweglichkeit und Verfügbarkeit der radonhaltigen Bodenluft für ein ankoppelndes Gebäude. Sie wird in der Regel über die Messung des Volumenstroms und des korrelierenden Differenzdrucks bestimmt (vgl. zu den technischen Vorgaben Kemski et al., 2012).

Die aktive Radonmessung in der Bodenluft stellt ein wichtiges diagnostisches Werkzeug dar, mit dessen Hilfe Wahrscheinlichkeiten für erhöhte und auffällige Radon-Aktivitätskonzentration in der Raumluft und damit auch gesundheitliche Risiken abgebildet werden können. Ein in einem individuellen Gebäude langfristig zu erwartender Jahresmittelwert kann jedoch nicht direkt abgeleitet werden, da weitere Parameter – wie z. B. kleinräume geologische Variationen, Gasdichtheit der Gebäudehülle, langfristiger wirksamer Differenzdruck gegenüber dem Erdreich, der Luftwechsel, das Nutzerverhalten bzw. die lüftungstechnische Ausstattung des Gebäudes usw. – oder andere Quellen (Baustoffe) eine Rolle spielen können.

Vorgehensweise Radon-Bodengasmessung

Bei der aktiven Messung der Radon-Aktivitätskonzentration in der Bodenluft wird eine Packersonde (gemäß DIN EN ISO 11665-11, Anhang D) bis in eine Messtiefe von 1 m eingeführt; die Löcher für die Packersonden werden mit Erdbohrern gebohrt. Alternativ kann bei sehr steinigen Böden eine Einschlagsonde verwendet werden (gemäß DIN EN ISO 11665-11, Anhang B). Danach wird die Dichtheit des Messaufbaus überprüft und die Bodenluft aus der Messtiefe über eine aktive Luftprobenahme in die Messkammer überführt. Nachdem die Kammer mehrmals mit Bodenluft gespült worden ist, wird die Radon-Aktivitätskonzentration bestimmt (bei RTM-Geräten über Po-218 im „fast“-Modus). In der Fortluft des Messaufbaus kann die CO_2- und O_2-Konzentration gemessen werden. In kurzer Zeit (ca. 15 Minuten) wird in der Messkammer die Gleichgewichtskonzentration erreicht; der Messwert wird notiert bzw. abgespeichert.

Für ein Baufeld von ca. 100 m^2 sollten mindestens 4 Messpunkte untersucht werden (Mindestabstand 5 m). Für größere Baufelder erhöht sich die Anzahl der Messpunkte (vgl. DIN/TS 18117-2:2024-03 [Entwurf]):

- mindestens 8 Messpunkte bei 1.000 m^2,
- mindestens 15 Messpunkte bei 15.000 m^2,
- objektbezogene Festlegung bei über 15.000 m^2.

Gegebenenfalls sind bei stark inhomogenen Bodenverhältnissen und stark variierenden Messergebnissen weitere Messpunkte zu untersuchen.

Zur Bewertung wird bei Untersuchungen mit bis zu 6 Messpunkten der höchste Messwert herangezogen. Bei über 6 Messpunkten wird zur Bewertung der 90. Perzentilwert der Messwerte herangezogen. Eventuell sind je nach Bodenart Korrekturfaktoren für die Gründungstiefe (abweichend von der Probenahmetiefe) sowie Korrekturfaktoren für jahreszeitliche Schwankungen zu berücksichtigen. Die Messungen in der Bodenluft sollten vor der Bauplanung im möglichst ungestörten Zustand erfolgen. Differenzierte Bewertungsempfehlungen sind in DIN/TS 18117-2:2024-03 (Entwurf) zu finden.

Die Messung der Gaspermeabilität im Erdreich wird unmittelbar nach der Radonmessung durchgeführt. Hierzu wird z. B. eine elektronische Laborpumpe mit integriertem Volumenstromsensor sowie ein externer digitaler Differenzdrucksensor an die Sonde angeschlossen. Der im Überdruck ins Erdreich wirksame Volumenstrom wird hierbei stufenweise erhöht und der zugehörige Differenzdruck gemessen. Aus den Messdaten von Volumenstrom und Differenzdruck wird die Gaspermeabilität *k* je Messpunkt nach Formel 3.8 berechnet (vgl. Kemski et al., 2012).

$$k = \frac{V \cdot \eta}{F \cdot p} \quad \text{in m}^2 \tag{3.8}$$

mit

k spezifische Gaspermeabilität am Messpunkt in m^2
V Volumenstrom in m^3/s (Messwert)
η dynamische Gasviskosität in Pa · s ($1{,}8 \cdot 10^{-5}$ Pa · s bei 20 °C)
F Geometriefaktor in m ($F = 0{,}37$ m für Packersonde Typ Honold)
p Druck in Pa (Messwert)

In Abb. 3.27 ist eine Packer-Bodengassonde (Typ Honold) mit Einsatzschema dargestellt und Abb. 3.28 zeigt einen Erdbohrer im Einsatz sowie einen Radonmonitor mit Anschluss an die Packersonde im Boden. Der Verlauf der Radon-Aktivitätskonzentration in der Bodenluft während der Probenahme ist in Abb. 3.29 inkl. Alphaspektrum beispielhaft dargestellt.

Es hat sich bewährt, den CO_2- und O_2-Gehalt der angesaugten Bodenluft während der gesamten Messung mit nachgeschalteten Messgeräten konti-

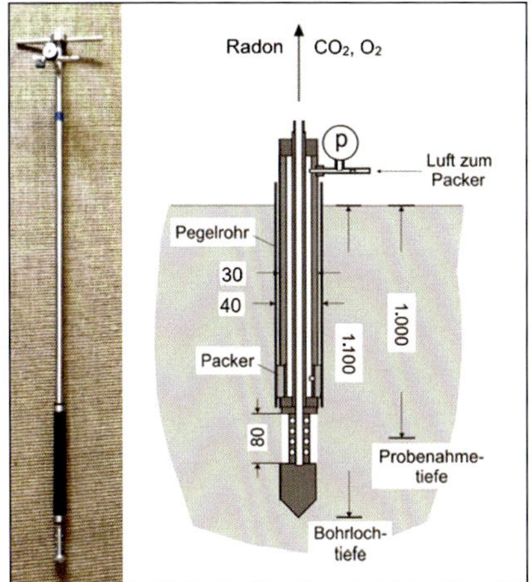

Abb. 3.27: Packer-Bodengassonde (links) und Einsatzschema nach Kemski et al., 2012 (rechts; Angaben in mm)

Abb. 3.28: Erdbohrer im Einsatz (links) und Radonmonitor (rechts; hier RTM 1688-2) mit Anschluss an eine Packersonde im Boden

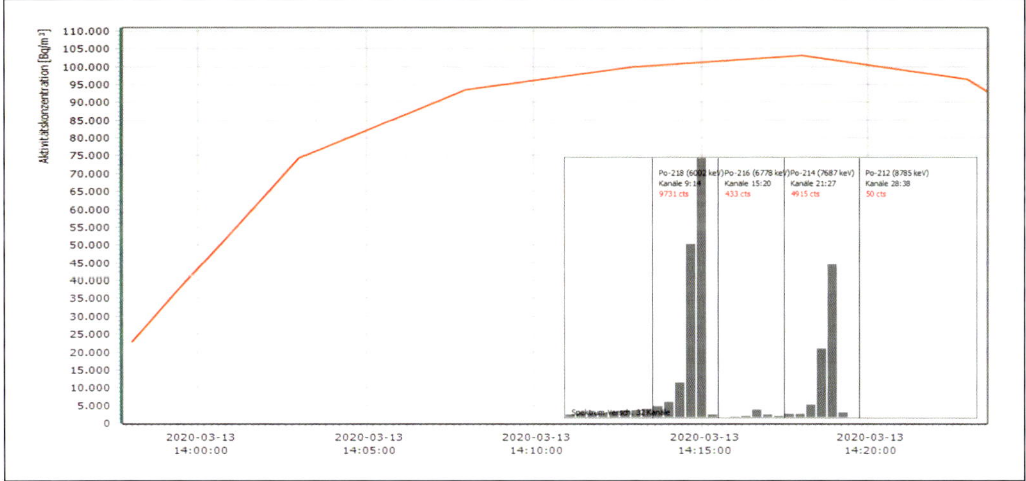

Abb. 3.29: Beispielhafter Messungsverlauf der Radon-Aktivitätskonzentration in der Bodenluft inkl. Alphaspektrum

nuierlich zu beobachten bzw. aufzuzeichnen, um so die Verfügbarkeit der Bodenluft und den Außenlufteinfluss kontrollieren zu können. Erst bei konstanter CO_2- und O_2-Konzentration ist die vollständige Spülung der Messkammern mit Bodenluft und somit der maximale Radongehalt bei der Probenahme sichergestellt. Unregelmäßigkeiten und spontaner Konzentrationsabfall bei CO_2 deuten auf Fehlmessungen hin (Undichtheiten, Außenlufteinfluss).

Erwartungsgemäß steigt die CO_2-Konzentration in der Bodenluft gegenüber der Außenluft stark an. Die Werte in 1 m Tiefe liegen in der Regel bei über 5.000 ppm (0,5 %) bis über 100.000 ppm (10 %) aufgrund der Depotwirkung von CO_2-Gas im Erdreich.

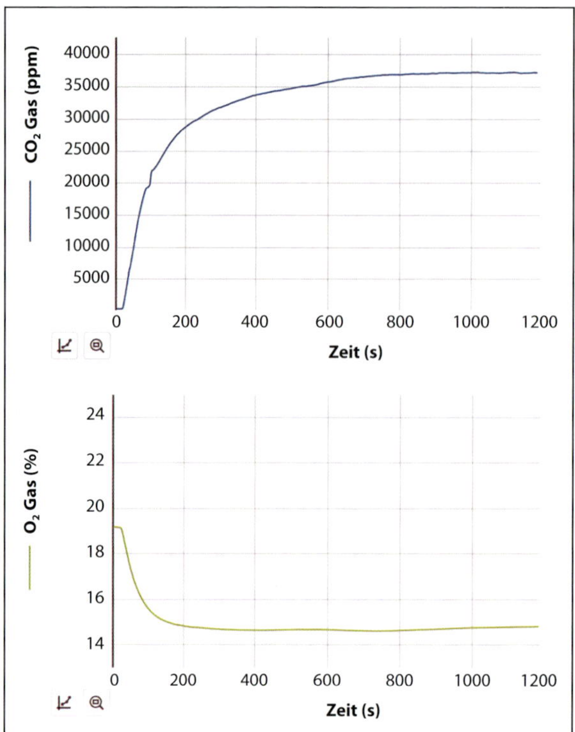

Abb. 3.30: Kontinuierliche Messung der CO_2- und O_2-Konzentrationen simultan zu den Radonmessungen in der Bodenluft

Bei Sauerstoff verhält es sich umgekehrt – erwartungsgemäß ist die O_2-Konzentration in der Bodenluft gegenüber der Außenluft deutlich niedriger. Die Werte in 1 m Tiefe liegen in der Regel bei unter 19 % bis unter 1 % aufgrund des niedrigen Sauerstoffgehaltes im Erdreich.

Abb. 3.30 zeigt beispielhaft den Konzentrationsverlauf während der aktiven und kontinuierlichen Messung mit dem Radonmonitor RTM 1688-2 und integrierter Pumpe. Die sehr deutlichen Konzentrationsverläufe und die Konzentrationskonstanz im weiteren Messverlauf bestätigen die Verfügbarkeit der Bodenluft und die Dichtheit des Messsystems gegenüber dem Außenlufteinfluss. Erwartungsgemäß steigt die CO_2-Konzentration in der Bodenluft gegenüber der Außenluft stark an.

Bewertungsvorschläge für Radon in der Bodenluft

Im Entwurf für das nie in Kraft getretene Radonschutzgesetz aus dem Jahr 2005 wurde bereits ein Bewertungskonzept auf der Basis von Radonkonzentration in der Bodenluft formuliert (vgl. auch Kapitel 2.1). Hierzu wurden Radonverdachtsgebiete definiert, in denen aufgrund einer erhöhten Radonkonzentration im Untergrund mit erhöhten Radonkonzentrationen in Gebäuden zu rechnen ist (vgl. Tabelle 3.6).

<table>
<tr><th>Radon-potenzial
Radon-konzentration in der Bodenluft</th><th>RP
unter 20</th><th>RP
zwischen 20 und 44</th><th>RP
über 44</th></tr>
<tr><td>unter 20.000 Bq/m³</td><td colspan="3">Konvektion und Diffusion: keine Maßnahmen</td></tr>
<tr><td rowspan="2">20.000 bis 40.000 Bq/m³</td><td>Konvektion: keine Maßnahmen</td><td>Konvektion: eventuell Maßnahmen</td><td>Konvektion: Maßnahmen</td></tr>
<tr><td colspan="3">Diffusion: keine Maßnahmen</td></tr>
<tr><td rowspan="2">40.000 bis 100.000 Bq/m³</td><td>Konvektion: eventuell Maßnahmen</td><td>Konvektion: eventuell Maßnahmen</td><td>Konvektion: Maßnahmen</td></tr>
<tr><td colspan="3">Diffusion: evtl. Maßnahmen</td></tr>
<tr><td rowspan="2">über 100.000 Bq/m³</td><td>Konvektion: eventuell Maßnahmen</td><td>Konvektion: Maßnahmen</td><td>Konvektion: Maßnahmen</td></tr>
<tr><td colspan="3">Diffusion: Maßnahmen</td></tr>
</table>

Abb. 3.31: Bewertungsmatrix für zusätzliche Maßnahmen bei Neubauten nach DIN/TS 18117-2:2024-03 (Entwurf), Tabelle 8

Tabelle 3.6: Bewertungen für Radon in der Bodenluft nach Radonschutzgesetz (Entwurf 2005)

Radonverdachtsgebiet Klasse	Radon-Aktivitätskonzentration in der Bodenluft in kBq/m^3
I	20 bis 40
II	40 bis 100
III	über 100

Für alle Neubauten (Planung) sollten nach dem Gesetzesentwurf entsprechend den Verdachtsgebieten I, II, III bauliche Schutzmaßnahmen der Klasse I, II, III berücksichtigt werden. Die Planung sollte so erfolgen, dass möglichst 100 Bq/m^3 in der Raumluft nicht überschritten werden. Zusätzlich sollten in bestehenden Gebäuden in Radon-Verdachtsgebieten der Klasse III, in denen grundsätzlich mit Radonkonzentrationen von mehr als 100 Bq/m^3 zu rechnen wäre, die Radonkonzentration gemessen werden (Messpflicht) und bei Überschreitung saniert werden (Maßnahmenpflicht).

Grundsätzlich hat sich diese Abstufung (20/40/100 kBq/m^3) der Radon-Aktivitätskonzentrationen in der Bodenluft bis heute bewährt. Zusätzlich wird unter Berücksichtigung der Verfügbarkeit bzw. Permeabilität der Bodenluft das Radonpotenzial bewertet.

Eine erweiterte Bewertung lässt sich anhand einer Bewertungsmatrix zuordnen, in der die Höhe der Radon-Aktivitätskonzentrationen in der Bodenluft und das Radonpotenzial gemeinsam betrachtet werden (vgl. Abb. 3.31). Diese Vorgehensweise ist sinnvoll, da hier die beiden Einwirkmechanismen Konvektion und Diffusion berücksichtigt werden. So kann etwa in einem sehr dichten und bindigen (tonigen) Boden trotz hoher Radon-Aktivitätskonzentrationen in der Bodenluft ein vergleichsweise geringer Radonpotenzialwert resultieren. Für den konvektiven Radoneintritt wäre durch den dichten Boden ein geringeres Risiko zu erwarten. Für die Diffusion spielt aber allein die an der Bodenplatte anliegende Konzentration eine Rolle.

Mit der Matrix soll anhand der vor Ort messtechnisch erfassten Größen (Radonkonzentration und Gaspermeabilität in der Bodenluft) bewertet werden können, ob bei Neubauten eventuell zusätzliche Maßnahmen zum Radonschutz in Bezug auf Konvektion und/oder Diffusion zu planen sind. Die Verwendung der Daten von verfügbaren Radonkarten (z. B. BfS-Geoportal) ist hierbei nicht vorgesehen.

Bei den (eventuell) zu planenden Maßnahmen handelt es sich um zusätzliche Maßnahmen, die über den fach- und normgerecht ausgeführten Feuchteschutz nach Stand der Technik hinausgehen.

- Im unteren Wertebereich des Radonpotenzials und der Radon-Aktivitätskonzentration in der Bodenluft sind unter der Zuordnung **„keine Maßnahmen“** auch für höhere Schutzziele (z. B. 100 Bq/m³) keine zusätzlichen Maßnahmen zum Radonschutz erforderlich. Bei sehr hohen Schutzzielen (< 100 Bq/m³) können jedoch auch in diesem Wertebereich Maßnahmen sinnvoll sein.
- Unter der Zuordnung **„eventuell Maßnahmen“** sind nur für höhere Schutzziele (z. B. 100 Bq/m³) zusätzliche Maßnahmen zum Radonschutz erforderlich. Im oberen Wertebereich der Bemessungsgrenzen werden Maßnahmen auch zur Unterschreitung von 300 Bq/m³ (aktueller Referenzwert) empfohlen.
- Unter der Zuordnung **„Maßnahmen“** sind zusätzliche Maßnahmen zum Radonschutz zur Einhaltung von 300 Bq/m³ (aktueller Referenzwert) aufgrund der messtechnisch erfassten Größen erforderlich bzw. gesetzlich vorgeschrieben.

3.7 Materialprüfungen

Bei der Materialuntersuchung auf Radon steht die Radonabgabe bzw. Radon-Exhalation von Baumaterialien im Mittelpunkt (vgl. DIN EN ISO 11665-7, DIN ISO 11665-9). Hierbei werden Materialproben in der Regel im Fachlabor untersucht. Es gibt unterschiedliche Herangehensweisen bei der experimentellen Bestimmung der Radon-Exhalation. Eine Prüf- oder Exhalationskammer kann hierbei auf eine flächige Bauteiloberfläche (z. B. Granitfliese) aufgesetzt oder ein Bauteil in eine Prüfkammer gegeben werden. Zur Messung eignen sich zeitauflösende elektronische Messgeräte mit Datenlogger, die den Anstieg der Radonkonzentration bis ggf. zur Gleichgewichts- oder Sättigungskonzentration erkennen lassen. Wichtige Einflussgrößen sind hierbei die Luftdichtheit der Prüfkammer bei geschlossenen Systemen oder der Luftwechsel bei durchströmten Systemen. Die Bestimmungsgrenze sollte bei 0,1 Bq/(m² · h) liegen.

Für eine erste Abschätzung der Radon-Exhalation bietet sich die Messung der flächenbezogenen Exhalationsrate an – entweder mit aufgesetzter Prüfkammer auf der Probenfläche oder mit Probenkörper in der Prüfkammer (Messgerät in Prüfkammer). Die Messung wird bis zum Erreichen der Ausgleichskonzentration durchgeführt und beschreibt näherungsweise das Verfahren der Akkumulation in einer Messkammer. In der Regel ist die Radon-Sättigungskonzentration innerhalb von 4 bis 8 Tagen erreicht, da geringe Verluste einen rechnerischen Luftwechsel von ca. 0,01/h bis 0,02/h bewirken. Der Verlust bzw. der Luftwechsel sollte für das System bestimmt werden. In einer optimal radondichten Kammer wäre die Sättigungskonzentration bzw. 97 % des Endwertes nach ca. 5 Halbwertszeiten erreicht (3,8 Tage · 5 = 19 Tage). Die Messungen sollten unter normalen Raumklimaverhältnissen durchgeführt werden (ca. 40 bis 60 % relative Luftfeuchtigkeit, 18 bis 22 °C). Die geprüften Materialien sollten mit dem Raumklima im Feuchtegleichgewicht stehen.

Mithilfe von Formel 3.9 kann die Baustoff-Exhalationsrate von Radon (Rn-222) abgeschätzt werden.

$$Q_{Rn} = (C_{Rn} - C_{Rn0}) \cdot (n + \lambda) \cdot \frac{V}{A} \quad \text{in Bq/(m}^2 \cdot \text{h)} \tag{3.9}$$

mit

Q_{Rn} Exhalationsrate Rn-222 in Bq/(m^2 · h)
C_{Rn} Endkonzentration in der Prüfkammer in Bq/m^3
C_{Rn0} Anfangskonzentration in der Prüfkammer in Bq/m^3
V Volumen der Messkammer in m^3
A aktive Probenoberfläche in m^2
n Luftwechselrate in der Prüfkammer in 1/h (Zeitkonstante Luftwechsel)
λ Zeitkonstante Radonzerfall in 1/h (λ für Rn-222 = 0,0076/h)

Die Abschätzung der baustoffbedingten Raumluftkonzentration kann über Formel 3.10 vorgenommen werden.

$$C_{Rn} = Q_{Rn} \cdot \frac{A}{(n + \lambda) \cdot V} \quad \text{in Bq/m}^3 \tag{3.10}$$

mit

C_{Rn} Raumluftkonzentration Rn-222 in Bq/m^3
Q_{Rn} Exhalationsrate Rn-222 in Bq/(m^2 · h)
V Raumvolumen in m^3
A aktive Probenoberfläche in m^2
n Luftwechselrate im Raum in 1/h (Zeitkonstante Luftwechsel)
λ Zeitkonstante Radonzerfall in 1/h (λ für Rn-222 = 0,0076/h)

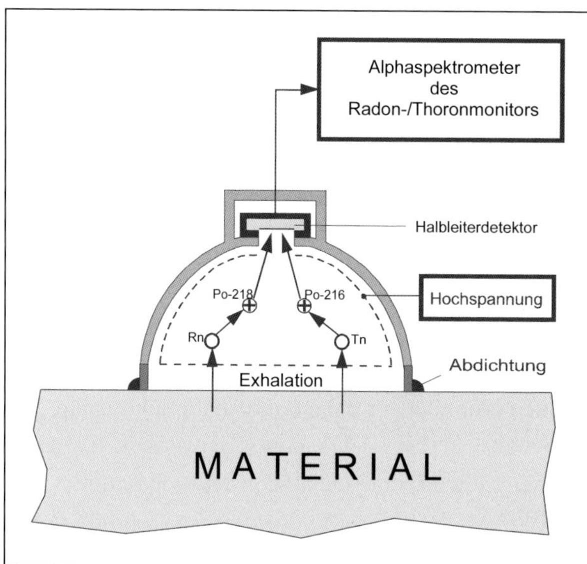

Abb. 3.32: Exhalationsmessung von Baustoffoberflächen durch Akkumulation in einer Messkammer (Quelle: Strahlenschutzkommission (SSK). Leitfaden zur Messung von Radon, Thoron und ihren Zerfallsprodukten. Stellungnahme der Strahlenschutzkommission, verabschiedet in der 170. Sitzung der SSK am 07./08.12.2000. Veröffentlichungen der Strahlenschutzkommission, Band 47, Urban & Fischer, München, 2002, ISBN 3-437-21478-0)

In Abb. 3.32 ist der Aufbau einer Exhalationsmessung von Baustoffoberflächen durch Akkumulation in einer Messkammer mit Halbleiterdetektor dargestellt.

Das in Tabelle 3.7 dargestellte Bewertungsschema ist an die Regelungen im Strahlenschutz für die Allgemeinbevölkerung angelehnt. Der Beitrag durch Baustoffe – zusätzlich zur Radonkonzentration durch den geologischen Untergrund – sollte nicht über 1 mSv/a liegen. Dieser Wert wird dann nicht überschritten, wenn die Radonkonzentration im Raum im Jahresmittel (ausgehend von Baustoffen) nicht über 50 Bq/m^3 liegt.

Tabelle 3.7: Bewertungsschema für die Radon-Exhalation von Baumaterialien im Innenraum unter Einbezug von Unsicherheitsfaktoren (Klima) für eine Raumbeladung von 1 m^2/m^3 und eine schlechte Raumbelüftung (Luftwechsel 0,1/h)

Exhalationsrate Rn-222 in Bq/(m^2 · h)	**Auffälligkeitsstufe**
unter 1	unauffällig
1 bis 2	schwach auffällig
2 bis 5	deutlich auffällig
über 5	stark auffällig

3.8 Untersuchungsstrategien

Aus den bisherigen Ausführungen ist deutlich erkennbar, wie vielseitig die Radondiagnostik aufgestellt ist. Je nach Aufgabenstellung können sehr unterschiedliche Geräte, Messsysteme und Messverfahren zum Einsatz kommen. Wichtig ist in diesem Zusammenhang, dass für die jeweilige Aufgabenstellung eine richtige Untersuchungsstrategie entwickelt wird.

3.8.1 Typische Aufgabenstellungen bei der Radondiagnostik

Typische Aufgabenstellungen bei der Radondiagnostik sind:

- Beurteilung der gesundheitlichen Belastung der Raumnutzer durch Radon und Radon-Folgeprodukte,
- Erkennen und Quantifizieren von Radon-Eintrittspfaden,
- Überprüfung der Dichtheit der Gebäudehülle gegenüber Radon aus dem Erdreich,
- Ableitung von Empfehlungen zur Planung und Umsetzung von Radonschutzmaßnahmen,
- Kontrolle nach Umsetzung von Radonschutzmaßnahmen.

Zu den üblichen Mess- und Untersuchungsmethoden gehören beim Radon Luftuntersuchungen in der Raumluft, an Eintrittsstellen, in der Bodenluft sowie Materialuntersuchungen. Die Normenreihe DIN (EN) ISO 11665 und der „Leitfaden zur Messung von Radon, Thoron und ihren Zerfallsprodukten“ (2002) der Strahlenschutzkommission (SSK) geben wertvolle Hilfestellungen in Bezug auf die messtechnisch einzusetzenden Verfahren. Besondere Regelungen gelten für Radon am Arbeitsplatz (vgl. Kapitel 3.8.2).

Beurteilung der gesundheitlichen Belastung der Raumnutzer durch Radon und Radon-Folgeprodukte

Zur Beurteilung der gesundheitlichen Belastung der Raumnutzer durch Radon und Radon-Folgeprodukte stehen integrierende passive Messungen bzw. **Langzeitmessungen** als Bewertungsmessungen im Mittelpunkt. Bezugsgröße ist die effektive Dosis, die aus der Radon-Aktivitätskonzentration in der Raumluft und der tatsächlichen Exposition über einen langen Zeitraum abgeleitet wird. Zur Bewertung einer Radonkonzentration im Innenraum (Jahresmittelwert, Referenzwert) werden Langzeitmessungen über mindestens 3 Monate bis zu einem Jahr durchgeführt, wobei nach DIN ISO 11665-8 mindestens die Hälfte der Messzeit im Winter oder in der Heizperiode liegen sollte, um die Radonkonzentration nicht zu unterschätzen. Aufgrund der zeitlich starken Konzentrationsänderungen werden zur Sicherheit Messungen über ein Jahr empfohlen. Für die Bewertung an Arbeitsplätzen gemäß StrlSchG/StrlSchV sind Jahresmessungen vorgeschrieben (12 Monate ± 10 %). Als Messgeräte werden in der Regel Kernspurdosimeter verwendet (passive Messungen).

Erkennen und Quantifizieren von Radon-Eintrittspfaden

Zur Detektion und Quantifizierung von Radon-Eintrittspfaden kommen zur Quellensuche in der Regel aktive Messungen mit speziell ausgelegten Messsystemen zur schnellen Bewertung infrage (Radon-Sniffing).

In der Praxis stellt der konvektive Radoneintrag über die Bodenluft die Hauptursache für Radonauffälligkeiten im Innenraum dar. Für die korrekte Einordnung und Bewertung der ermittelten Messwerte innerhalb der Gesamtsituation sind daher auch Kenntnisse der baulichen und standortbezogenen Eigenschaften hilfreich (Fundament, Untergrund, ggf. Bodenart, Radonpotenzial, Lüftung, Art und Anzahl der Durchführungen und verdächtige Materialien).

Ergänzend sind zur Beurteilung der örtlichen und zeitlichen Variationen auch Übersichtsmessungen in der Raumluft als Simultanmessungen an verschiedenen Standorten z. B. mit aktiven elektronischen und zeitauflösenden Messgeräten hilfreich und notwendig.

Hinweis

- Je nach Gebäudetyp und -alter kann auch der Eintrag über Diffusion oder Baustoffe eine Rolle spielen.
- In Bezug auf andere Quellen und Ursachen für erhöhte Radonkonzentrationen in der Innenraumluft kommen auch Materialprüfungen (Radon-Exhalation und spezifische Aktivität von Ra-226) von verdächtigen Baustoffen infrage.
- Unabhängig von Radonmessungen können auch Luftwechselmessungen, Messungen von CO_2 an Eintrittsstellen und ggf. Thermografie als weitere gebäudediagnostische Werkzeuge infrage kommen.

Überprüfung der Dichtheit der Gebäudehülle gegenüber Radon aus dem Erdreich

Unabhängig von Jahreszeit und Witterung kann die Radon-Eintrittsrate über eine Provokationsmessung mit dem **Rn_{50}-Test** (erweiterter Blower-Door-Test) an einem Messtag unter definierten Randbedingungen (Unterdruck und Luftwechsel) ermittelt und das Gebäude in Bezug auf die Dichtheit der Gebäudehülle gegenüber Radon aus dem Erdreich bewertet werden. Über ein Berechnungsverfahren können die Radon-Eintrittsrate unter Normalbedingungen sowie die langfristig zu erwartende Radon-Aktivitätskonzentration in der Raumluft in Abhängigkeit einer anzunehmenden Luftwechselrate (Planwert) abgeschätzt werden (vgl. Formeln 3.4 bis 3.7).

Ableitung von Empfehlungen zur Planung und Umsetzung von Radonschutzmaßnahmen

Ausgangspunkt für die Ableitung von Sanierungsempfehlungen zur Planung und Umsetzung von Radonschutzmaßnahmen ist eine Bewertungsmessung mit dem Ergebnis einer Radonkonzentration, die über dem Zielwert liegt (Auslegungswert oder Referenzwert). Bei deutlichen Überschreitungen ist in der Regel ein Ortstermin notwendig, um konkrete und insbesondere wirtschaftliche Maßnahmen planen zu können. Je nach Befund kommen Maßnahmen der Lüftung, Abdichtung und Absaugung infrage. Aus messtechnischer Sicht bieten sich Messungen zur Quellensuche (Radon-Sniffing) mit oder ohne aktiv hergestellten Unterdruck (je nach Jahreszeit) an. Hilfreich ist die Einsicht in Bauunterlagen, Baupläne und Grundrisse sowie Standortparameter (Radonpotenzial).

Bei der Planung und Umsetzung von Radonschutzmaßnahmen im Neubau stehen Standortparameter (Radonkonzentration in der Bodenluft, Radonpotenzial) und planerische Details (Bauweise, Fundament, Feuchteschutz) im Mittelpunkt. Aus messtechnischer Sicht kommen Messungen der Radonkonzentration in der Bodenluft und die Bestimmung des Radonpotenzials infrage. Die Bewertung kann nach der Bewertungsmatrix gemäß Abb. 3.31 erfolgen. Je nach Befund kommen zusätzliche Maßnahmen der Abdichtung infrage.

Kontrollen nach Umsetzung von Radonschutzmaßnahmen

Zur abschließenden Erfolgskontrolle von umgesetzten Maßnahmen zum Radonschutz (Neubau oder Bestand) werden Raumluftmessungen als Langzeitmessungen (Bewertungsmessungen) durchgeführt. Zur ersten Vorabkontrolle bieten sich für Plausibilitätsüberprüfungen Übersichtmessungen über wenige Wochen an, um ggf. nachbessern zu können. Gut geeignet für eine Wirksamkeitskontrolle nach Maßnahmen sind Provokationsmessungen mit dem Rn_{50}-Test zur Überprüfung der Dichtheit der Gebäudehülle gegenüber Radon aus dem Erdreich.

3.8.2 Radonuntersuchungen an Arbeitsplätzen

An Arbeitsplätzen kommen grundsätzlich die zuvor genannten Methoden der Diagnostik zum Einsatz. Besondere Anforderungen an die Raumluftmessungen liegen jedoch an Arbeitsplätzen vor, die aufgrund von § 121 StrlSchG in einem behördlich ausgewiesenen Radonvorsorgegebiet liegen und für die eine Messpflicht besteht. Die Messpflicht gilt nur dann als erfüllt, wenn die Messungen von einer vom Bundesamt für Strahlenschutz **anerkannten Stelle** zur Messung der Radon-222-Aktivitätskonzentration an Arbeitsplätzen in Innenräumen nach § 155 Abs. 3 StrlSchV durchgeführt wurden. Im Mittelpunkt stehen hier die Bewertungsmessungen. Eine Liste der anerkannten Messstellen ist auf den Internetseiten des Bundesamtes für Strahlenschutz hinterlegt (www.bfs.de). Bei nachgewiesenen Referenzwertüberschreitungen sind Radonschutzmaßnahmen zu planen, umzusetzen und der Erfolg ist über Kontrollmessungen nachzuweisen. Der BfS-Leitfaden „Radon an Arbeitsplätzen in Innenräumen“ (Ausgabe Juni 2022) und das vom baden-württembergischen Ministerium für Umwelt, Klima und Energiewirtschaft herausgegebene Merkblatt „Schutz vor Radon an Arbeitsplätzen in Anlagen der Wassergewinnung, -aufbereitung und -verteilung“ (Ausgabe Dezember 2020) bieten wertvolle Hinweise für die Vorgehensweise in Bezug auf Radon am Arbeitsplatz (vgl. auch Kapitel 2.7 und 2.9).

Abb. 3.33: Ablaufschema von Radonuntersuchungen an Arbeitsplätzen und in Aufenthaltsräumen von der Erstmessung bis zur Sanierungskontrolle

3.8.3 Ablaufschema von der Erstmessung bis zur Sanierungskontrolle

Das in Abb. 3.33 dargestellte Schema bildet zusammenfassend die Vorgehensweise in der Praxis von der Erstmessung bis zur Endkontrolle am Arbeitsplatz ab und kann ebenso für die Umsetzung von Maßnahmen außerhalb von Radonvorsorgegebieten für Arbeitsplätze und Aufenthaltsräume angewendet werden.

Ergänzende Erläuterungen zu Abb. 3.33:

- **1. Erstmessung:**
  - Zusendung von Messgeräten (z. B. Kernspurdosimeter) einer „anerkannten Stelle“ (Aufstellung/Rücksendung durch die Verantwortlichen vor Ort) oder
  - Aufstellung und Abholung der Dosimeter durch Radonfachperson inkl. Fotodokumentation der Messpunkte
- **2. Bewertung und Dokumentation der Ergebnisse:**
  - Dokumentation (Bericht) mit Angabe der Referenzwertüberschreitungen inkl. Dosisabschätzungen gemäß Expositionszeiten (falls bekannt) inkl. Hinweis auf Maßnahmenpflicht

- **3. Begutachtung von Objekten mit deutlichen Referenzwertüberschreitungen:**
  - Ortstermin mit Radon-Sniffing (im Unterdruck, ggf. Rn_{50}-Test)
  - Beurteilung des Radoneintritts
  - Beurteilung zielführender Maßnahmen (Lüftung/Abdichtung/Absaugung)
  - Bericht/Gutachten mit Bewertung der Messwerte und konkreten Empfehlungen zur Sanierung
- **4. Konzept zur Umsetzung von Maßnahmen (Sanierungsplanung):**
  - Sanierungsplanung mit konkreten Vorgaben und technischen Anforderungen durch Fachfirma/Radonfachperson/Architekt
  - ggf. Erstellung von einem detaillierten Leistungsverzeichnis
- **5. Umsetzung von Maßnahmen:**
  - Fachfirma (ggf. zertifiziert; RAL-Anerkennungsverfahren der Gütegemeinschaft Radonschutz RaPSS e. V. in Vorbereitung)
- **6. Wirksamkeitskontrolle:**
  - Begehung und Begutachtung durch Fachfirma/Radonfachperson
  - Übersichtsmessungen (ca. 14 Tage), ggf. Dichtheitsprüfungen gemäß Rn_{50}-Test
  - ggf. Nachbesserung
- **7. Endkontrolle:**
  - Bewertungsmessung als Langzeitmessungen (Jahresmittelwert)

Hinweis

Die Maßnahmen im Zusammenhang mit dem präventiven Radonschutz für Neubauten und der Radonsanierung im Bestand sind eng mit den diagnostischen Verfahren verknüpft. Auf viele der hier in Kapitel 3 vorgestellten Verfahren und Methoden wird auch in den nachfolgenden Kapiteln 4 und 5 zur Prävention und Sanierung Bezug genommen.

4 Radonschutz in der Prävention

Dieses Kapitel behandelt Maßnahmen zum Radonschutz für neu zu errichtende Gebäude. Zu diesem Thema liegen zahlreiche Fachinformationen in bereits veröffentlichten Leitfäden, Broschüren und Fachbüchern vor (vgl. z. B. Reiter/Wilke/Uhlig, 2020; Radon-Handbuch Deutschland, 2019; Radon – Praxis-Handbuch Bau, 2018; Klingelhöfer/Leicht, 2023).

In der deutschen Rechtsprechung ist der Radonschutz bereits im Strahlenschutzgesetz verankert (vgl. Kapitel 2):

„Wer ein Gebäude mit Aufenthaltsräumen oder Arbeitsplätzen errichtet, hat geeignete Maßnahmen zu treffen, um den Zutritt von Radon aus dem Baugrund zu verhindern oder erheblich zu erschweren. [...]"
(§ 123 Abs. 1 StrlSchG)

Bei hohem Radonpotenzial am Bauplatz (vermehrt in Radonvorsorgegebieten anzutreffen) oder bei einem erhöhten Schutzbedürfnis (Zielwert < Referenzwert) sind lüftungstechnische und/oder bauliche Maßnahmen notwendig. In Radonvorsorgegebieten sind diese sogar gesetzlich vorgeschrieben; in diesen Gebieten muss nach § 154 StrlSchV beim Neubau mindestens eine der folgenden Maßnahmen durchgeführt werden:

- Verringerung der Radon-222-Aktivitätskonzentration unter dem Gebäude,
- gezielte Beeinflussung der Luftdruckdifferenz zwischen Gebäudeinnerem und Bodenluft an der Außenseite von Wänden und Böden mit Erdkontakt, sofern der diffusive Radoneintritt aufgrund des Standorts oder der Konstruktion begrenzt ist,
- **Begrenzung der Rissbildung in Wänden und Böden mit Erdkontakt und Auswahl diffusionshemmender Betonsorten mit der erforderlichen Dicke der Bauteile,**
- Absaugung von Radon an Randfugen oder unter Abdichtungen,
- **Einsatz diffusionshemmender, konvektionsdicht verarbeiteter Materialien oder Konstruktionen.**

Bei Neubauvorhaben spielen in der Praxis die „Begrenzung der Rissbildung in Wänden und Böden mit Erdkontakt und Auswahl diffusionshemmender Betonsorten mit der erforderlichen Dicke der Bauteile" sowie der „Einsatz diffusionshemmender, konvektionsdicht verarbeiteter Materialien oder Konstruktionen" die größte Rolle (vgl. Kapitel 4.2). Zur Konkretisierung der Maßnahmen wurde die Erarbeitung der Vornorm DIN/TS 18117 (Teile 1 und 2) auf den Weg gebracht. Teil 1 ist bereits seit 2021 veröffentlicht; Teil 2 liegt seit März 2024 als Entwurf vor (die Veröffentlichung der finalen Fassung wird ebenfalls noch für 2024 erwartet).

Die gesetzlichen Vorgaben sind als Mindestanforderungen im Hinblick auf die Erfüllung von gesetzlichen Pflichten zu verstehen unter Berücksichtigung von Unsicherheiten. Ziel ist es, die Wahrscheinlichkeit, dass der Referenzwert in Gebäuden unterschritten wird, signifikant zu erhöhen und eine Überschreitungswahrscheinlichkeit von unter 10 % zu erreichen.

In der Gesetzgebung (§ 121 StrlSchG) wird vereinfacht davon ausgegangen, dass außerhalb der ausgewiesenen Gebiete ein ausreichender Radonschutz zur Unterschreitung des Referenzwertes bereits durch Einhaltung der erforderlichen Maßnahmen zum Feuchteschutz nach den allgemein anerkannten Regeln der Technik gegeben ist.

In Deutschland liegen allerdings noch in vielen Gebieten auch außerhalb der derzeit von den Ländern ausgewiesenen Radonvorsorgegebieten erhöhte Radon-Aktivitätskonzentrationen und/oder Radonpotenzialwerte in der Bodenluft vor. Des Weiteren garantiert der Feuchteschutz nach den anerkannten Regeln der Technik bei durchschnittlichem Radonpotenzial nicht in allen Fällen eine gas- oder radondichte Abdichtung zum Erdreich (vgl. Schäfer, 2017). Daher wird empfohlen, auch außerhalb der bisher ausgewiesenen Vorsorgegebiete zusätzliche Maßnahmen zum präventiven Radonschutz in Betracht zu ziehen.

Bei früher Berücksichtigung – bereits im Planungsstadium – sind im Neubau präventive Maßnahmen zum Radonschutz mit relativ geringem Mehraufwand gut zu realisieren. Dies gilt insbesondere für wannenartige Betonkonstruktionen bis zur Geländeoberkante.

Weitere Maßnahmen sind dann besonders wichtig, wenn

- am Baustandort erhöhte Radon-Aktivitätskonzentrationen und/oder Radonpotenzialwerte in der Bodenluft vorliegen (viele betroffene Gebiete liegen nicht in den derzeit auf Verwaltungseinheiten bezogenen Vorsorgegebieten),
- der bauliche Feuchteschutz gemäß Wassereinwirkungsklasse W1-E nach DIN 18533 bei nicht drückendem Wasser realisiert werden kann, der keine ausreichend gas- oder radondichte Abdichtung zum Erdreich bewirkt.

Wenn beide Kriterien zutreffen, kann es besonders problematisch werden. Wer sich nur auf die Einhaltung der gesetzlichen Pflicht bezieht, kann unter Umständen in die Maßnahmenpflicht zur Reduzierung der Radonkonzentrationen am Arbeitsplatz geraten. Dies ist dann der Fall, wenn der Referenzwert am Arbeitsplatz nachweislich überschritten wird. Außerhalb der Vorsorgegebiete besteht zwar keine Messpflicht, aber auch „freiwillige" Messungen ziehen bei einer Referenzwertüberschreitung Maßnahmen nach sich.

So kann ein Neubau eines Büro- oder Verwaltungsgebäudes schnell ein Radonsanierungsfall werden, wenn die o. g. Risikobetrachtungen nicht ausreichend berücksichtigt wurden. Derzeit kann das sogar auf ein „nachhaltiges Gebäude" mit DGNB-Zertifikat zutreffen, da die Radonproblematik in dem Kriterienkatalog der Deutschen Gesellschaft für Nachhaltiges Bauen (DGNB) noch nicht ausreichend beachtet wird (vgl. hierzu auch Kapitel 7).

Für einen soliden und zuverlässigen Radonschutz beim Neubau kommen daher diagnostische Betrachtungen und bauliche Maßnahmen zum Radonschutz infrage, die in den nachfolgenden Unterkapiteln genauer erläutert werden.

4.1 Diagnostik als Hilfsmittel für die Prävention

Liegt der Baustandort in einem Radonvorsorgegebiet, sind zusätzliche Maßnahmen zum Radonschutz bereits gesetzlich vorgeschrieben. Die genaue Ausführung richtet sich jedoch nach der Höhe des Schutzzieles (nur Referenzwert oder höheres Schutzziel mit Auslegungswert unter 300 Bq/m^3), der Radonsituation am Standort und nach den geplanten baulichen Kriterien (Bauweise, Fundamenttyp, Feuchteschutz, Lüftungskonzept).

Wenn der Baustandort nicht in einem Radonvorsorgegebiet liegt, ist zu prüfen, ob zusätzliche Maßnahmen zum Radonschutz erforderlich sind. Die Erforderlichkeit richtet sich nach der Höhe des Schutzzieles, der Radonsituation am Standort und nach den geplanten baulichen Kriterien.

Unabhängig von der Lage sollte der Standort in Bezug auf die Radonsituation genauer untersucht werden. Die derzeit verfügbaren Radonkarten und das BfS-Geoportal liefern erste Hinweise auf eine mögliche Radonauffälligkeit am Standort. Die dort hinterlegten Messraster lassen jedoch keine genaue Prognose für ein individuelles Baufeld zu.

Für die konkrete Planung baulicher Maßnahmen sollten sowohl die **Radonkonzentration** in der Bodenluft (Risiko Diffusion) als auch das **Radonpotenzial** bekannt sein. Messtechnisch kann nach den Vorgaben der DIN EN ISO 11665-11 (zuzüglich Messung der Permeabilität in der Bodenluft) und den zukünftig verfügbaren Vorgaben aus DIN/TS 18117-2 zur Baugrunduntersuchung (derzeit als Entwurf DIN/TS 18117-2:2024-3 vorliegend) vorgegangen werden (vgl. auch Kapitel 3.6).

Bei kleinen Bauvorhaben wie z. B. bei Einfamilienhäusern kann es aus wirtschaftlichen Gründen sinnvoll sein, auf die Baugrunduntersuchung in Bezug auf Radon zu verzichten und die Kosten für eine Diagnostik direkt in geeignete Maßnahmen zum Radonschutz zu investieren.

Außerhalb von Radonvorsorgegebieten kann auf weitere Maßnahmen verzichtet werden, wenn die Radonkonzentration in der Bodenluft und auch das Radonpotenzial niedrig sind (vgl. Bewertungsmatrix in Kapitel 3.6) sowie auch schon ein hochwertiger Feuchteschutz gegen drückendes Wasser (z. B. nach W2-E gemäß DIN 18533) oder eine Weiße Wanne nach Beanspruchungsklasse 1 gemäß der DAfStb-Richtlinie „Wasserundurchlässige Bauwerke aus Beton (WU-Richtline)“ (Ausgabe Dezember 2017) geplant ist. Um Ausführungsfehler erkennen und rechtzeitig beseitigen zu können, sollten jedoch nach der Fertigstellung sicherheitshalber Radonmessungen zur Kontrolle durchgeführt werden (Wirksamkeitskontrolle, Endkontrolle nach Kapitel 3.8.3).

Innerhalb von Vorsorgegebieten kann anhand der Ergebnisse beurteilt werden, ob die Schwerpunkte der baulichen Maßnahmen im Schutz gegen Dif-

Abb. 4.1: Baufeld für die Radonuntersuchungen in der Bodenluft

Abb. 4.3: Baufeld westlicher Teil, Probenahme am Messpunkt 2

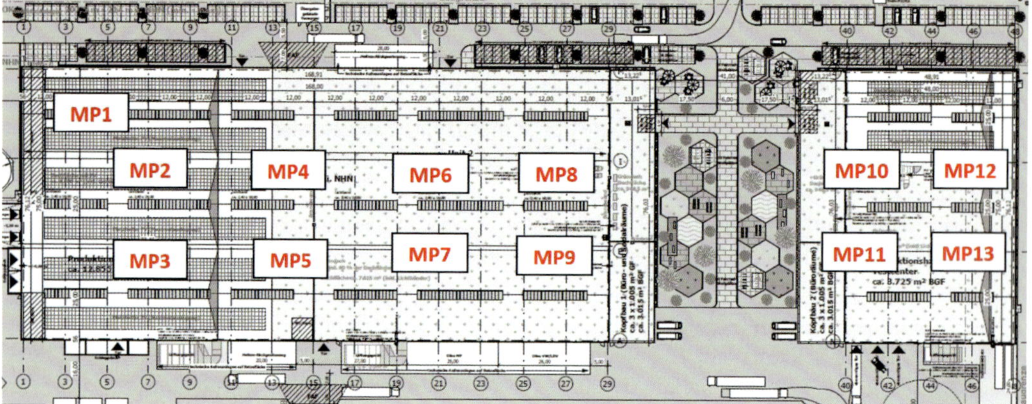

Abb. 4.2: Lage der Messpunkte (MP) für die Radonuntersuchungen in der Bodenluft (Planskizze)

fusion (bei hohen Radonkonzentrationen) oder gegen Konvektion (bei hohem Radonpotenzial) liegen sollten.

Praxisbeispiel Baugrunduntersuchung auf Radon (Industriebau)

Das nachfolgende Beispiel zeigt eine Baugrunduntersuchung auf Radon auf einem ca. 15.000 m^2 großen Baufeld außerhalb eines Vorsorgegebietes. Hier sollen 2 Produktions- und Lagerhallen mit angrenzendem Bürotrakt errichtet werden.

Das Gelände wurde zuvor als Ackerland für landwirtschaftliche Zwecke genutzt. Auf dem Baufeld wurden 13 Messpunkte gleichmäßig verteilt (vgl. Abb. 4.1 bis 4.3). Das Baufeld liegt in ebener Lage vor. Es ist keine Unterkellerung geplant.

Auf dem Baufeld werden die bereits bei der Rammkernsondierung dokumentierten vergleichsweise homogenen Bodenarten in vertikaler und horizontaler Richtung bestätigt (Schluff, schwach feinsandig, schwach tonig, organisch, weich bis steif, leicht bohrbar, erdfeucht, braun). Die Bodenart kann nach bodenkundlicher Kartieranleitung dem Typ Lts (Tonlehme) zugeordnet werden (vgl. Bodenkundliche Kartieranleitung, 2005, Abb. 17). Die Bo-

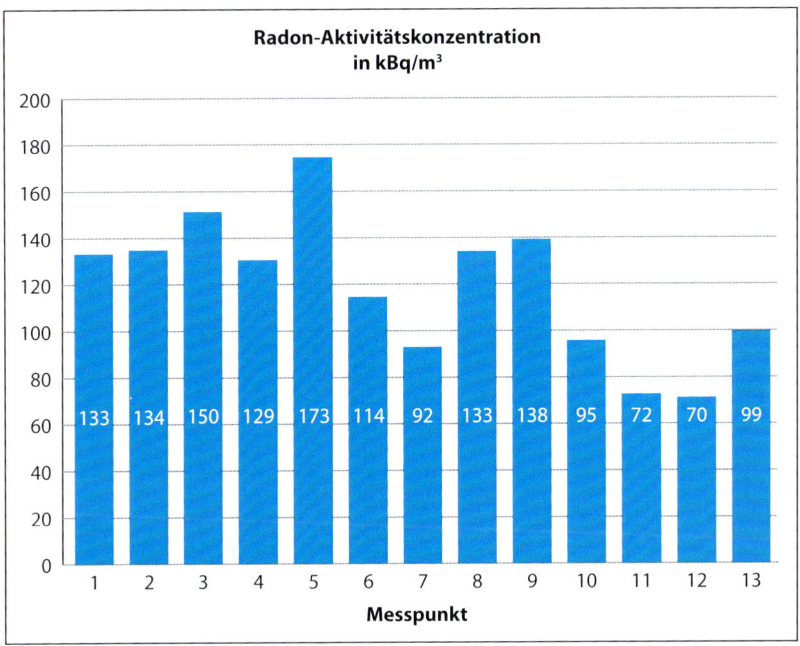

Abb. 4.4: Radon-Aktivitätskonzentrationen in der Bodenluft – Messergebnisse je Messpunkt

denfeuchte kann als schwach feucht bis feucht (feu2 bis feu3) beschrieben werden.

Auf dem Baufeld liegt eine begradigte und ebene Bodenoberfläche ohne Fremdmaterial oder Auffüllungen in ca. 0,5 bis 1 m unter der Geländeoberkante vor. In der Tiefe von 1 m wurde an allen Messpunkten durchgehend schluffig-lehmiges Material vorgefunden.

Die gemessene maximale **Radon-Aktivitätskonzentration** in der Bodenluft liegt bei 173 kBq/m³ am Messpunkt 5 und ist damit deutlich erhöht gegenüber dem bisher statistisch ermittelten Mittelwert im gesamten Bundesgebiet (36 kBq/m³ nach BfS) und liegt außerdem auch deutlich über der Prognose des Bundesamtes für Strahlenschutz für den Baufeldstandort (90. Perzentil ca. 90 kBq/m³ nach BfS-Geoportal). Sechs weitere Messpunkte (1, 2, 3, 4, 8 und 9) zeigen Radon-Aktivitätskonzentrationen in der Bodenluft von über 100 kBq/m³. Der Mittelwert liegt bei 118 kBq/m³ und der Minimalwert liegt am Messpunkt 12 mit 70 kBq/m³ vor.

Für die Bewertung eines Baufeldes wird gemäß DIN/TS 18117-2:2024-03 (Entwurf) der 90. Perzentilwert von 164 kBq/m³ herangezogen. Insgesamt zeigen sich typische Variationen. Die Radonkonzentrationen zeigen an den trockeneren Messpunkten mit einer etwas höheren Gasdurchlässigkeit (Messpunkte 10, 11 und 12) erwartungsgemäß niedrigere Werte (vgl. Abb. 4.4).

Die gemessene mittlere **Gaspermeabilität** *k* in der Bodenluft liegt mit $5{,}2^{-13}$ m² im mittleren Bereich der in Böden auftretenden Permeabilitäten

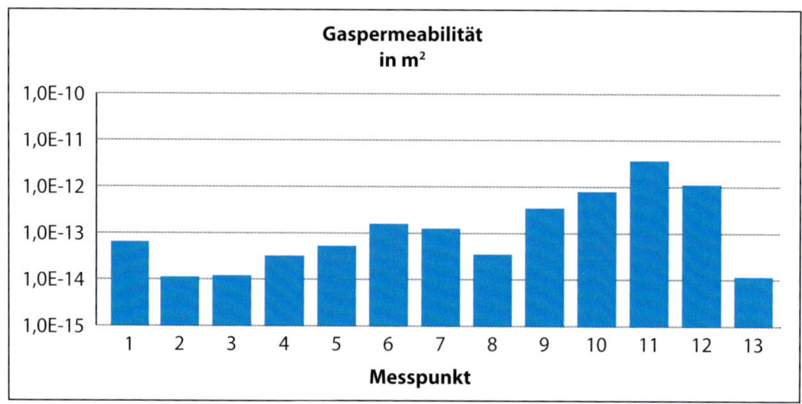

Abb. 4.5: Gaspermeabilität – Messergebnisse in der Bodenluft je Messpunkt

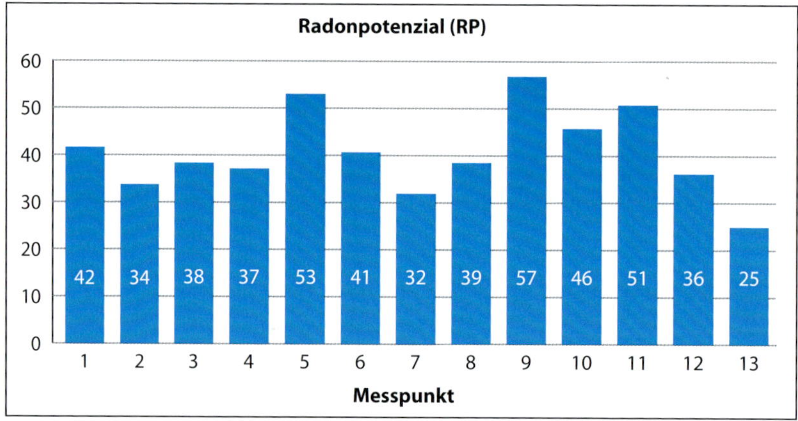

Abb. 4.6: Berechneter Radonpotenzialwert je Messpunkt

(entspricht Typ siltiger Sand, mittel durchlässig). Der Maximalwert mit der höchsten Gaspermeabilität liegt am Messpunkt 11 mit $3{,}8^{-12}$ m^2 vor. Die Gaspermeabilitäten zeigen an den etwas trockeneren Messpunkten höhere Messwerte (vgl. Abb. 4.5).

Das berechnete maximale **geogene Radonpotenzial** RP liegt bei 57 und liegt am Messpunkt 9 vor (90. Perzentil: 55). An 3 weiteren Messpunkten (5, 10 und 11) liegt der RP-Wert über 44. Der Mittelwert liegt bei 40,8 (vgl. Abb. 4.6).

Die gemessene mittlere **CO_2-Konzentration** in der Bodenluft liegt bei 20.000 ppm (2 %) und somit erwartungsgemäß deutlich über der Außenluftkonzentration (um 400 bis 450 ppm bzw. 0,040 bis 0,045 %). Die gemessene mittlere O_2-Konzentration in der Bodenluft liegt bei 17,3 % und somit erwartungsgemäß unter der Außenluftkonzentration (um 21 %). Die Messwerte deuten auf einen mittleren bis schwachen Gasaustausch der oberen Bodenschichten mit der Atmosphärenluft und damit auf eine sichere Probenahme der Bodenluft in 1 m Tiefe hin.

Bewertung und Empfehlung

Nach BfS-Bewertung wäre davon auszugehen, dass der derzeit gültige gesetzliche Referenzwert von 300 Bq/m^3 für die Radon-Aktivitätskonzentration im Innenraum (Arbeitsplatz/Aufenthaltsraum) an diesem Standort ohne weitere Schutzmaßnahmen mit einer über 10%igen Wahrscheinlichkeit überschritten wird (vgl. Bossew/Hoffmann, 2018). Für dieses Beispiel wären nach der Bewertungsmatrix für Baugrunduntersuchungen gemäß DIN/TS 18117-2:2024-03 (Entwurf) Maßnahmen zum Radonschutz gegenüber Diffusion und Konvektion einzuplanen (vgl. Abb. 3.31 in Kapitel 3.6).

4.2 Maßnahmen der Prävention

Die schon mehrfach angesprochene Vornorm DIN/TS 18117 beschreibt in erster Linie Maßnahmen zur Prävention. Die technische Spezifikation (Vornorm) trägt den Titel „Bauliche und lüftungstechnische Maßnahmen zum Radonschutz". Der 2021 veröffentlichte Teil 1 trägt den Untertitel „Begriffe, Grundlagen und Beschreibung von Maßnahmen". Die Maßnahmenbeschreibungen sind in Abschnitt 7 (bauliche Maßnahmen) und Abschnitt 8 (lüftungstechnische Maßnahmen) aufgeführt.

Die **baulichen Maßnahmen** sind in DIN/TS 18117-1 untergliedert in:

- **Reduzierung des konvektiven Radoneintritts (BK),**
- **Reduzierung des diffusiven Radoneintritts (BD),**
- Reduzierung der Radonausbreitung im Gebäude (BA),
- Reduzierung der erdseitigen Radoneinwirkungen (BE),
- Reduzierung der Exhalation aus Baumaterial (BM).

Die **lüftungstechnischen Maßnahmen** in DIN/TS 18117-1 gliedern sich in:

- manuelle Lüftung (L0),
- freie Lüftung (L1),
- ventilatorgestützte Lüftung (L2).

Für den Radonschutz im Neubau spielen insbesondere die baulichen Maßnahmen zur Reduzierung des konvektiven und des diffusiven Radoneintritts (BK und BD nach DIN/TS 18117-1) eine wichtige Rolle (Schwerpunkt Konvektion). Die übrigen baulichen und lüftungstechnischen Maßnahmen sind für den Neubau von untergeordneter Bedeutung und kommen eher bei der Sanierung von bestehenden Gebäuden infrage.

4.2.1 Reduzierung des konvektiven Radoneintritts

Der Schutz gegenüber dem konvektiven Radoneintritt ist besonders relevant bei gut gasdurchlässigen Böden mit hohen Radonkonzentrationen. Geringe Druckdifferenzen können hier schon kritische Luftströmungen bewirken und zu auffälligen Radonkonzentrationen im Innenraum führen.

Die Tabellen 4.1 und 4.2 geben entsprechend DIN/TS 18117-1 einen Überblick über bauliche Maßnahmen zur Reduzierung des konvektiven Radoneintritts (BK) und deren Umsetzung, wobei Tabelle 4.1 Maßnahmen zur Reduzierung flächiger Eintrittspfade (BK 1) abbildet und Tabelle 4.2 Maßnahmen zur Reduzierung linearer und punktueller Eintrittspfade (BK 2).

Tabelle 4.1: Überblick über bauliche Maßnahmen zur Reduzierung des konvektiven Radoneintritts und deren Umsetzung – Reduzierung flächiger Eintrittspfade (BK 1) nach DIN/TS 18117-1:2021-09, Tabelle 1

bauliche Maßnahmen	**Beschreibung, Wirkung und Vorteile**	**Risiken bzw. Nachteile**
Auswahl von Bauteilen (BK 1.1)	• Begrenzung der möglichen Strömungswege durch monolithische Bauteile	• als Einzellösung möglicherweise nicht ausreichend
Auswahl von Folien (BK 1.2)	• Verringerung von nicht vermeidbaren bzw. vorgesehenen (Rest-)Strömungswegen • teilweise ohnehin vorhanden	• Restkonvektion durch lose überlappte Verlegung möglich; örtliche Beschädigungen mit geringer Restkonvektion möglich; schwierige Erkennung und Sanierung bei Beschädigungen
Auswahl von Abdichtungen (BK 1.3)	• Verringerung von nicht vermeidbaren bzw. vorgesehenen (Rest-)Strömungswegen • häufig ohnehin erforderliche Regeldetails für viele Anwendungen	• Restkonvektion durch lose überlappte Verlegung möglich; örtliche Beschädigungen mit geringer Restkonvektion möglich; schwierige Erkennung und Sanierung bei Beschädigungen; mögliche Interessenkonflikte mit bauphysikalischen Anforderungen; bei innen liegenden Abdichtungen hoher Planungsaufwand für nicht vorhandene Detaillösungen
Auswahl von Beschichtungen (BK 1.4)	• Verringerung von nicht vermeidbaren bzw. vorgesehenen (Rest-)Strömungswegen • teilweise ohnehin vorhanden • einfache Erkennbarkeit und Reparaturmöglichkeiten von Beschädigungen, Verschleiß usw.	• örtliche Beschädigungen mit Restkonvektion möglich; mögliche Interessenkonflikte mit bauphysikalischen Anforderungen
Sonstiges (BK 1.5)	• kein Einsatz von Unterdrucksystemen wie Feuerstätten mit raumluftabhängigem Betrieb	

Tabelle 4.2: Überblick über bauliche Maßnahmen zur Reduzierung des konvektiven Radoneintritts und deren Umsetzung – Reduzierung linearer und punktueller Eintrittspfade (BK 2) nach DIN/TS 18117-1:2021-09, Tabelle 1

bauliche Maßnahmen	Beschreibung, Wirkung und Vorteile	Risiken bzw. Nachteile
Fugen- bzw. Rissverschluss (BK 2.1)	• Anzahl Fugen und Risse sowie Fugen-bzw. Rissbreite möglichst reduzieren • Fugen luftdicht verschließen bzw. Fugenweite durch Verschluss weiter deutlich reduzieren • teilweise ohnehin vorhanden • rissüberbrückende Oberflächenschutzsysteme nach RL SIB des DAfStb[1)] und TR Instandhaltung[2)]	
Maßnahmen an Durchführungen (BK 2.2)	• Durchbrüche vermeiden bzw. Anzahl reduzieren • verbleibende Fugen zwischen Leitungen und Durchbruch schließen • Standardlösungen vorhanden	• je nach Konstruktion entsteht Wartungsaufwand; bei fehlender Wartung können sich wieder Strömungswege bilden; teilweise schwierige Erkennung und Sanierung von Beschädigungen
Maßnahmen an Fenstern und anderen Öffnungen (BK 2.3)	• Fenster-/Türdichtungen ausreichend dicht • ggf. automatische Schließer einsetzen • Anschlussfugen zum Bauwerk abdichten • Öffnungen (z. B. für Profilzylinder) ggf. mit Blindzylinder verschließen • Kellerabgänge bzw. Lichtschächte gut belüften	• Fenster-/Türflügel und insbesondere Dichtungen sind durch Wartung funktionsfähig zu halten; natürliche Belüftung der Schächte nicht vorhersagbar
Sonstiges (BK 2.4)	• Erdreich-Luft-Wärmeübertrager nur mit Radonschutz einsetzen	

1) DAfStb-Richtlinie „Schutz und Instandsetzung von Betonbauteilen" (Ausgabe Oktober 2001)
2) TR Instandhaltung – Technische Regel „Instandhaltung von Betonbauwerken" (Ausgabe Mai 2020)

Abb. 4.7: Beispiel für Rohrdurchführungssysteme fertig vorbereitet für den Einbau vor Ort (Quelle: Hauff-Technik GmbH & Co. KG, Hermaringen)

Beim baulichen Radonschutz gegenüber Konvektion geht es zunächst um die Verringerung von nicht vermeidbaren bzw. vorgesehenen (Rest-)Strömungswegen durch die geeignete Wahl der Bauteile, Folien, Abdichtungen, Beschichtungen und deren Verbindungen. Bei Folien und Abdichtungsbahnen ist besonders deren Verlegung zu beachten. Zum Radonschutz sollte eine lose überlappte Verlegung vermieden werden und besonders auf eine dauerhafte und durchgehende Verklebung (bzw. Verschweißung) geachtet werden. Ein besonderes Augenmerk ist hier auch auf eine sorgfältige Ausführung zu legen, um Beschädigungen oder Fehlstellen zu vermeiden. In der Praxis ist eine Kontrolle vor Ort erforderlich.

Grundsätzlich bieten Bauausführungen gegen drückendes Wasser wie W2-E nach DIN 18533 schon einen hohen Schutz gegenüber dem konvektiven Radoneintritt. Schwachstellen sind hier in erster Linie Ausführungsfehler in den Anschlussbereichen Wand/Boden und bei den Mediendurchführungen. Für sämtliche Kabel, Rohre oder Leitungen, die über das Erdreich eingeführt werden, sind geeignete Rohrdurchführungssysteme (vgl. Abb. 4.7) oder Mehrspartenhauseinführungen einzusetzen. Fugen sind luftdicht zu verschließen bzw. die Fugenweiten deutlich zu reduzieren. Darüber hinaus bieten rissüberbrückende Oberflächenschutzsysteme eine gute und ergänzende Schutzwirkung.

Der Erfolg von geeigneten Maßnahmen zum Radonschutz bei Neubauten staffelt sich wie folgt: **Planung – Ausführung – Kontrolle.** Eine gute Planung kann an der mangelhaften Ausführung scheitern und ohne Kontrolle ist die Wirksamkeit von Maßnahmen nicht zu beurteilen. Oft können mangelhafte Planungen und/oder Ausführungen, die sich nachteilig auf die Radonsituation auswirken, aufgrund eines merklichen Feuchtigkeitseintrags visuell und messtechnisch erkannt werden. Die Kontrolle eines Radoneintritts ist umständlicher, da dieser auch ohne einen merklichen Feuchtigkeitseintrag vorliegen kann.

Zur sicheren Kontrolle sind Radonmessungen in der Raumluft über einen längeren Zeitraum durchzuführen. Für den messtechnischen Nachweis der konvektiven Dichtheit gegenüber Radon aus dem Erdreich bietet sich nach Fertigstellung eines Neubaus der Rn_{50}-Test als Provokationsmessung an, ggf. mit Radon-Sniffing an Verdachtsstellen (vgl. Kapitel 3.4 und 3.5). Eine Überprüfung mit dem Rn_{50}-Test könnte bereits im Vorfeld eines Bauvorhabens vertraglich vereinbart werden. Als Zielwert wäre je nach Schutzziel (Referenzwert oder niedrigerer Auslegungswert) ein Messwert für die Radon-Eintrittsrate zu formulieren.

4.2.2 Reduzierung des diffusiven Radoneintritts

Tabelle 4.3 liefert eine Übersicht über die baulichen Maßnahmen zur Reduzierung des diffusiven Radoneintritts und deren Umsetzung (BD) gemäß DIN/TS 18117-1.

Tabelle 4.3: Überblick über bauliche Maßnahmen zur Reduzierung des diffusiven Radoneintritts und deren Umsetzung (BD) nach DIN/TS 18117-1:2021-09, Tabelle 2

bauliche Maßnahmen	**Beschreibung, Wirkung und Vorteile**	**Risiken bzw. Nachteile**
Auswahl von Bauteilen (BD 1.1)	• Begrenzung der möglichen Diffusion durch monolithische Bauteile ggf. durch veränderte Dimensionierung	• als Einzellösung möglicherweise nicht ausreichend
Auswahl von Folien (BD 1.2)	• zusätzlicher Diffusionswiderstand • teilweise Prüfzeugnisse für Diffusionswiderstand vorhanden („Radonfolien") • teilweise Fehlstellen reduzieren	• siehe BK 1.2 (Tabelle 4.1)
Auswahl von Abdichtungen (BD 1.3)	• zusätzlicher Diffusionswiderstand • teilweise Prüfzeugnisse für Diffusionswiderstand vorhanden • teilweise Fehlstellen reduzieren	• siehe BK 1.3 (Tabelle 4.1)
Auswahl von Beschichtungen (BD 1.4)	• zusätzlicher Diffusionswiderstand • teilweise Fehlstellen reduzieren	• siehe BK 1.4 (Tabelle 4.1)

Bei erhöhten Radonkonzentrationen in der Bodenluft ist auch unabhängig von der Gasdurchlässigkeit der angrenzenden Bodenschicht und dem damit verbundenen Radonpotenzial ein möglicher Radoneintritt durch Diffusion zu beachten (vgl. Abb. 1.7).

Diffusion beschreibt das natürliche Bestreben von Teilchen (hier Gase), einen Konzentrationsausgleich herzustellen. Der Teilchentransport durch Diffusion richtet sich nach der Konzentrationsdifferenz zwischen 2 Medien (hier Bodenluft und Innenraumluft) an einer Grenzschicht (hier Bauteil [z. B. Beton, Wandaufbau]). Bei Radon bewirkt der natürliche Zerfall mit einer Halbwertzeit von 3,8 Tagen bereits eine zeitliche Barriere beim Teilchentransport, d. h., ein großer Teil der Radonatome zerfällt bereits in der Grenzschicht (Bauteil) und erreicht nicht die Innenraumluft. Der konvektiv sehr wirksame Differenzdruck spielt bei der Diffusion keine Rolle.

Die Inhalte aus Tabelle 4.3 entsprechen den Inhalten der Tabelle 2 aus der DIN/TS 18117-1 und beziehen sich in erster Linie auf den für den Radonschutz nötigen zusätzlichen Diffusionswiderstand von Bauteilen, Abdichtungen, Folien und Beschichtungen. In der Vornorm wird dabei Bezug genommen auf die Definition „ausreichend radondicht" nach Keller, 1993.

In der Regel ist ein Schutz gegenüber dem diffusiven Eintrag von Radon ab einer Bodenluftkonzentration von 100 kBq/m³ relevant. Bei höheren Schutzzielen (Auslegungswert unter Referenzwert, z. B. 100 Bq/m³) sollte ein zusätzlicher Schutz schon ab 40 kBq/m³ in Betracht gezogen werden (vgl. Bewertungsmatrix in Abb. 3.31).

In Tabelle 4.4 ist die Radondichtheit verschiedener typisch verwendeter Materialien dargestellt. Leider ist der Begriff „radondicht" in der Normung noch nicht eindeutig definiert. Hier wird – wie in DIN/TS 18117 – die Bewertung nach Prof. Dr. Gert Keller verwendet, nach der ein Material als relativ radondicht gilt, wenn es mindestens 95 % des Radons zurückhält.

Tabelle 4.4: Radondichtheit verschiedener Materialien nach Keller, 1993

sehr gut abdichtend	nur hemmend oder schlecht abdichtend
PE-HD-Folie, > 1 mm	Gummidichtungsbahn, 1,5 mm
Bitumen, 3 mm	Betonplatte (leicht, normal, polymer), 100 mm
Silikon-Kautschuk oder Epoxidharz, 3 mm	Betonplatte mit Epoxidharz, 55 mm
Polyurethanharz, 5 mm	Kunststoff-Dispersion oder -Lack, 1 mm
Betonschutzplatte, PEHD, 5 mm	Sandstein oder Gips, 100 mm (sehr schlecht)
Glasschaumplatten verklebt, 60 mm	Isoliertapete Alu mit PE, 0,3 mm
PCC System-Trockenbeton, 40 mm	Leichtbeton, 100 mm (schlecht)

Detaillierter kann die Radondichtheit anhand der messtechnisch bestimmten Diffusion skoeffizienten nach Formel 4.1 bestimmt werden (vgl. Keller, 1993).

$$R = \sqrt{\left(\frac{D}{\lambda}\right)} \quad \text{in m} \tag{4.1}$$

mit

R Relaxationslänge in m

D Diffusionskoeffizient in m²/s

λ Zerfallskonstante von Radon in 1/s (für Radon-222: $\lambda = 2{,}1 \cdot 10^{-6}$/s)

Abb. 4.8: Verlegung von radondichter Folie mit einigen Durchdringungen (Quelle: Pamela Jentner, Freising)

Ein Prüfmaterial wird nach Keller als **radondicht** bewertet, wenn seine Dicke d größer oder gleich $3 \cdot R$ ist (vgl. Tabelle 4.5).

Tabelle 4.5: Kriterien für die Radondichtheit von Materialien nach Keller, 1993

Bewertung	Kriterium
radondicht	$d \geq 3 \cdot R$
nahezu radondicht	$3 \cdot R > d \geq 2 \cdot R$
stark radonhemmend	$2 \cdot R > d \geq R$
radonhemmend	$R > d \geq 0{,}5 \cdot R$
nicht radondicht	$d \leq 0{,}5 \cdot R$

Das Verhältnis der Dicke der Probe d zur Relaxationslänge R dient als Kriterium zur Einschätzung der Radondichtheit des Materials (nach Keller) gemäß Tabelle 4.6.

Viele Hersteller haben ihre standardmäßig für den Feuchteschutz geeigneten Materialien auch auf ihre Radondichtheit überprüfen lassen. Einige Standardprodukte weisen bereits einen ausreichenden Diffusionswiderstand gegenüber Radon auf, um als radondicht deklariert werden zu können. Für die zum Radonschutz einzusetzenden Materialien sollten daher Prüfzeugnisse vorliegen. In Abb. 4.8 ist der Einsatz einer radondichten Folie dargestellt. Die Folien werden in der Regel in Bahnen verlegt und müssen sorgfältig überlappend verklebt werden. Alle Durchdringungen müssen nachhaltig luftdicht an die Bahnen angeschlossen werden. Die radondichten Bahnen sollten unter der Fundamentplatte positioniert werden. Ein seitlicher Eintrag von Bodenluft in den Randbereichen in die über der Folie liegende Luftschicht muss vermieden werden.

Tabelle 4.6: Radondichtheit verschiedener Materialien nach Keller, 1993

Material	**Dicke *d*** in mm	**Diffusionskoeffizient *D*** in m²/s	**Relaxationslänge *R*** in mm	**Bewertung**
Putz (kunststoffhaltig)	40	$0{,}7 \cdot 10^{-6}$	650	nicht radondicht
Ölfarbe	0,5	$0{,}001 \cdot 10^{-6}$	20	nicht radondicht
Flüssigkunststoff	0,3	$\leq 10^{-12}$	$\leq 0{,}7$	nicht radondicht
Kunststofffarbe	0,2	$0{,}08 \cdot 10^{-6}$	200	nicht radondicht
Synthetikharz	2	$\leq 10^{-12}$	$< 0{,}7$	radondicht
Bitumen	3	$\leq 10^{-12}$	$< 0{,}7$	radondicht
Bitumenschweißbahn	3,8	$\leq 10^{-12}$	$< 0{,}7$	radondicht
Polymer-Bitumenschweißbahn	5	$\leq 10^{-12}$	$< 0{,}7$	radondicht
Silikon-Kautschuk	3	$\leq 10^{-12}$	$< 0{,}7$	radondicht
Fugendichtmasse (Silikon)	3	$\leq 10^{-12}$	$< 0{,}7$	radondicht
Polyurethan-Beschichtung	5	$\leq 10^{-12}$	$< 0{,}7$	radondicht
Epoxidharz	3	$\leq 10^{-12}$	$< 0{,}7$	radondicht
Epoxidharz (wasserlöslich)	3	$\leq 10^{-12}$	$< 0{,}7$	radondicht
Polyurethan-Versiegelung	1	$\leq 10^{-12}$	$< 0{,}7$	radondicht
Fugendichtstoff auf Kunststoffdispersion	2	$\leq 10^{-12}$	$< 0{,}7$	radondicht
acrylharzhaltige Dichtschlämme	1	$\leq 10^{-12}$	$< 0{,}7$	radondicht
Kunststoff, glasfaserverstärkt	1,7	$\leq 10^{-12}$	$< 0{,}7$	radondicht
Kunststoffanstrich (Epoxidharz)	0,5	$\leq 10^{-12}$	$< 0{,}7$	radondicht
Gummidichtungsbahn (Butyl)	1,5	$7{,}1 \cdot 10^{-6}$	1,8	nicht radondicht
PEHD-Dichtungsbahn	1,5	$\leq 10^{-12}$	$< 0{,}7$	radondicht
Kunststoff-Dickbeschichtung	3,5	$\leq 10^{-12}$	$< 0{,}7$	radondicht

4.2.3 Ergänzende Maßnahmen

Neben dem Schutz gegenüber dem konvektiven und dem diffusiven Radoneintritt kommen nach DIN/TS 18117-1 bei einem Bauvorhaben auch folgende ergänzende Maßnahmen infrage:

- Lüftungskonzept unter Berücksichtigung der Druckverhältnisse (L0, L1 und L2),
- Reduzierung der Radonausbreitung im Gebäude (BA),
- Reduzierung der erdseitigen Radoneinwirkungen (BE) über eine Flächendrainage,
- Reduzierung der Exhalation aus Baumaterial (BM).

Aufgrund der hohen Anforderungen in Bezug auf die Luftdichtheit der Gebäudehülle kann eine aus hygienischer Sicht geforderte Frischluftzufuhr nicht mit manueller Fensterlüftung realisiert werden. In Tabelle 4.7 sind die nach DIN 1946-6 für Wohngebäude zu realisierenden Kennzahlen in Bezug auf den nötigen Luftwechsel angeführt.

Tabelle 4.7: Anforderungen an die Wohnungslüftung nach DIN 1946-6:2019-12

Lüftungsanforderung	Beispiel Wohnung 90 m² bzw. 225 m³ Luftwechsel in 1/h
Lüftung zum Feuchteschutz (FL)	0,09 bis 0,18
reduzierte Lüftung (Mindestlüftung) (RL)	0,31
Nennlüftung (Grundlüftung) (NL)	0,44
Intensivlüftung (Bedarfslüftung) (IL)	0,57

Hinweis

Die Lüftung zum Feuchteschutz (FL) muss gemäß DIN 1946-6 kontinuierlich und nutzerunabhängig sichergestellt sein, um Schimmelpilzbildung und Feuchteschäden zu vermeiden.

Die Problematik des Luftwechsels ohne ein technisches Lüftungskonzept zeigt das folgende einfache Rechenbeispiel auf.

Beispiel

Der gebäudespezifische Luftwechsel, der aus Restundichtheiten der Gebäudehülle gegenüber der Außenluft resultiert, wird auch Infiltrationsluftwechsel genannt und liegt bei Neubauten und sanierten Bestandsgebäuden meist unter 0,1/h. Durch eine dreimalige Intensivlüftung pro Tag (morgens, mittags, abends) mittels Querlüftung wird in der Praxis maximal jeweils dreimal ein vollständiger Luftwechsel erreicht. Im Tagesmittel ergibt sich somit ein zusätzlich zum Infiltrationsluftwechsel wirksamer mittlerer Luftwechsel von ca. 3/24 = 0,125/h. In der Summe wird in einem derartigen Gebäude im Mittel nur ein Luftwechsel von 0,23/h erreicht, was nach DIN 1946-6 **nicht den Mindestanforderungen** zum Feuchteschutz entspricht, da die Werte nicht nutzerunabhängig erzielt werden können.

In vielen Bestandsgebäuden liegt der Infiltrationsluftwechsel bei ca. 0,1 bis 0,4/h. In der Summe wird jedoch auch hier nur knapp der Wert für die Nennlüftung (Grundlüftung) erreicht.

Aus diesem einfachen Beispiel wird deutlich, dass ein technisches Lüftungskonzept – auch unabhängig vom Radonschutz – für regelmäßig genutzte und beheizte Wohn-, Arbeits- und Aufenthaltsräume notwendig ist, um einen ausreichenden Luftwechsel gewährleisten zu können. Konzepte mit freier Lüftung (L1) und ventilatorgestützter Lüftung (L2) sollten als ohnehin schon notwendige Standardlösungen (zentral und dezentral mit Wärmerückgewinnung) umgesetzt werden.

Für einen höheren als den bereits in DIN 1946-6 geforderten dauerhaft wirksamen Luftwechsel bleibt wenig Spielraum. Bei der Einstellung der Druckverhältnisse, die einen direkten Einfluss auf die Radoneintrittsrate haben können, wäre hingegen ein Spielraum gegeben.

Der energetische Mehraufwand und die mit einem hohen bis sehr hohen Luftwechsel verbundene trockene Luft in der Heizperiode stellen hier Zielkonflikte für die Wohn-, Arbeits- und Aufenthaltsräume dar (Behaglichkeit, Elektrostatik).

Drei wichtige Punkte sind in Bezug auf die Lüftungsplanung für neue Gebäude zu beachten:

- Vermeidung von **Unterdruck** in Räumen mit Erdberührung bei freier oder ventilatorgestützter Lüftung,
- Konzepte für die **Kellerlüftung,**
- Vorsicht bei Systemen mit **Luft-Erdwärmetauschern**.

Viele konventionelle ventilatorgestützte Lüftungssysteme verursachen in der Summe aller Zu- und Abluftmodule einen leichten Unterdruck gegenüber der Außenluft, woraus eine Erhöhung der konvektiven Radon-Eintrittsrate resultieren kann. Daher sollten ventilatorgestützte Systeme möglichst druckneutral oder mit einem geringen Überdruck eingesetzt werden.

Eine freie Lüftung (Schachtlüftung) funktioniert nur, wenn genügend thermischer Auftrieb und ausreichend dimensionierte Zuluftöffnungen vorhanden sind. In der Praxis ist dies allerdings selten der Fall und die freie Lüftung kann in Bezug auf Radon zu einem problematischen Unterdruck führen.

Bei unterkellerten Gebäuden sind die o. g. Konzepte auch für die Kellerlüftung als ergänzende Maßnahmen zum Radonschutz hilfreich. Trotz aller Maßnahmen des primären Radonschutzes zur Reduzierung des konvektiven und diffusiven Radoneintritts kann es im Rahmen der technisch unvermeidbaren Toleranzen und Ausführungsvariationen Radon-Restquellstärken geben (ggf. auch durch die Bausubstanz). Ein geeignetes Lüftungskonzept für den Keller kann hier Abhilfe schaffen, um eine unnötige Anreicherung von Radon in der Kellerluft zu vermeiden.

Lüftungssysteme nach dem Prinzip der Luft-Erdwärmetauscher (Erdreich-Luft-Wärmeübertrager) sind in Bezug auf einen möglichen Radoneintritt durch das in der Erde verlegte Rohrsystem nur schwer zu beherrschen. Bei diesen Systemen liegen lange Rohrleitungen aus Kunststoff im Erdreich, während der Ventilator an der Hausseite montiert ist, wodurch durch es zu einem Unterdruck im Rohrsystem kommt. Durch Beschädigungen und Fehlstellen in den Rohrleitungen und einen im Winter trocken gelaufenen Siphon kann radonhaltige Bodenluft der Frischluft zugemischt werden. Aus diesem Grund sollten diese Systeme mit Überdruck betrieben werden, luftdicht ausgeführt und die Rohrleitungen aus radondichtem Material aufgebaut sein. Das Gefälle der Rohrleitungen sollte immer in Richtung Gebäude verlaufen und die Kondensatabführung über das Lüftungsgerät erfolgen. Ein Kondensatwasserablauf direkt über einen Sickerschacht oder über einen Siphon ins Erdreich sollte vermieden werden (vgl. DIN/TS 18117-2:2024-03 [Entwurf], Abschnitt 8.1). In Bezug auf den Radonschutz sind daher solegeführte Wärmeübertrager im Vorteil.

In der Summe sind die lüftungstechnischen Maßnahmen zum Radonschutz eher im Bereich der Radonsanierung angesiedelt (vgl. Kapitel 5).

Schon Maßnahmen zur Reduzierung der Radonausbreitung im Gebäude (BA) durch geeignete Abschottung der Kellerluft über Türen und Dichtungen (Decke, Durchführungen) können unterstützend wirken. Im Zweifel können insbesondere im Bestand auch die Prüfung der spezifischen Aktivität von Radium (Ra-226) oder der Radon-Exhalationsrate (ggf. Prüfzeugnis) sowie die geeignete Auswahl der Baustoffe zur Reduzierung der Exhalation aus Baumaterial (BM) beitragen.

Ebenso kann eine Reduzierung der erdseitigen Radoneinwirkungen (BE) über eine Flächendrainage (Radondränage) schon beim Neubau als präventive Schutzmaßnahme realisiert werden. Hierbei wird im Erdreich unter dem Fundament ein Unterdruck erzeugt, um dem konvektiven Radoneintritt entgegenzuwirken. Hier werden in einer Schotterschicht unter dem Fundament möglichst flächendeckend perforierte Dränagerohre verlegt, die an eine aktive oder passive Absaugung angeschossen werden können. Bei einer ohnehin geplanten Schotterschicht lässt sich diese zusätzliche Maßnahme relativ kostengünstig realisieren. Das System kann dann angeschlossen und Betrieb genommen werden, wenn nach Fertigstellung trotz Durchführung primärer Schutzmaßnahmen erhöhte Radonkonzentrationen in der Nutzungsphase festgestellt werden. Es besteht in diesem Fall auch die Möglichkeit, dass der thermische Auftrieb als passive Lösung bereits ausreicht, um eine ausreichende Wirkung zu erzeugen. Zu diesem Zweck ist eine ausreichend dimensionierte und radondichte vertikale Rohrführung durch das Gebäude erforderlich. Erst bei unzureichender Wirkung ist eine ventilatorgestützte Absaugung erforderlich.

Hinweis

- Die langfristige Wirksamkeit von Radondrainagen hängt sehr stark von den Bodenverhältnissen ab und sollte regelmäßig überprüft werden.
- Unterhalb des Bemessungswasserstandes oder des zu erwartenden Grundwasserstandes eines Bauwerks sind Radondränagen nur eingeschränkt oder gar nicht einsetzbar.
- Eine Kombination von Radondränagen und feuchtetechnischen Dränmaßnahmen ist nicht zu empfehlen und in der Regel auch nicht funktionsgerecht ausführbar.

5 Radonschutz im Bestand

Dieses Kapitel zeigt die Maßnahmen zum Radonschutz für Bestandsgebäude auf. Auch zu diesem Thema liegen zahlreiche Fachinformationen in bereits veröffentlichten Leitfäden, Broschüren und Fachbüchern vor (vgl. z. B. Reiter/Wilke/Uhlig, 2020; Radon-Handbuch Deutschland, 2019; Radon – Praxis-Handbuch Bau, 2018; Klingelhöfer/Leicht, 2023), die in naher Zukunft durch das geplante Merkblatt der Wissenschaftlich-Technischen Arbeitsgemeinschaft für Bauwerkserhaltung und Denkmalpflege e. V. (WTA) zu Radonschutz im Gebäudebestand noch ergänzt werden. Die Vornorm DIN/TS 18117 zum Radonschutz behandelt schwerpunktmäßig Maßnahmen für neu zu errichtende Gebäude; einige Vorgaben können aber auch für die Radonsanierung im Bestand angewendet werden.

In dem im Auftrag des Bundesamtes für Strahlenschutz (BfS) 2010 durchgeführten Forschungsprojekt „Gesundheitsökonomische Betrachtung zu Radonsanierungsmaßnahmen" (Vorhaben 3609S10007) sollte die Kosteneffektivität von Maßnahmen zum Radonschutz in Abhängigkeit vom zu erreichenden Zielwert der Radon-Aktivitätskonzentration in der Raumluft in einen gesamtwirtschaftlichen Zusammenhang gestellt werden (vgl. Hauke et al., 2011 [Abschlussbericht]). Als ein Ergebnis kann hier Folgendes festgehalten werden:

„[...] Aus der Perspektive der durch etablierte Methoden ermittelten Kosteneffektivität ist festzustellen, dass für Deutschland allgemein die ***Sanierung bestehender Gebäude*** *mit einem verpflichtenden Eingreifwert von 100 Bq/m³ mit anschließender Erfolgskontrolle die geringsten Kosten verursacht. Für Radon-Hochrisiko-Gebiete ist das radonsichere Bauen hingegen vorzuziehen."* (Umweltradioaktivität und Strahlenbelastung im Jahr 2013 [Unterrichtung durch die Bundesregierung/Parlamentsbericht 2013], 2015, S. 13 [Hervorhebung nicht im Original])

Nach statistischen Erhebungen des BfS ist in ca. 10 % aller Gebäude in Deutschland mit einer Überschreitung der Radon-Aktivitätskonzentration von 100 Bq/m^3 in mindestens einem Aufenthaltsraum zu rechnen (vgl. Radon-Handbuch Deutschland, 2019). Der Referenzwert von 300 Bq/m^3 wird nach Schätzungen in knapp 2 % der Gebäude überschritten.

Gemäß dem Gebäudereport der Deutschen Energie-Agentur GmbH (dena) gab es in Deutschland im Jahr 2021 rund 21 Millionen Gebäude mit ca. 40,5 Millionen Wohneinheiten bzw. Haushalten; von diesen Gebäuden sind ca. 19 Millionen Wohngebäude und ca. 2 Millionen Nichtwohngebäude (vgl. DENA-GEBÄUDEREPORT 2023, 2022). Ausgehend von diesen Zahlen ist somit zu erwarten, dass der Ziel- und Empfehlungswert von 100 Bq/m^3 (nach BfS, UBA, BVS und WHO) in ca. 2 Millionen Gebäuden in mindestens einem Aufenthaltsraum überschritten wird, und für ca. 400.000 Gebäude ist die Überschreitung des Referenzwertes anzunehmen.

Es ist davon auszugehen, dass bisher nur in einem Bruchteil der Bestandsgebäude Radonuntersuchungen durchgeführt und viele Überschreitungen von Ziel- und Referenzwert bisher nicht erkannt worden sind. Eine Messpflicht besteht seit Inkrafttreten der neuen Strahlenschutzgesetzgebung (StrlSchG und StrlSchV) nur für Arbeitsplätze in bisher ausgewiesenen Vorsorgegebieten. Somit liegt nur für einen geringen Teil der mutmaßlich betroffenen Arbeitsplätze eine Messpflicht vor. Grundsätzlich kann angenommen werden, dass die vorliegende Radonkonzentration in Innenräumen stärker von den individuellen Gebäudeeigenschaften (Bauweise, Alter, Dichtheit) abhängt als von der im Untergrund vorhandenen Quellstärke (Radon in der Bodenluft, Radonpotenzial). Bei vergleichbaren Gebäudeeigenschaften besteht jedoch ein deutlicher Zusammenhang zwischen der Höhe des Radonvorkommens im Erdreich und der Höhe der Luftkonzentrationen im Innenraum.

Viele Bestandsgebäude werden im Hinblick auf ihre energetischen Eigenschaften saniert. In diesem Zusammenhang sind z. B. zusätzliche Dämmungen in der Gebäudefassade, im Dach oder an der Kellerdecke zu nennen sowie auch neue Fenster, Türen, Heizungssysteme und eine Verbesserung der Luftdichtheit der Gebäudehülle. Fast alle Maßnahmen betreffen die äußere Gebäudehülle oberhalb der Geländeoberkante (GOK). In Kellerbereichen und Untergeschossen geht es meist um nachträgliche Abdichtungen gegenüber Feuchtigkeit und die Sanierung von Schimmelbefall. Ohne Berücksichtigung der Radonsituation besteht in der Summe aller energetisch wirksamen Maßnahmen meist ein Risiko für eine erhöhte Radonkonzentration im Innenraum.

Im geplanten WTA-Merkblatt „Radonschutz im Gebäudebestand“ sollen Gebäude nach Altersgruppen systematisch klassifiziert werden (vgl. Tabelle 5.1).

Tabelle 5.1: Klassifizierung von Gebäuden nach Altersgruppen im geplanten WTA-Merkblatt „Radonschutz im Gebäudebestand“ nach Uhlig, 2023

Klassifizierung	Bauzeit
Typ A	ab Anfang der 1970er-Jahre bis heute
Typ B	von Beginn der Gründerzeit (etwa 1870er-Jahre) bis etwa 1960er-Jahre
Typ C	Bauzeit vor ca. 1870 und Sonderbauten

Gebäude des Typs B und C sind grundsätzlich anfällig für eine Radonproblematik. Auch ältere Gebäude des Typs A (Bauzeit 1970er- bis 1990er-Jahre) können betroffen sein. Bei neueren Gebäuden des Typs A sind oft Ausführungsfehler oder unzureichende Abdichtungen von Durchführungen für die zu beobachtenden Radonprobleme verantwortlich.

In diesen Fällen besteht bereits in der Bestandssituation ein deutlich erhöhtes Radonrisiko, insbesondere bei der Altbausanierung sowie der Sanierung aus energetischen Gründen ohne Berücksichtigung der Radonsituation – auch unabhängig von der Lage in einem Radonvorsorgegebiet oder einem Gebiet mit erhöhtem Radonpotenzial.

Das geplante WTA-Merkblatt wird eine Zusammenstellung diagnostischer Maßnahmen enthalten, die im Vorfeld einer Radonsanierung wichtig sind. Die Diagnose beinhaltet folgende Schwerpunkte (vgl. Uhlig, 2023):

- Erfassung der allgemeinen Gebäudedaten (z. B. Gebäudetyp, Adressangaben, Gebäudebesitzer, Baualter),
- Erfassung der Gebäudecharakteristik (z. B. Anzahl der Geschosse, Unterkellerung, Raumnutzung usw.),
- Zustandserfassung (u. a. Anamnese, Erfassung der eingesetzten Baukonstruktion und Baustoffe, der Abdichtungen, der Fenster- und Türausbildung, Abgrenzungen innerhalb des Gebäudes, Erfassung von Bauschäden, insbesondere an der erdberührten Gebäudehülle, Art der Lüftung usw.),
- Erfassung der Radonsituation im Gebäude (Durchführung von Langzeitmessungen, Kurzzeitmessungen, Sniffing-Messungen usw.).

Mit den folgenden Abschnitten wird das geplante Merkblatt weiterhin einen Überblick über den baulichen und lüftungstechnischen Radonschutz im Gebäudebestand geben (vgl. Uhlig, 2023):

- Sofortmaßnahmen,
- Veränderung der Raumnutzung (organisatorische Maßnahmen),
- **Abdichtungsmaßnahmen an der erdberührten Gebäudehülle,**
- Abschottungen innerhalb des Gebäudes,
- **Bodenluftabsaugung,**
- Verdünnung der Radonkonzentration in der Bodenluft (Luftumspülung der Gebäude),
- manuelle und **ventilatorgestützte lüftungstechnische Maßnahmen,**
- Radon aus Baumaterialien,
- sonstige Maßnahmen.

Bei einer Radonsanierung im Bestand stellt sich die Bodenluftabsaugung (geregelte Mehrpunktabsaugung nach dem Prinzip des Radonbrunnens) in den meisten Fällen als die wirksamste, effizienteste und wirtschaftlichste Lösung dar, die zudem schnell umsetzbar ist. Dies ist besonders zutreffend für Gebäude, in denen die Radonkonzentrationen mehr als doppelt (oder dreimal) so hoch sind wie der Ziel- oder Referenzwert.

In der Praxis können Radonkonzentrationen durch eine Kombination von lüftungs- und abdichtungstechnischen Maßnahmen reduziert werden. Es hat sich allerdings auch gezeigt, dass in vielen Fällen trotz aufwendiger zeit- und kostenintensiver Maßnahmen die Reduzierung nicht zu dem gewünschten Zielwert führt. Eine genaue Prognose des erreichbaren Zielwertes ist insbesondere bei den Maßnahmen zur Abdichtung schwierig.

Beim Einsatz ventilatorgestützter lüftungstechnischer Maßnahmen können die Erfolgsaussichten mithilfe von Berechnungen (vgl. Kapitel 1.4 [Formel 1.6 und 1.7]) besser abgeschätzt werden, wenn die Parameter der Radoneintrittsrate und des Luftwechsels aus einer Vorabdiagnostik bekannt sind und Auswirkungen von Druckdifferenzen auf die Quellstärke berücksichtigt werden.

5.1 Diagnostik als Hilfsmittel für die Sanierung

5.1.1 Sanierungsbedarf und Sanierungsplanung

Ein wichtiger Bestandteil der Radondiagnostik im Bestand ist die umfassende Bestandsaufnahme eines Gebäudes unter Berücksichtigung der aktuellen Gebäudeparameter und der Radonsituation (Radon in der Boden-/Keller-/Innenraumluft, Radonpotenzial am Standort, Radon-Eintrittsrate und Luftdichtheit, Lüftungsart und Zustand der erdberührenden Gebäudehülle [Fundament, Feuchteschäden]).

Ein konkreter **Sanierungsbedarf** wird in der Regel aus den Ergebnissen von Bewertungsmessungen in Bezug auf den Jahresmittelwert in Aufenthaltsräumen oder an Arbeitsplätzen abgeleitet. Wenn keine Ergebnisse aus Langzeitmessungen vorliegen, muss auf alternative Abschätzungen zurückgegriffen werden. Hierzu können Übersichtsmessungen und/oder Provokationsmessungen (Rn_{50}-Test, vgl. Kapitel 3.4) durchgeführt werden. Der Rn_{50}-Test bietet darüber hinaus die gebäudediagnostischen Kennwerte der Radon-Eintrittsraten und die für das Gebäude oder in den geprüften Gebäudeteilen wirksamen Luftwechselraten. Mit Übersichtsmessungen in der Raumluft über z. B. 14 Tage und mit mehreren Messpunkten können örtliche und zeitliche Zusammenhänge in Abhängigkeit der Nutzung und der Witterung aufgezeigt werden. Als beste Kombination haben sich Übersichtsmessungen in der Raumluft mit Rn_{50}-Prüfungen inkl. Radon-Sniffing-Messungen während der Unterdrucksituation bewährt.

Eine solche Vorgehensweise wird im Folgenden am Praxisbeispiel einer Radonuntersuchung in einem Schulgebäude vorgestellt. Eine derartige Untersuchung bietet neben der Feststellung des Sanierungsbedarfs auch schon weiterführende Erkenntnisse für die **Sanierungsplanung.**

5.1.2 Praxisbeispiel – Radonuntersuchung in einem Schulgebäude

In einer Schule außerhalb eines Radonvorsorgegebietes wurden an 2 Messpunkten freiwillige Messungen von Radon in der Raumluft durchgeführt. Aufgrund des Messergebnisses in Höhe von 680 Bq/m³ an einem Arbeitsplatz (Büro Hausmeister) im Kellerbereich 1 lagen Hinweise auf einen relevanten Radoneintritt in das Gebäude und Referenzwertüberschreitungen an anderen Arbeitsplätzen auch in anderen Aufenthaltsräumen vor. Viele Kellerräume werden von der Schule als Werk-, Bastel-, Kunst- und Theaterräume genutzt (vgl. Abb. 5.1).

Für die weiterführende Beurteilung sollten Radonprüfungen vor Ort im Kellergeschoss des Gebäudes im Unterdruckverfahren (Rn_{50}-Test) durchgeführt werden. Als Minimalforderung wurde eine **Unterschreitung** des Jahresmittelwertes **von 300 Bq/m³** (Referenzwert gemäß StrlSchG) in allen Aufenthaltsräumen und Arbeitsplätzen **im Kellergeschoss** formuliert. Weiterhin wurde eine sichere **Unterschreitung** der Radonkonzentrationen im Jahres-

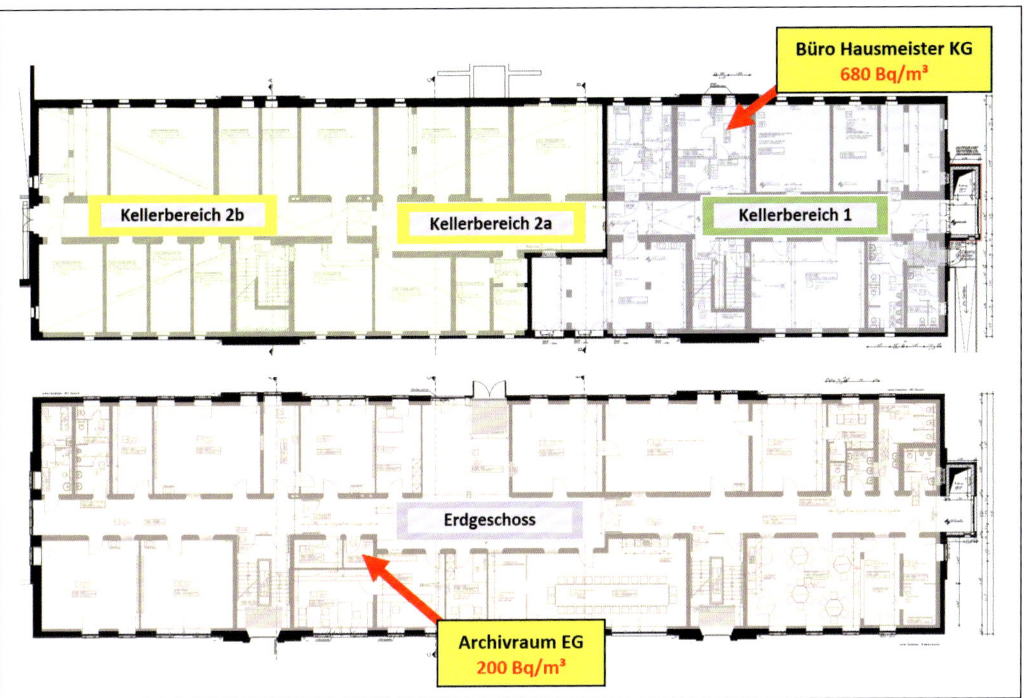

Abb. 5.1: Grundrisse Kellergeschoss (KG) und Erdgeschoss (EG) der Schule mit Messergebnissen von Jahresmessungen mit Festkörperspurdetektoren

mittel unter den Wert **von 100 Bq/m³** in allen Räumen **im Erdgeschoss** angestrebt (Klassenräume, Lehrerzimmer, Büro, Küche).

In einem ersten Ortstermin wurde eine Beratung vor Ort mit Bestandsaufnahme durchgeführt. Zu diesem Termin wurden auch 18 Messpunkte festgelegt und zeitauflösende Radonmessungen über 12 Tage als Übersichtsmessungen in der Raumluft von Keller- und Erdgeschoss gestartet.

In einem zweiten Ortstermin wurden die Übersichtsmessungen ausgewertet und weitere Untersuchungen nach dem Rn_{50}-Test im Kellergeschoss zur Festlegung der Sanierungsbereiche, zur Quellensuche und zur Erarbeitung von Sanierungsempfehlungen durchgeführt:

- Prüfungen in Räumen vor Ort im Kellergeschoss und im Erdgeschoss,
- Durchführung von In-situ-Radonmessungen in 2 Raumbereichen während der Unterdrucksituation (50 Pa) gemäß Rn_{50}-Test,
- Radon-Sniffing zur Erkennung und Beurteilung von Radon-Eintrittspfaden während der Unterdrucksituation,
- Beurteilung der Radon-Eintrittsrate nach Konzentrationsgleichgewicht und Luftwechsel bei 50 Pa Unterdruck,
- Beurteilung der Radondichtheit des Gebäudes und des Radonrisiko für die Nutzung (Rn-Eintrittsrate/Lüftung/Luftwechsel).

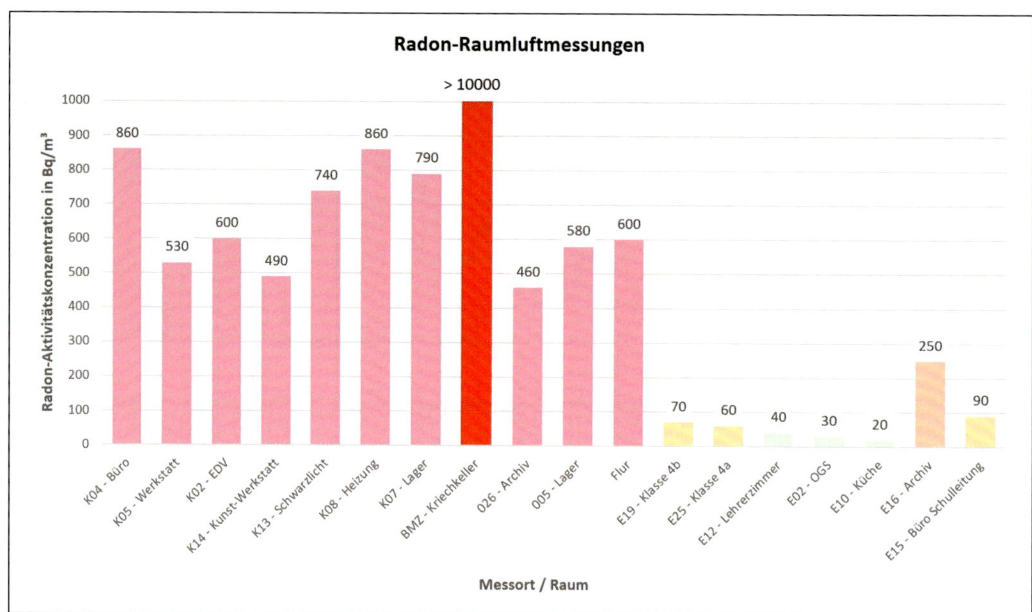

Abb. 5.2: Übersichtsmessungen der Radonkonzentrationen in der Raumluft (15. bis 27. November 2021) an 18 Messpunkten

Im Anschluss wurde ein Untersuchungsbericht mit Bewertung und Empfehlungen zur weiteren Vorgehensweise in Bezug auf geeignete Sanierungsmaßnahmen erstellt.

Ausgangssituation und Beobachtungen vor Ort

Bei dem Gebäude mit einer Bebauungsfläche von ca. 1.100 m² handelt es sich um eine ehemalige Kaserne der britischen Armee aus den 1950er-Jahren mit Unterkellerung in leichter Hanglage. Die Klassenräume der Schule befinden im Erdgeschoss, im ersten Obergeschoss und im zweiten Obergeschoss (zuzüglich Spitzboden). Der Kellerbereich 1 wird von der Schule genutzt (EDV, Hausmeisterbüro, Lager, Werkstatt usw.). Der Kellerbereich 2 wird demgegenüber nur wenig genutzt (Heizung, Technik, Archiv, Lager usw.). Die Kellerbereiche 1 und 2 sind durch eine nachträglich eingebaute Wand getrennt (vgl. Abb. 5.1).

Die Messergebnisse der Übersichtsmessungen aus dem ersten Messtermin bestätigten die Hinweise aus den zuvor durchgeführten freiwilligen Jahresmessungen auf einen relevanten Radoneintritt in weiteren Räumen beider Kellerbereiche (vgl. Abb. 5.2).

Alle Bereiche wurden normal genutzt und über die Fenster belüftet. Hinweise auf einen deutlichen Radoneintritt und erhöhte Raumluftkonzentrationen ergaben sich bereits aufgrund der Bauweise (Nachkriegsbau mit Streifenfundament auf Schotter), der geologischen Umgebung mit erhöhtem Radonpotenzial, der vielen sichtbaren Risse am Kellerboden, der deutlichen Feuchteeinwirkungen sowie der Durchführungen durch die Bodenplatte und die Wände im Kellergeschoss.

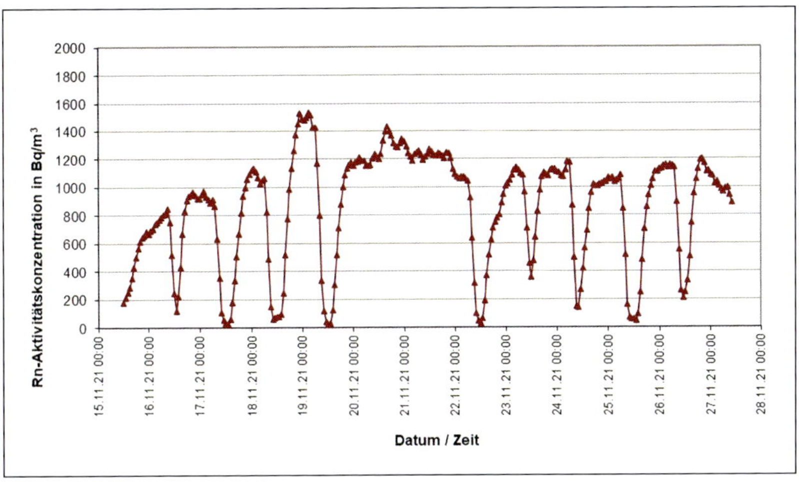

Abb. 5.3: Radonkonzentrationsverlauf (15. bis 27. November 2021) mit ausgeprägten Tagesgängen – Raum K04/Büro Hausmeister (Mittelwert 860 Bq/m³)

Langzeitmessungen über ein Jahr (Juni 2020 bis Juni 2021) wurden mit Festkörperspurdetektoren durchgeführt (vgl. auch Abb. 5.1):

- im Kellerbereich 1 (Raum K04 [Büro Hausmeister]) mit einem Ergebnis von 680 Bq/m³,
- im Erdgeschoss (Archivraum E16) mit einem Ergebnis von 200 Bq/m³.

In den Kellerbereichen 1 und 2 sowie in Räumen im Erdgeschoss wurden vor den Messungen zur Quellensuche über 12 Tage mit elektronischen Messgeräten zusätzliche **Übersichtsmessungen** an 18 Messpunkten durchgeführt (vgl. auch Abb. 5.2):

- Die Messergebnisse aus dem Kellerbereich 1 mit dichteren Fenstern zeigten Raumluftkonzentrationen zwischen 490 und 860 Bq/m³ sowie einen Spitzenwert von über 10.000 Bq/m³ in einem unbelüfteten Kriechkeller neben dem fensterlosen BMZ-Raum zum Flurbereich Treppenhaus.
- Die Messergebnisse aus dem Kellerbereich 2 zeigten Raumluftkonzentrationen zwischen 460 und 600 Bq/m³.
- Die Messergebnisse aus dem Erdgeschoss zeigten deutlich niedrigere Raumluftkonzentrationen zwischen 20 und 90 Bq/m³ sowie einen Spitzenwert von über 250 Bq/m³ im unbelüfteten Archivraum E16 (ohne Fenster).

Zeitauflösende Messungen aus dem Hausmeisterbüro (Raum K04) im Kellerbereich 1 zeigten typische Konzentrationsschwankungen mit ausgeprägten Tagesgängen und einer mittleren Raumluftkonzentration von 860 Bq/m³ sowie Spitzenwerten in den frühen Morgenstunden und am Wochenende (20. bis 22. November 2021) zwischen 1.100 und 1.500 Bq/m³ (vgl. Abb. 5.3). Die zeitauflösenden Messungen aus dem Raum K08 (Heizung) im Kellerbereich 1 ergaben ebenso typische Konzentrationsschwankungen mit einer mittleren Raumluftkonzentration von 860 Bq/m³ und Spitzenwerten von über 2.000 Bq/m³.

Radon in der Bodenluft und Radonpotenzial

Vor Ort wurden keine Radonmessungen in der Bodenluft durchgeführt. Nach Bewertungen des Radon-Handbuchs Deutschland (2019) sowie der verfügbaren Radonkarten (BfS) liegt für den Standort ein **mittleres bis erhöhtes geogenes Radonpotenzial** vor (ca. Klasse II). Die mittlere erwartete Bodenluftkonzentration liegt mit 47,9 kBq/m^3 etwas über dem Bundesdurchschnitt von ca. 36 kBq/m^3. Der 90. Perzentilwert liegt bei 117 kBq/m^3.

Dem Standort des Gebäudes ist nach der Detailkarte des BfS-Geoportals ein Radonpotenzialwert von 30 (RP) zugewiesen. In der näheren Umgebung liegen deutlich höhere Radonpotenzialwerte von 48 bis 75 (RP) vor.

Radonmessungen bei 50 Pascal Unterdruck (Rn_{50}-Test)

Zur Beurteilung der Radon-Eintrittsrate und zur Abschätzung des Jahresmittelwertes wurden Kurzzeit-Radonmessungen in der Raumluft während der Unterdrucksituation durchgeführt. Hierbei werden die konvektiven Eintrittspfade über die erdberührende Gebäudehülle aktiviert, was bei Auffälligkeit zu einem raschen Konzentrationsanstieg im Innenraum führt.

Die verwendete Blower-Door-Messeinrichtung (Ventilator zur Erzeugung des Unterdrucks und Messung des exakten Volumenstroms in Anlehnung an DIN EN ISO 9972) wurde im Kellerbereich 1 im Flurfenster (vgl. Abb. 5.5) und im Kellerbereich 2 in den Türrahmen zu den Treppenaufgängen (vgl. Abb. 5.9) installiert und es wurde jeweils eine Druckdifferenz von 50 Pa gegenüber der Außenluft hergestellt. Vor dem Start der Ventilation wurde im Innenbereich (Unterdruckseite) vor dem Ventilator ein aktives empfindliches Radonmessgerät mit Ionisationskammer-Detektor (FRD 400) gestartet. Die Radonkonzentration wurde kurz vor der Ansaugöffnung (Fortluft) auf der Unterdruckseite der installierten Blower-Door-Messeinrichtung gemessen und bis zur konstanten Radon-Aktivitätskonzentration aufgezeichnet. Zusätzlich wurden in anderen Räumen jeweils weitere Radonmessgeräte (Typ RadonEye) aufgestellt, um lokale Konzentrationsanstiege während der Unterdrucksituation erkennen zu können.

Die Messung der Fortluft vor dem Ventilator zeigte in beiden Kellerbereichen einen **deutlichen bis starken Anstieg der Radonkonzentration** während der Unterdrucksituation. Bei dem generierten Luftwechsel von 1,6 bis 3,4 pro Stunde waren jeweils nach 1 bis 2 Stunden Messzeit die maximalen Radonkonzentrationen (Rn_{50}-Wert) erreicht. Die Messwerte lagen bei 950 Bq/m^3 im Kellerbereich 1 und bei 1.300 Bq/m^3 im Kellerbereich 2, was in beiden Fällen als stark auffällig bezeichnet werden kann. In einzelnen Räumen lagen noch höhere Konzentrationen von bis zu 1.600 Bq/m^3 im Kellerbereich 1 und 2.100 Bq/m^3 im Kellerbereich 2 vor. Die ergänzenden Raumluftmessungen zeigten gegen Ende der Unterdrucksituation Messwerte von 680 bis 1.600 Bq/m^3 im Kellerbereich 1 und 500 bis 2.100 Bq/m^3 im Kellerbereich 2 (vgl. Übersichten in Abb. 5.4 und 5.8). Die höchsten Werte wurden in Raum K02 im Kellerbereich 1 und in Raum 009 im Kellerbereich 2 festgestellt). Es zeigten sich in beiden Kellerbereichen auffällig erhöhte Radonkonzentrationen in allen gemessenen Räumen.

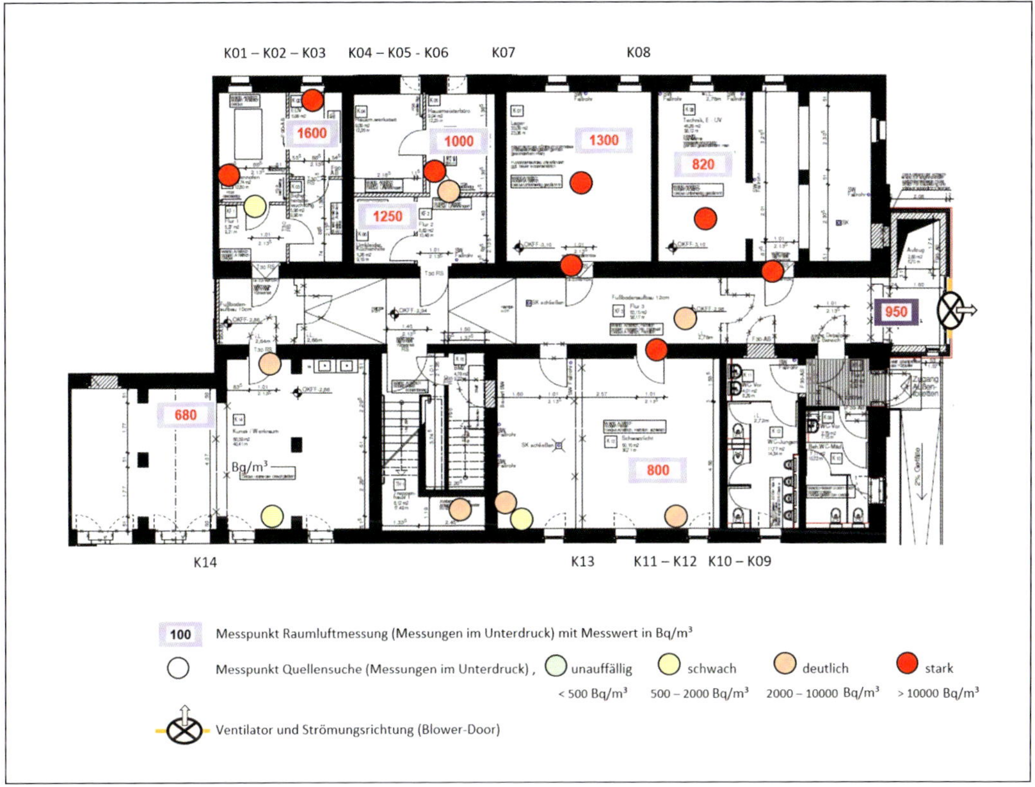

Abb. 5.4: Kellerbereich 1 – Übersicht Messpunkte

Radonmessungen – Quellensuche vor Ort

An typischen verdächtigen Stellen, wie z. B. Fugen, Rissen, Durchführungen, Steckdosen, Sockelbereichen oder Bodenklappen, wurden während der Unterdrucksituation zur Quellensuche Messungen mit direkt anzeigenden Messgeräten und internen oder externen Pumpen zum Ansaugen radonhaltiger Luft durchgeführt (sog. Radon-Sniffing). Aufgrund der Unterdruckhaltung von 50 Pa zur erdberührenden Gebäudehülle lag ein ausreichender Unterdruck vor, um bei der Quellensuche konvektive Radon-Eintrittsstellen sicher in kurzer Zeit detektieren zu können.

Im Kellerbereich 1 zeigten sich im Ergebnis der Quellensuche an Boden- und Wandbereichen besonders **stark auffällige Radoneintrittsstellen** mit Konzentrationen über 10.000 Bq/m³ an den folgenden 8 der insgesamt 17 Messpunkte (vgl. Tabelle 5.2 sowie die Übersicht gemäß Abb. 5.4):

- Raum K08 (Türzarge Boden),
- Raum K08 (Bodenriss; vgl. Abb. 5.6),
- Raum K14 (Türzarge Boden),
- Raum K07 (Türzarge Boden),

- Raum K07 (Bodenfläche – unter Folie; vgl. Abb. 5.7),
- Raum K05 (Bohrloch Innenwand),
- Raum K01 (Bohrloch Innenwand),
- Raum K02 (Bohrloch Außenwand).

An den meisten übrigen Messpunkten und Verdachtsstellen im Kellerbereich 1 wurden ebenfalls relevante punktuelle Radon-Eintrittspfade nachgewiesen.

Tabelle 5.2: Übersicht Messwerte (Rn_{50}-Werte und Quellensuche)

Messung	**Bezeichnung (Bereich)**	**Rn_{50}-Wert gesamt (Bereich) in Bq/m³**	**maximale Radonkonzentration (Raum) in Bq/m³**	**Luftwechselzahl (n_{50}-Wert) in 1/h**	**Quellensuche (Radon-Sniffing)**	
					Anzahl Messpunkte über 2 kBq/m³	**Anzahl Messpunkte über 10 kBq/m³**
1	Kellerbereich 1	950	1.600 (Raum K02)	1,9	14	8
2	Kellerbereich 2	1.300	2.100 (Raum 009)	3,7	12	8

Abb. 5.5 zeigt die Blower-Door-Messeinrichtung im Fensterrahmen des Flurfensters vom Kellerbereich 1; Abb. 5.6 und 5.7 zeigen exemplarisch Messstellen der Quellensuche (Radon-Sniffing) mit besonders auffälligen Messergebnissen.

Im Kellerbereich 2 zeigten sich im Ergebnis der Quellensuche an Boden- und Wandbereichen besonders **stark auffällige Radoneintrittsstellen** mit Konzentrationen über 10.000 Bq/m³ an den folgenden 8 der insgesamt 14 Messpunkte (vgl. Tabelle 5.2 sowie die Übersicht gemäß Abb. 5.8):

- Raum 027 (Rohrdurchführung Boden; vgl. Abb. 5.10),
- Raum 002 (Sockelbereich Innenwand; vgl. Abb. 5.11),
- Flur Kellerbereich 2b (unter Bodenklappe; vgl. Abb. 5.12),
- Flur Kellerbereich 2b (Bodenriss neben Bodenablauf; vgl. Abb. 5.13),
- Raum 005 (Bodenriss),
- Raum 023 (unter PVC-Bodenbelag),
- Flur Kellerbereich 2a (unter Bodenklappe),
- Raum 007 (Bodenrisse; vgl. Abb. 5.14).

An den meisten übrigen Messpunkten und Verdachtsstellen im Kellerbereich 2 wurden ebenfalls relevante punktuelle Radon-Eintrittspfade nachgewiesen. Besonders kritisch sind die hohen Radonkonzentrationen am Boden unter den Folienabklebungen im Kellerbereich 2a und 2b. Es ist daher von einem **großflächigen Radoneintrag** in den Kellerbereich über die Bodenplatte auszugehen.

Abb. 5.9 zeigt die Blower-Door-Messeinrichtung für den Kellerbereich 2 im Rahmen der Tür zum Treppenhaus; Abb. 5.10 bis 5.14 zeigen exemplarisch Messstellen der Quellensuche (Radon-Sniffing) mit besonders auffälligen Messergebnissen.

Abb. 5.5: Kellerbereich 1 – Blower-Door-Messeinrichtung im Fensterrahmen im Flur (Rn_{50}-Test; Messergebnis Rn_{50}-Wert: 950 Bq/m^3)

Abb. 5.6: Kellerbereich 1 – Quellensuche an Bodenriss im Raum K08/Heizung (Messergebnis Radon-Sniffing: 20.000 Bq/m^3)

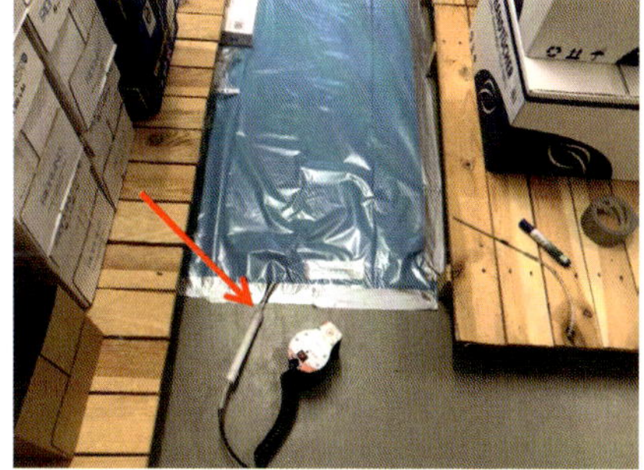

Abb. 5.7: Kellerbereich 1 – Quellensuche; Beurteilung der Bodenfläche im Raum K07 unter einer temporären Folienabschottung (Messergebnis Radon-Sniffing: 12.000 Bq/m^3)

Bestimmung der Radon-Eintrittsrate und Bewertung

Die Tabelle 5.3 liefert eine Übersicht über die Ergebnisse der Rn_{50}-Messungen. Die hieraus bei 50 Pa Unterdruck messtechnisch ermittelten konvektiven Radon-Eintrittsraten lagen für die gesamt gemessenen Raumvolumina im Kellerbereich 1 und 2 bei stark auffälligen 1.800 bis 4.800 Bq/(m^3 · h). Davon ausgehend kann bei durchschnittlich 4 Pa Unterdruck im Jahresmittel eine konvektive Radon-Eintrittsrate von ca. 140 bis 390 Bq/(m^3 · h) angenommen werden (vgl. Tabelle 5.4). Aufgrund der Messungen vor Ort lag in beiden Kellerbereichen in der damaligen Situation ohne weitere Maßnahmen eine **stark auffällige Radon-Eintrittsrate** vor.

Aus den Messungen ergab sich, dass die erdberührende Gebäudehülle (Fundament) im Bereich der gesamten Grundfläche des Gebäudes nicht ausreichend radondicht ist. Die vielen stark auffälligen punktuellen und flächigen Eintrittsstellen bestätigten diesen Befund.

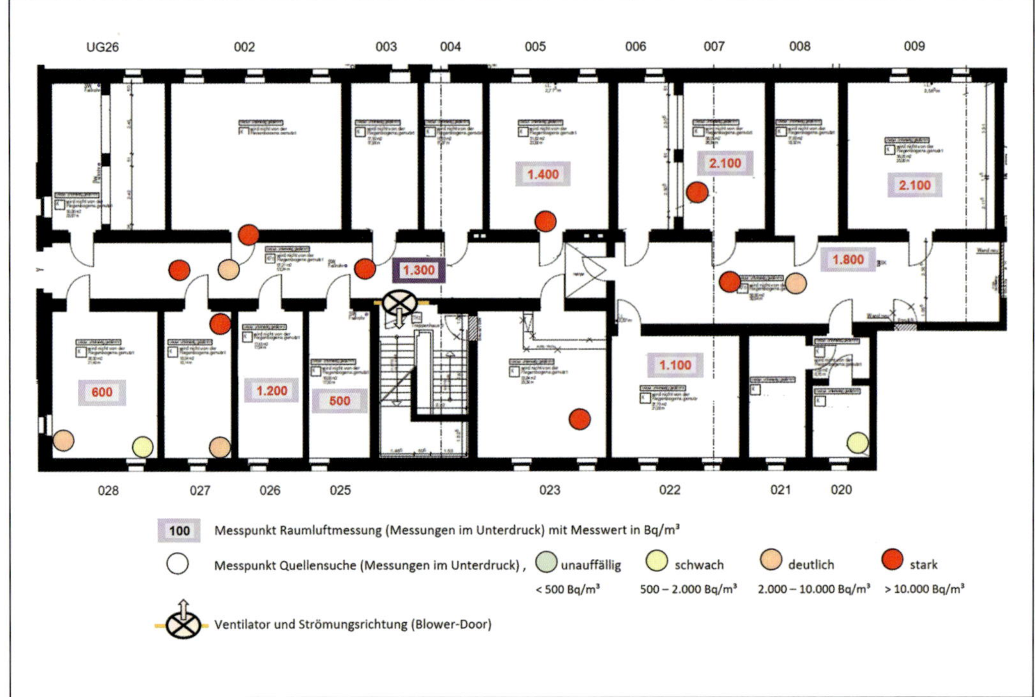

Abb. 5.8: Kellerbereich 2 – Übersicht Messpunkte

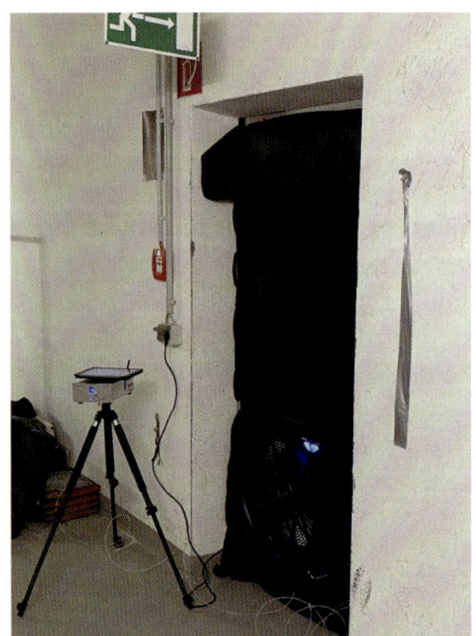

Abb. 5.9: Kellerbereich 2 – Blower-Door-Messeinrichtung im Türrahmen zum Treppenhaus (Rn_{50}-Test; Messergebnis Rn_{50}-Wert: 1.300 Bq/m^3)

Abb. 5.10: Kellerbereich 2 – Quellensuche an Rohrdurchführung (Boden) im Raum 027 (Messergebnis Radon-Sniffing: 10.000 Bq/m^3)

Abb. 5.11: Kellerbereich 2 – Quellensuche im Sockelbereich (Wandfuge Innenwand) im Raum 002 (Messergebnis Radon-Sniffing: 22.000 Bq/m³)

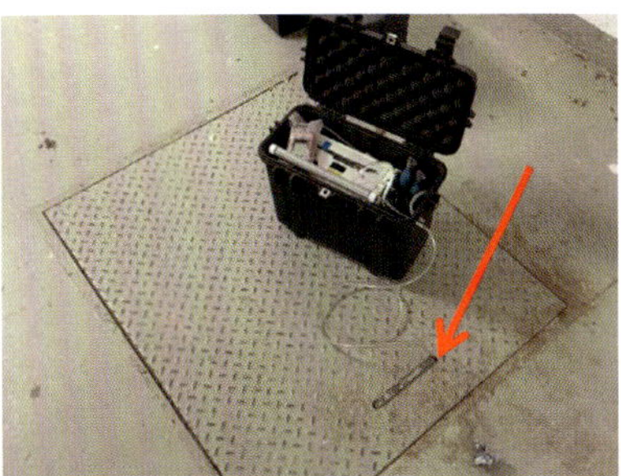

Abb. 5.12: Kellerbereich 2 – Quellensuche unter Bodenklappe im Flur/Kellerbereich 2b (Messergebnis Radon-Sniffing: 16.000 Bq/m³)

Abb. 5.13: Kellerbereich 2 – Quellensuche an Bodenriss neben Ablauf im Flur/Kellerbereich 2b (Messergebnis Radon-Sniffing: 16.000 Bq/m³)

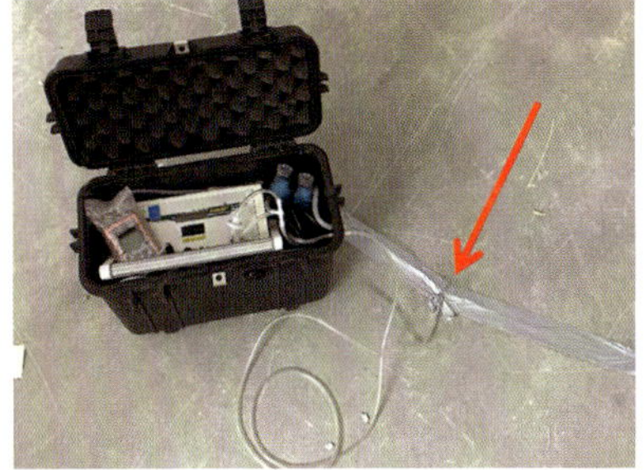

Abb. 5.14: Kellerbereich 2 – Quellensuche an Bodenrissen im Raum 007 (Messergebnis Radon-Sniffing: 23.000 Bq/m³)

Tabelle 5.3: Übersicht über die Ergebnisse der Rn_{50}-Messungen, Messwerte bei 50 Pa Unterdruck

Messort	**Luftwechselzahl (n_{50}-Wert)** in 1/h	**Rn_{50}-Wert** in Bq/m³	**Bodenfläche *A*** in m²	**Raumvolumen *V*** in m³
Kellerbereich 1	1,90	950	410	900 m³
Kellerbereich 2	3,70	1.300	640	1.400 m³

Tabelle 5.4: Übersicht über die Radon-Eintrittsraten und die in Bezug auf den Luftwechsel berechneten Radonkonzentrationen

Messort	Rn_{50}-Quellstärke (bei −50 Pa) in Bq/(m³ · h)	Rn_4-Quellstärke (bei −4 Pa) in Bq/(m³ · h)	Radonkonzentration (bei −4 Pa) in Bq/m³	
			Luftwechsel 0,5/h	Luftwechsel 0,2/h
Kellerbereich 1	1.800	140	290	720
Kellerbereich 2	4.800	390	770	1.900

Abschätzung des Radon-Jahresmittelwertes

Ausgehend von der messtechnisch bei 50 Pascal Unterdruck ermittelten konvektiven Radon-Eintrittsrate lässt sich für normale Druckdifferenzen (ca. 4 Pa Unterdruck) ein stark auffälliger Beitrag zur Radonkonzentration im Jahresmittel von 720 Bq/m³ im Kellerbereich 1 (Luftwechsel 0,2/h) und 770 Bq/m³ im Kellerbereich 2 (Luftwechsel 0,5/h) abschätzen (vgl. Tabelle 5.4). Die auffälligen Ergebnisse der Vorabmessungen über ein Jahr im Kellerraum K04 (Büro Hausmeister) wurden hiermit bestätigt und können auf die anderen Kellerräume in ähnlicher Größenordnung übertragen werden. Die Differenzen bei den ermittelten Raumluftkonzentrationen können mit den unterschiedlichen Raumbelüftungen erklärt werden.

Zusätzliche Beiträge durch Diffusion, Einrichtungen und Baumaterialien werden hierbei noch nicht berücksichtigt. Diese sind jedoch nach der Einschätzung vor Ort nicht relevant. Der tatsächliche Jahresmittelwert wird durch die Summe des konvektiven Radoneintritts durch die Bodenplatte und aller weiteren Einträge (Diffusion, Baustoffe) geprägt und hängt auch stark von der Gebäudenutzung und dem Luftwechsel ab.

Aufgrund der Voruntersuchungen in der Raumluft, der Messungen im Unterdruckverfahren und des detektierten Radoneintritts konnte – bei normaler Raumnutzung ohne weitere Maßnahmen – davon ausgegangen werden, dass die Radonkonzentrationen in den Innenräumen der Kellerbereiche 1 und 2 im Jahresmittel über dem gesetzlichen Referenzwert von 300 Bq/m³ liegen, bei dessen Überschreitung am Arbeitsplatz Maßnahmen zur Reduzierung getroffen werden müssen.

Nach den Simultanmessungen im Kellerbereich und im Erdgeschoss im Vorfeld der Quellensuche erschienen Überschreitungen des gesetzlichen Referenzwertes für die Klassen-, Arbeits- und Aufenthaltsräume im Erdgeschoss als unwahrscheinlich. Überschreitungen des Zielwertes (nach WHO, BfS, UBA/AIR) von 100 Bq/m³ erschienen jedoch auch im Erdgeschoss als durchaus möglich, auch weil eine vorliegende Übersichtsmessung im Büro der Schulleitung im Ergebnis mit 90 Bq/m³ bereits im Grenzbereich des Zielwertes lag.

Abb. 5.15: Radonsauger mit Wandmontage im Heizungsraum Kellerbereich 1 (links) und Absaugpunkt in einem Kellerraum (Archiv) der Schule (rechts)

Überprüfungen der möglichen Radon-Transportwege mittels Tracergas ergaben, dass die radonhaltige Luft aus den Kellerräumen in erster Linie über die Durchführungen der Heizungsrohre in der Kellerdecke in die Räume im Erdgeschoss gelangen kann. Des Weiteren kann sich unter dem Estrich im Erdgeschoss ein Radonreservoir bilden, wodurch über die Sockelfugen des Bodenbelages ein zusätzlicher Radoneintrag in die Räume im Erdgeschoss erfolgen kann.

Sanierungskonzept

Nach Beurteilung aller Untersuchungsergebnisse erschien eine Absaugung unter der Bodenplatte (Mehrpunktabsaugung nach dem Prinzip Radonbrunnen) aufgrund der Quellstärke und des großflächigen Radoneintrags durch das Fundament effektiver und kostengünstiger als Maßnahmen der Lüftung und/oder Abdichtung.

Insbesondere in dem von der Schule intensiv genutzten Kellerbereich 1 (Büro Hausmeister K04 usw.) wurde die Absaugung als Maßnahme mit den besten Aussichten auf Erfolg empfohlen und später auch eingesetzt. Ein Sanierungserfolg in Bezug auf einen Radon-Jahresmittelwert von unter 300 Bq/m^3 war in den Aufenthalts- und Arbeitsräumen im Kellerbereich nach dieser Methode zu erwarten. Eine Unterschreitung von 100 Bq/m^3 in den Klassen-, Aufenthalts- und Arbeitsräumen des Erdgeschosses und der oberen Stockwerke wurde mit dieser Sanierungsmethode ebenfalls als sehr wahrscheinlich erachtet.

Zur Vorbereitung der konkreten Sanierungsplanung wurden Probebohrungen durch die Bodenplatte an mehreren Punkten in den Kellerbereichen 1 und 2 durchgeführt, um die Permeabilität der Bodenschicht unter dem Gebäude bewerten zu können. Anhand dieser Prüfungen wurden 20 Bohrpunkte für die geregelte Mehrpunktabsaugung festgelegt, die an 2 Radonsauger angeschlossen wurden (vgl. Beschreibung dieser Maßnahme in Kapitel 5.4).

Die Absauganlage wurde Ende November 2022 in Betrieb genommen (vgl. Abb. 5.15). Direkt nach der Inbetriebnahme wurden in der Raumluft im

Kellergeschoss und im Erdgeschoss Radon-Übersichtsmessungen über 14 Tage als Plausibilitätsprüfung vorgenommen. Die Messwerte dieser Vorabkontrolle lagen mit einer Verteilung von 20 bis 80 Bq/m^3 alle unter 100 Bq/m^3 und deuten damit auf eine sehr gute Reduzierung der Radonkonzentrationen hin.

Aufgrund der unauffälligen Vorabmessungen wurden im Dezember 2022 die Jahresmessungen mit Kernspurdosimetern als Endkontrolle gestartet. Die Ergebnisse mit Messwerten deutlich unter 300 Bq/m^3 in allen Kellerräumen sowie unter 100 Bq/m^3 in allen Räumen des Erdgeschosses bestätigen einen sehr guten Sanierungserfolg.

5.2 Maßnahmen der Lüftung

Die konsequente Belüftung von Aufenthalts- und Arbeitsräumen stellt eine auch unabhängig von der Radonproblematik wichtige und notwendige Maßnahme dar (vgl. dazu auch Kapitel 4). Wenn die Vorgaben der technischen Regelwerke und Normen wie z. B. DIN 1946-6 auch bei der Sanierung von Bestandsgebäuden Beachtung finden, bestehen in der Regel aus innenraumhygienischer Sicht für bewohnte und genutzte Aufenthalts- und Arbeitsräume kaum weitere Optimierungsmöglichkeiten des Radonschutzes über das Lüftungskonzept. In Bezug auf den Luftwechsel bleibt dann wenig Spielraum nach oben. Wie schon zuvor für den Neubau beschrieben (vgl. Kapitel 4.2.3), sollten diese Punkte der Lüftungsplanung auch für bestehende Gebäude besonders beachtet werden:

- Vermeidung eines **Unterdrucks** in Räumen mit Erdberührung bei freier oder ventilatorgestützter Lüftung,
- Konzepte für die **Kellerlüftung.**

Nach der gültigen Strahlenschutzgesetzgebung gilt für Radon u. a. folgende Grundregel:

„*Wer im Rahmen der baulichen Veränderung eines Gebäudes mit Aufenthaltsräumen oder Arbeitsplätzen Maßnahmen durchführt, die zu einer erheblichen Verminderung der Luftwechselrate führen, soll die Durchführung von Maßnahmen zum Schutz vor Radon in Betracht ziehen, soweit diese Maßnahmen erforderlich und zumutbar sind.*“ (§ 123 Abs. 4 StrlSchG)

Fast alle Maßnahmen der Sanierung im Bestand führen aufgrund der energetischen Optimierung zu einer dichteren Gebäudehülle und somit zur Verminderung der natürlichen, nutzerunabhängigen Luftwechselrate (Infiltrationsluftwechsel). Lüftungskonzepte sind schon aus innenraumhygienischer Sicht erforderlich, da die Mindestanforderungen über manuelle Fensterlüftung durch die Nutzer kaum zu realisieren sind. Die Möglichkeiten und Grenzen von lüftungstechnischen Maßnahmen zum Radonschutz sind in DIN/TS 18117 (beide Teile) gut beschrieben und werden auch in dem geplanten WTA-Merkblatt zum Radonschutz im Gebäudebestand behandelt.

Bei gleichbleibender Radon-Eintrittsrate (Quellstärke) kann die zu erwartende Radonkonzentration im Raum rechnerisch nach Formel 5.1 unter Berücksichtigung der Außenluftkonzentration und der Radon-Zerfallskonstante gut abgeschätzt werden.

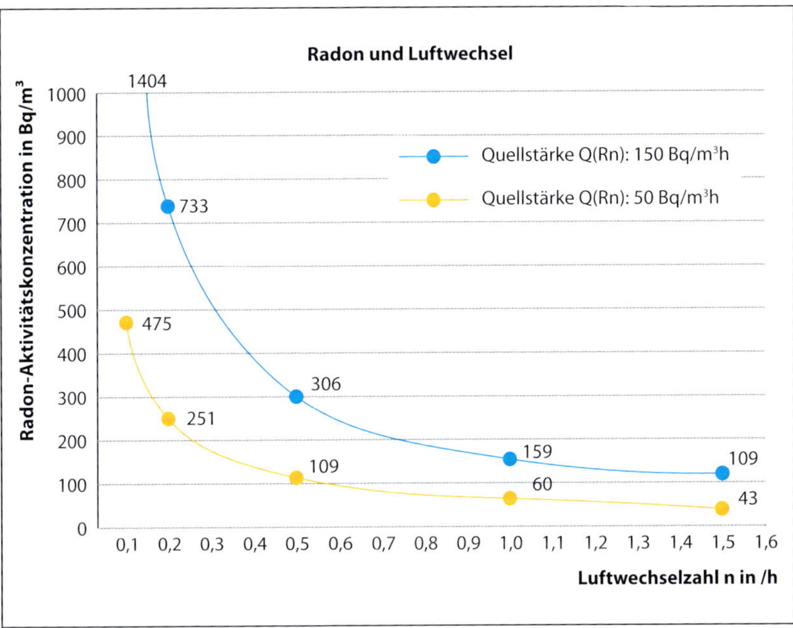

Abb. 5.16: Beispiel – Radonkonzentrationen nach Luftwechselveränderungen bei gleichbleibenden Quellstärken und einer Außenluftkonzentration $C_{Rn(a)}$ von 10 Bq/m³ nach Formel 5.1

$$C_{Rn} = C_{Rn(a)} + \frac{Q_{Rn}}{(n + \lambda)} \qquad \text{in Bq/m}^3 \tag{5.1}$$

mit

C_{Rn} Radonkonzentration in der Innenraumluft in Bq/m³
$C_{Rn(a)}$ Radonkonzentration in der Außenluft in Bq/m³
Q_{Rn} Quellstärke Radon in Bq/(m³ · h)
n Luftwechsel in 1/h
λ Zerfallskonstante von Radon in 1/h (für Rn-222: $\lambda = 0{,}0076$/h)

Die Darstellung in Abb. 5.16 soll die begrenzten Möglichkeiten durch Luftwechselveränderungen beispielhaft verdeutlichen. Eine Quellstärke von 50 Bq/(m³ · h) bewirkt hier bei sehr niedrigem Luftwechsel von 0,1/h eine Radonkonzentration von 475 Bq/m³ im Raum. Durch Erhöhung des Luftwechsels von 0,1/h auf 0,5/h wäre eine Reduzierung auf einen Wert von 109 Bq/m³ möglich. Bei einer Quellstärke von 150 Bq/(m³ · h) liegt der Anfangswert bei 1.404 Bq/m³ (0,1/h) und würde sich auf 306 Bq/m³ (0,5/h) verringern. In der Praxis lässt sich eine Vervielfachung des Luftwechsels um den Faktor 5 allerdings selten realisieren. Realistische Luftwechseländerungen liegen bei ca. Faktor 2 bis 3, was mit Reduzierungen der Radonkonzentrationen im Raum in ähnlicher Größenordnung verbunden wäre (Faktor 2 bis 3 weniger Radon). Dauerhaft wirksame Luftwechselraten von über 1/h oder mehr lassen sich für normal genutzte Räume kaum darstellen und bereits Werte über 0,5/h sind gemäß DIN 1946-6 für Wohnräume auch nicht vorgesehen.

In dem Beispiel gemäß Abb. 5.16 wurde die Quellstärke als Radon-Eintrittsrate vereinfacht als unverändert konstant angesehen. Konzepte der freien oder ventilatorgestützten Lüftung bewirken oft auch Druckveränderungen, die sich deutlich auf die konvektive Radon-Eintrittsrate auswirken können (vgl. auch Kapitel 4.2.3).

5.2.1 Vermeidung von Unterdruck

Besonders unwirksam bei der Radonsanierung sind reine Abluftsysteme, die sich auf die Kellerbereiche bzw. Bereiche mit erdberührender Gebäudehülle ohne ausreichende Zuluftöffnungen auswirken. Für Räume ohne Anbindung an die erdberührende Gebäudehülle ist ein leichter Unterdruck hingegen meist unproblematisch.

Anhand von Abb. 5.17 sollen die Auswirkungen der Druckverhältnisse auf die Radon-Eintrittsraten und die daraus resultierenden Raumluftwerte bei gleichem Luftwechsel beispielhaft verdeutlicht werden. Unter druckneutralen Verhältnissen (z. B. mit einer geregelten Zu- und Abluftventilation) bewirkt hier eine Quellstärke von 50 Bq/(m^3 · h) bei einem Luftwechsel von 0,5/h eine Radonkonzentration von 109 Bq/m^3 im Raum. In diesem Beispiel wird bei einem reinen Abluftsystem und einem Luftwechsel von 0,5/h ein Unterdruck von 2 bis 4 Pa erzeugt – je nach Art und Anzahl der Zuluftöffnungen. Die hiermit verbundene Erhöhung der Radon-Eintrittsrate (durch Unterdruck) bewirkt eine Erhöhung der Radonkonzentration auf 207 bzw. 306 Bq/m^3 bei gleichbleibendem Luftwechsel von 0,5/h. Werden die Druckverhältnisse umgekehrt (Überdruck von 2 bis 4 Pa), so können die hiermit verbundenen Reduzierungen der Radon-Eintrittsraten auch eine deutliche Reduzierung der Raumluftkonzentrationen auf 40 bzw. 59 Bq/m^3 bewirken.

Das in Abb. 5.17 dargestellte Beispiel zeigt die besondere Problematik der Druckverhältnisse beim Radonschutz auf. Der konvektive Radoneintritt reagiert sehr empfindlich bereits auf Druckveränderungen im Bereich von wenigen Pascal. Dieser Mechanismus verursacht auch die starken Konzentrationsschwankungen im zeitlichen Verlauf der Radonkonzentrationen im Innenraum (Tages- und Jahresgänge), die eine schnelle Radonprognose erschweren.

Es kann also festgehalten werden, dass ohne Berücksichtigung der Druckverhältnisse eine Veränderung des Luftwechsels keineswegs zu dem gewünschten Radon-Sanierungserfolg führen muss. Aus diesem Grund sollten Lüftungsplanungen beim Radonschutz immer unter Berücksichtigung der Druckverhältnisse erfolgen. Es kann sich auch lohnen, die Auswirkung der Lüftungsmaßnahmen zur Sicherheit mit empfindlichen Differenzdruckmessgeräten zu überprüfen.

Eine ventilatorgestützte Lüftung – zentral oder dezentral – kann auch mit Sensoren bedarfsgerecht gesteuert werden. Hierzu sind bereits Systeme mit Radonsensor auf dem Markt. Ergänzend wären auch Steuerungssysteme für die Lüftung denkbar, die mit Differenzdrucksensoren arbeiten. Bei den lüftungstechnischen Maßnahmen zum Radonschutz steht nicht nur der Luftwechsel, sondern auch die Veränderung der Druckverhältnisse zur Reduzierung der Radon-Eintrittsrate im Mittelpunkt.

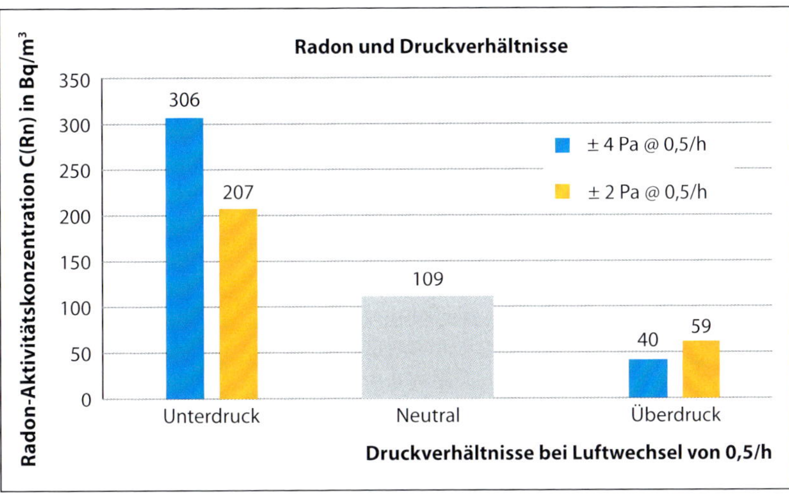

Abb. 5.17: Beispiel – Auswirkungen der Druckverhältnisse auf die Radonkonzentrationen bei gleichbleibendem Luftwechsel

Aktuelle Untersuchungen beschäftigen sich sogar mit Systemen der interzonalen Lüftung. Die Grundidee besteht darin, dass Ventilatoren in Innenwänden eine Verschiebung der Druckverhältnisse zwischen Räumen unterschiedlicher Radon-Quellstärken bewirken. So kann ein leichter Unterdruck in einem unproblematischen Raum in Kauf genommen werden, um der Quellstärke in einem problematischen Raum mit nachgewiesenem Radoneintritt mithilfe eines leichten Überdrucks entgegenzuwirken.

Geringe Überschreitungen von Ziel- und Referenzwerten können beim Radon oft durch einfache lüftungstechnische Korrekturen vermieden werden. Vor der Planung von Lüftungslösungen müssen die Gebäudedichtheit bzw. der bereits vorhandene mittlere Luftwechsel bekannt sein. Gut zusammengefasst finden sich die Grundlagen der Wohnungslüftung z. B. in den Fachbüchern von Ehrenfried Heinz und Helmut Künzel (vgl. Heinz, 2021; Künzel, 2009).

5.2.2 Kellerlüftung

Da Radon zumeist über die Kellerluft in den Wohnbereich gelangt, sollte bei einem Radonproblem eine separate aktive Kellerbelüftung mit druckunabhängiger Zu- und Abluftventilation in Betracht gezogen werden. Hierbei sollten druckneutrale Lösungen aus den bereits genannten Gründen bevorzugt werden und in besonderen Fällen sollte auch mit einem leichten Überdruck geplant werden.

Im Sommer kann jedoch bei schwülwarmem Klima durch die hohe Feuchtigkeit in der Außenluft ein Zielkonflikt zwischen Radonschutz und Feuchteschutz entstehen (Schimmelrisiko). In der Regel besteht im Sommer bei hohen Außentemperaturen ein deutlich schwächerer Radoneintritt, da der thermische Sog zum Erdreich fehlt. Mithilfe von Feuchtesensoren und einer „intelligenten" Lüftungssteuerung lässt sich der Zielkonflikt häufig auflösen.

Einfache Lösungen können auch für die Kellerlüftung z. B. über dezentrale Lüftungsanlagen mit Wärmerückgewinnung und Feuchtesensoren realisiert werden.

Der maximale Reduzierungserfolg wird durch die Radonkonzentration in der Außenluft begrenzt. Im Mittel liegen die Außenluftkonzentrationen in Deutschland bei knapp 10 Bq/m³ (vgl. Radon-Handbuch Deutschland, 2019) bei Schwankungsbreiten von 4 bis 30 Bq/m³ im Jahresmittel. Höhere Außenluftkonzentrationen treten nur in Ausnahmefällen auf (z. B. Uranbergbau).

Die Wirksamkeit der Radonreduzierung in anderen Bereichen (Erdgeschoss, Obergeschoss) lässt sich durch eine möglichst gute lüftungstechnische Trennung von der Kellerluft und der Luft in den anderen Bereichen verbessern. Hier geht es z. B. um Türdichtungen oder den Einbau einer bisher nicht vorhandenen Kellertür sowie Abdichtungen im Bereich der Kellerdecke inkl. Durchführungen (vgl. auch die baulichen Maßnahmen zur Reduzierung der Radonausbreitung im Gebäude [BA] nach DIN/TS 18117 [beide Teile]).

Im Fall einer hochwertigen Umnutzung von Kellerräumen in Wohnräume mit langen Aufenthaltszeiten (z. B. Hobby, Wohnen, Gartengeschoss, Sport, Wellness) stoßen die lüftungstechnischen Möglichkeiten in Bezug auf den Radonschutz in Bestandsgebäuden häufig an ihre Grenzen. Neben besonderen baulichen Maßnahmen zum Feuchteschutz müssen eventuell erforderliche zusätzliche bauliche Maßnahmen zum Radonschutz berücksichtigt werden (Abdichtung und ggf. Absaugung).

5.3 Maßnahmen der Abdichtung

Die für den Neubau in den beiden Teilen von DIN/TS 18117 beschriebenen Maßnahmen der Abdichtung gegen den konvektiven und diffusiven Radoneintritt sind für Bestandsgebäude in der Baupraxis nur sehr begrenzt einsetzbar. Nachträgliche flächige Abdichtungen lassen sich in der Regel nicht mit verhältnismäßigem Aufwand verwirklichen, wenn das anzustrebende Schutzziel erreicht werden soll.

Nur in Ausnahmefällen führen **flächige Abdichtungen** auf der Innenseite (Oberseite Bodenplatte) zum Erfolg. Für flächige Abdichtungen können ggf. auch radondichte Materialien verwendet werden, um den Radoneintritt über Diffusion entgegenzuwirken. Anreicherungen unter den Abdichtungen und in den Wänden führen in vielen Fällen zu Problemen. Abdichtungen von Estrichrandfugen sind bei einem nachgewiesenen Radonreservoir unter dem Estrich in der Dämmebene (sog. Radonsee) wenig erfolgversprechend.

Punktuelle Abdichtungen von nachgewiesenen Eintrittsstellen (Schächte, Bodenklappen, Risse, Durchführungen usw.) sind in der Regel sinnvolle und einfach durchzuführende Maßnahmen, aber auch nicht immer zielführend. Der Erfolg solcher Einzelmaßnahmen ist daher zu prüfen. Für punktuelle Abdichtungen sind in der Regel keine radondichten Materialien notwendig.

Bei allen Abdichtungsmaterialien, die im Innenraum eingesetzt werden, sollten auch mögliche Auswirkungen auf die Schadstoffproblematik beachtet werden. Die verwendeten Materialien müssen für die Anwendung im Innenraum geeignet sein und möglichst niedrige VOC-Gehalte aufweisen. Bei der Planung ist auf lösemittelfreie und geruchsarme Produkte und zertifizierte Produkte zu achten (z. B. mit EC-1-plus-Siegel). Beispielsweise sollte auf eine Abdichtung mit PU-Schäumen verzichtet werden, da diese meist in hohen Konzentrationen chlorierte Flammschutzmittel (TCPP, TDCPP) enthalten, die sich in der Luft und im Staub anreichern. Chlorierte Flammschutzmittel werden in der Baubiologie wie Pestizide eingestuft.

5.4 Maßnahmen der Absaugung

5.4.1 Methode und Systeme der Absaugung

Eine Absaugung der Bodenluft zur Sanierung von Radon in Innenräumen ist eine im Bestand häufig eingesetzte und bewährte Methode. Ziel der Absaugung der Bodenluft ist die Erzeugung eines Unterdrucks im Erdreich unter einem Gebäude. In DIN/TS 18117-1 wird die Methode aufgelistet als bauliche Maßnahme zur Reduzierung der erdseitigen Radoneinwirkungen (BE). Das für 2024 geplante WTA-Merkblatt „Radonschutz im Gebäudebestand" wird die Methode und die Ausführungsvarianten ausführlicher beschreiben.

Die Methode eignet sich besonders bei einem starkem Radoneintritt und hohen Radonkonzentrationen in der Innenraumluft. Durch den Wirkmechanismus der Radonabsaugung wird die konvektive Eintrittsrate durch eine **Umkehr der Druckverhältnisse** erheblich reduziert. Voraussetzung hierfür ist eine flächig wirksame Unterdruckhaltung im Bereich der erdberührenden Gebäudehülle. Dabei wird ein Volumenstrom radonhaltiger Bodenluft erzeugt, der ins Freie abgeführt wird.

Da radonhaltige Bodenluft in den meisten Fällen aus tiefen Schichten schnell nachgeliefert wird, wird Radon in der Praxis nicht wirklich „abgesaugt" – es kommt also kaum zu einer Verringerung der Radonkonzentration in der Bodenluft. Als eine Ausnahme sind sehr durchlässige Bodenschichten (Kies) anzuführen; hier kann eine Verdünnung der Bodenluft über einen Frischlufteintrag unter der Bodenplatte durch Unterspülung bewirkt werden. Dieser Fall wirkt jedoch dem eigentlich gewünschten Mechanismus entgegen, da kein ausreichender Unterdruck unter dem Gebäude aufgebaut werden kann. Trotzdem kann auch eine Unterspülung eine reduzierende Wirkung auf den Radoneintrag ins Gebäude haben.

Bei der Radonabsaugung werden 2 Systeme unterschieden:

- Radonbrunnen,
- geregelte Mehrpunktabsaugung (SSD-Methode).

Bei einem **Radonbrunnen** handelt es sich um ein geschlossenes Raumvolumen (Schacht) im Erdreich unter oder neben einem Gebäude. Durch den Anschluss einer aktiven Abluftventilation wird in diesem Schacht ein Unterdruck erzeugt, der sich über die erdberührenden Schachtoberflächen ausbreitet und im Idealfall einen Unterdruck unter der Grundfläche eines Gebäudes erzeugt. Je nach Durchlässigkeit der Bodenschichten nimmt der aktiv erzeugte Unterdruck im Abstand zur Position des Brunnens ab. Bei einem sehr durchlässigen Bodenaufbau (Lehmboden, Risse, lose Ziegel, große

Fugen) besteht zudem das Risiko, dass eine Art „Kurzschluss" in unmittelbarer Nähe zum abgesaugten Schacht mit der Innenraumluft entsteht, zu viel Raumluft aktiv angesaugt wird und sich hierdurch der Wirkradius stark einschränkt (wenige Meter bis unter 1 Meter). In diesen Fällen ist es erforderlich, die konvektive Dichtheit des Bodenaufbaus in der Fläche durch bauliche Maßnahmen zu verbessern.

Dieses Verfahren wird in der Radonsanierung schon seit vielen Jahre eingesetzt und hat in zahlreichen Fällen bereits zum Erfolg geführt. Vorteilhaft ist, dass es sich um eine vergleichsweise geringe und kostengünstige bauliche Maßnahme handelt – und eventuell auch vorhandene Pumpen- und Sickerschächte genutzt werden können, was im Einzelfall geprüft werden muss. Ein Radonbrunnen unter einem Gebäude ist in der Regel wirksamer als ein Radonbrunnen neben dem Gebäude. Die Wirksamkeit hängt sehr stark von den Bodenverhältnissen ab. Die besten Ergebnisse werden bei mittleren bis hohen Permeabilitäten und möglichst homogenen Verhältnissen erzielt. Häufiger liegen jedoch inhomogene und dichtere Bodenverhältnisse unter den Gebäuden im Bestand vor und die „Kraft" eines Radonbrunnens reicht nicht aus, um einen geeigneten Unterdruck in der Fläche zu generieren. Das Schema in Abb. 5.18 deutet bereits die ggf. reduzierte Wirksamkeit der Druckumkehr in größerer Entfernung zum Brunnen an. In einem solchen Fall müssten weitere Radonbrunnen errichtet werden und die nachfolgend beschriebene zweite Variante der Radonabsaugung wäre als Mehrpunktlösung im Vorteil.

Die zweite Variante der Radonabsaugung ist die **geregelte Mehrpunktabsaugung,** die auch als **SSD-Methode** bezeichnet wird (SSD = Sub-slab Depressurization). Es handelt sich hierbei um eine technische Weiterentwicklung des auch beim Radonbrunnen genutzten Wirkmechanismus. Durch mehrere Bohrpunkte in der Fläche ist der erforderliche Unterdruck besser berechenbar und über Regelventile in den Abluftrohren individuell – je nach Permeabilität – für jedes Bohrloch bzw. Absaugöffnung regelbar (vgl. Abb. 5.19). Auch diese Methode wird in vielen Ländern (u. a. USA, Kanada, Schweden) schon lange erfolgreich als Routineverfahren in der Radonsanierung eingesetzt.

In Kanada berücksichtigt z. B. die R-2000-Zertifizierung auch Radon und weist auf die Absaugmethode (SSD) hin (vgl. R-2000 Standard, 2012, Anhang A, Punkt 8). Mit der geregelten Mehrpunktabsaugung können auch große Flächen und große Objekte mit einer passenden Anzahl von Bohrpunkten und Radonsaugern sicher saniert werden. Bohrungen können nicht nur vertikal (wie in Abb. 5.19 dargestellt), sondern auch horizontal oder schräg ausgeführt werden, um die betreffenden Bereiche optimal erreichen zu können (z. B. bei Teilunterkellerung).

Abb. 5.20 und 5.21 zeigen den Aufbau der Mehrpunktabsaugung in der Praxis mit Sauger und Bohrpunkten mit regelbaren Ventilen.

Beide Systeme – Radonbrunnen und geregelte Mehrpunktabsaugung – benötigen eine dauerhafte aktive Ventilation mit möglichst energieeffizienten Geräten. Der Stromverbrauch liegt für ein System mit einem Radonsauger bei z. T. unter 50 Watt (entspricht ca. 440 kWh/a).

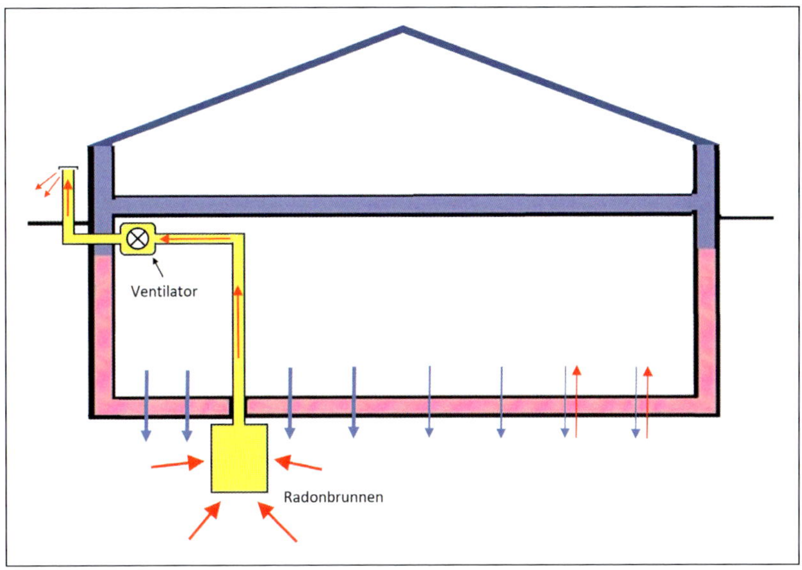

Abb. 5.18: Schema einer Radonabsaugung mit Radonbrunnen

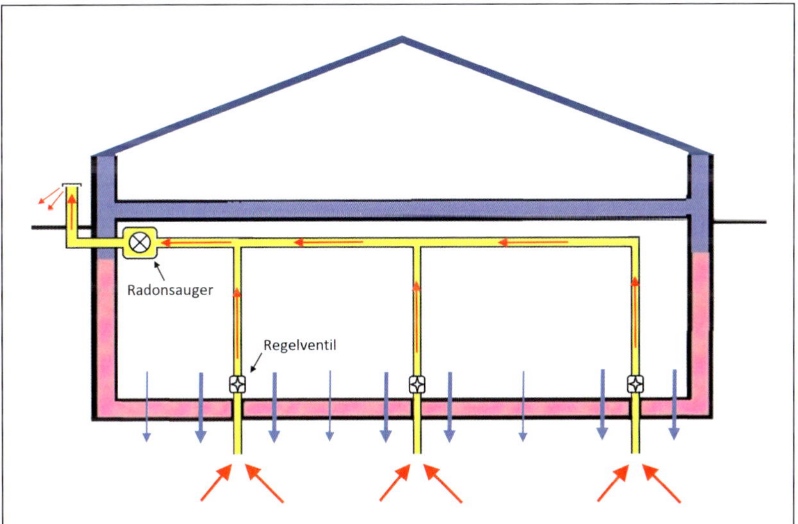

Abb. 5.19: Schema einer Radonabsaugung mit geregelter Mehrpunktabsaugung

Bei der Absaugung durch einen Radonbrunnen werden auch Lösungen mit passiven Systemen über einen entsprechend dimensionierten Abluftschacht beschrieben. Für die geregelte Mehrpunktabsaugung kommt dieses Verfahren aufgrund der meist zu geringen Differenzdrücke nicht infrage. Bei einem Radonbrunnen ist eine (geringe) Wirksamkeit eher bei großen Rohrquerschnitten sowie optimalen Bodenverhältnissen und Permeabilitäten denkbar. In der Praxis wird diese Variante jedoch nicht empfohlen, da die passive Absaugung witterungsbedingt mit hohen Unsicherheiten verbunden ist.

Abb. 5.20: Radonabsaugung mit geregelter Mehrpunktabsaugung; links: Bohrung in der Bodenplatte mit DIN-konformer Abdichtung und Regelventil; rechts: Bohrpunkte mit radondichten Rohrführungen (Quelle: RADEA Stammhaus GmbH, Hipoltstein)

Beim Absaugverfahren (Radonbrunnen oder Mehrpunktverfahren) werden die Absaugpunkte über radondichte Rohrverbindungen an einen in der Nähe der Außenwand angebrachten Ventilator bzw. Radonsauger angeschlossen. Hierbei wird sichergestellt, dass auf den in den Räumen – meist an der Decke – angebrachten Rohren ein Unterdruck vorherrscht. Durch eine Kernbohrung oder eine Fensteröffnung wird die radonhaltige Luft sicher nach außen geführt. Der Abstand zu Fenstern oder Aufenthaltsplätzen sollte mindestens 2 m betragen. Die abgeführte radonhaltige Bodenluft verwirbelt und verdünnt sich schnell an der Außenluft. Je nach Volumenstrom und Luftbewegung sind in 2 m Abstand schon keine kritischen Radon-Aktivitätskonzentrationen mehr nachzuweisen.

Zum Schutz der Anlage sollten die Sauger mit einer automatischen Abschaltung ausgerüstet sein für den Fall, dass Wasser in den Schacht oder in die Bohröffnungen gelangt. Die Abschaltung führt jedoch nicht zwangsläufig zu einer erhöhten Radonkonzentration im Innenraum, da bei anstehendem Wasser im Bodenuntergrund in der Regel auch kein erhöhtes Radonrisiko durch konvektiven Radoneintritt vorliegt.

Eine Absaugung kann auch innerhalb der Gebäudehülle eingesetzt werden. In einigen Fällen können Radonreservoirs auch aus Hohlräumen, Zwischenwänden, Hohlböden, Kriechkellern oder Installationsschächten effektiv abgesaugt werden. Bei dieser Variante handelt es sich aus technischer Sicht eher um eine lüftungstechnische Maßnahme (Maßnahme BA nach DIN/TS 18117-1).

5.4.2 Praxisbeispiel – Radonsanierung eines Einfamilienhauses mit der Mehrpunktabsaugung (SSD-Methode)

In einem Wohnhaus im Essener Süden aus den 1960er-Jahren in Hanglage (mit Streifenfundament, außerhalb eines Radonvorsorgegebietes) wurden mehr oder weniger zufällig Radonmessungen in der Raumluft nach einer umfangreichen Renovierung des Gebäudes durchgeführt. Die gemessenen

Abb. 5.21: Radonsauger mit Zu- und Abluftrohren (Quelle: RADEA Stammhaus GmbH, Hipoltstein)

Radonkonzentrationen lagen im hochwertig feuchtesanierten und eingerichteten Gartengeschoss mit Hobbyräumen und Büro bei 1.000 Bq/m^3 in der Raumluft. Im Erdgeschoss lagen Konzentrationen von ca. 300 Bq/m^3 vor. Die Geologie der Umgebung bietet nach Prognose des BfS-Geoportals ein mittleres bis erhöhtes Radonpotenzial von 37 (RP) und Bodenluftkonzentrationen um 70 bis 90 kBq/m^3 (90. Perzentil).

Radon-Sniffing-Messungen vor Ort ergaben auffällig erhöhte Radonkonzentrationen über 10.000 Bq/m^3 an allen Messpunkten mit Leckagen im Wand- und Bodenbereich sowie unter dem neuen Holzdielenboden auf dem frisch eingebrachten Estrich (vgl. Abb. 5.22).

Punktuelle oder flächige Abdichtungen kamen aus sachverständiger Sicht in der Gesamtbetrachtung der Ergebnisse vor Ort nicht infrage. Aufgrund der abgeschätzten hohen Quellstärke erschien ein ausreichender Sanierungserfolg bis zum gewünschten Zielwert von unter 100 Bq/m^3 über eine lüftungstechnische Anlage wenig erfolgversprechend. Hierzu hätte die Radonproblematik besser im Vorfeld der umfangreichen Sanierung des Gartengeschosses erkannt werden müssen. Eventuell wäre vor der Installation des neuen Bodenaufbaus mit Heizestrich und Holzdielen eine Abdichtung gegenüber Radon im Bereich der Böden und Wände möglich gewesen, um in Kombination mit einem technischen Lüftungskonzept die Radonsituation in den Griff zu bekommen.

Für die Radonsanierung wurde schließlich eine „minimalinvasive“ Mehrpunktabsaugung umgesetzt. Auf der Grundfläche von 100 m^2 konnte mit 2 Absaugpunkten und einem Radonsauger ein schneller und konsequenter Sanierungserfolg erreicht werden. Die Anlage wurde an einem Tag installiert und in Betrieb genommen (vgl. Abb. 5.23). Seit der Inbetriebnahme der Absaugung liegen die Radon-Aktivitätskonzentrationen in der Luft dauerhaft in allen Räumen im Untergeschoss deutlich unter dem gewünschten Zielwert von 100 Bq/m^3.

Abb. 5.22: Radonmessungen (Radon-Sniffing) in einem Einfamilienhaus in Essen mit Auffälligkeiten in Wand- und Bodenbereichen

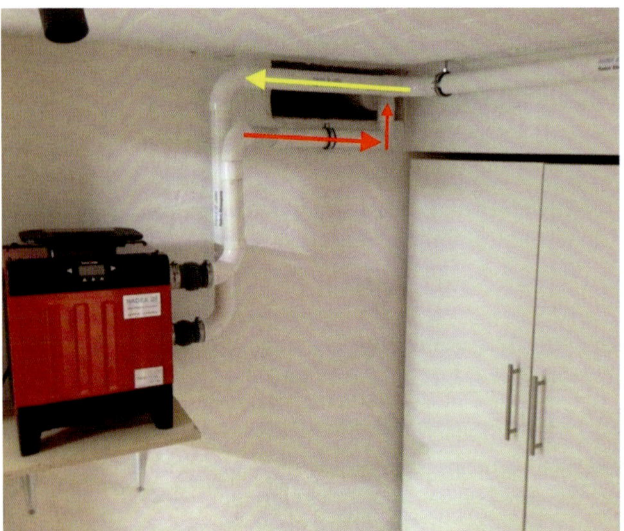
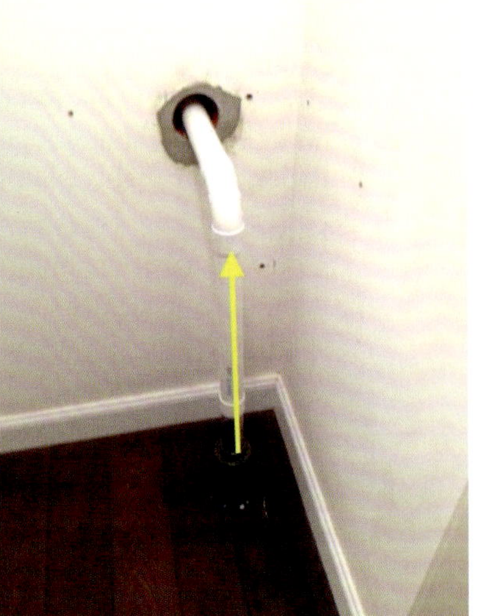

Abb. 5.23: Radonsauger in einem Einfamilienhaus in Essen (links) mit Bohrpunkt in einer Abstellkammer (rechts)

5.5 Sanierungskontrolle

Die Kontrolle einer Sanierung sollte nach dem in Kapitel 3.8.3 dargestellten Ablaufschema zweistufig über eine **Wirksamkeitskontrolle** und eine **Endkontrolle** erfolgen. Vor einer Raumluftmessung ist zunächst im Rahmen der Wirksamkeitskontrolle zu prüfen, ob alle vorgesehenen und geplanten Maßnahmen durchgeführt wurden. Anschließend sollten Übersichtsmessungen in der Raumluft über ca. 14 Tage durchgeführt werden (ggf. zeitauflösend). Die Bewertung der Ergebnisse sollte unter Berücksichtigung der für den Radoneintritt relevanten Einflussfaktoren (Klima, Jahresgang usw.) vorgenommen werden. Bei Abdichtungsmaßnahmen könnte eine Kontrolle der Wirksamkeit zusätzlich durch eine Provokationsmessung im Unterdruck erfolgen (Dichtheitsprüfung gemäß Rn_{50}-Test, vgl. Kapitel 3.4).

Wenn alle Beurteilungen und Messergebnisse in Bezug auf den Sanierungserfolg und den anzustrebenden Zielwert (Auslegungswert) plausibel erscheinen, sind Langzeitmessungen für die Endkontrolle durchzuführen. Bei Abweichungen oder Hinweisen auf eine unzureichende Wirksamkeit sollten Nachbesserungen erfolgen, um danach die Wirksamkeit erneut zu überprüfen.

Als Endkontrolle sollten zur gesundheitlichen Bewertung Langzeitmessungen der Radonkonzentrationen in der Innenraumluft über einen Zeitraum von 12 Monaten durchgeführt werden. Für Aufenthaltsräume besteht ggf. auch die Möglichkeit verkürzter Messzeiten über 3 Monate (gemäß DIN ISO 11665-8) während der normalen Nutzung der Räume, wobei mindestens die Hälfte der Messzeit in der Heizperiode liegen muss. Für Arbeitsplätze sind Messungen über 12 Monate mit Messgeräten einer „anerkannten Stelle“ nach § 155 StrlSchV erforderlich.

6 Beispiele für Radonuntersuchungen in der Praxis

Die nachfolgenden Praxisbeispiele behandeln Gebäude, in denen durch Voruntersuchungen (Langzeitmessungen) auffällig hohe Radonkonzentrationen in der Raumluft festgestellt wurden. In einigen der beschriebenen Fälle aus Radonvorsorgegebieten wurden durch Jahresmessungen auch deutliche Überschreitungen des Referenzwertes am Arbeitsplatz festgestellt. Die in den folgenden Unterkapiteln abgebildete Vorgehensweise ist an das in Kapitel 3.8.3 dargestellte Ablaufschema angepasst (vgl. dort die Angaben unter „3. Begutachtung von Objekten mit deutlichen Referenzwertüberschreitungen").

Bei der Begehung vor Ort wurden folgende Verdachtsmomente in Bezug auf ein mögliches Radonrisiko besonders beachtet:

- **Radoneintritt in das Gebäude** (Beurteilung der Quellstärke): Räume mit erdberührender Gebäudehülle, Eintritt durch das Fundament, Durchdringungen, offene Rohrverbindungen und Durchführungen in das Erdreich, Technikräume, Kellerräume usw.,
- **Radonverteilung im Gebäude:** Beurteilung lufttechnischer Verbindungen zwischen Etagen, offene Treppen und Flure sowie Durchdringungen durch die Kellerdecke (z. B. für Elektro- und Heizungsinstallation), Fahrstuhlschächte, Kamine, Leerrohre usw.,
- **Lüftung und Luftwechsel:** Beurteilung der Verdünnung und der Senkeneffekte sowie Beurteilung der Infiltrationslüftung (geschätzter natürlicher Infiltrationsluftwechsel im Tagesmittel), Art der Raumlüftung (manuell über die Fenster oder ventilatorgestützt).

Zur Beurteilung des Radoneintritts wurden in den Untersuchungsobjekten – außer im Beispiel Wasserwerk (Kapitel 6.5) – Kurzzeit-Radonmessungen zur Quellensuche mit Radon-Sniffing durchgeführt. Hierbei werden konvektive Eintrittsstellen über die erdberührende Gebäudehülle in den Innenraum über Stichproben betrachtet. Für eine aktive Unterdruckhaltung wurde eine Blower-Door-Messeinrichtung in den zu prüfenden Räumen und Bereichen in den Außentüren oder Fensterrahmen installiert. Anschließend wurde mit der Blower-Door-Messeinrichtung in Anlehnung an DIN EN ISO 9972 eine Druckdifferenz gegenüber der Außenluft von bis zu 50 Pa hergestellt. Zur Quellensuche wurden aktive Messungen an typischen verdächtigen Stellen wie z. B. Fugen, Rissen, Durchführungen, Steckdosen, Sockelbereichen oder Bodenklappen mit direkt anzeigenden elektronischen Messgeräten mit integrierten Pumpen über das Ansaugen radonhaltiger Luft durchgeführt.

6.1 Untersuchungsobjekt Einfamilienhaus

Das Wohnhaus (Baujahr 1903) in Hanglage mit Unterkellerung ist ein frei stehendes Einfamilienhaus mit Keller, Erdgeschoss und Obergeschoss und liegt nicht in einem Radonvorsorgegebiet.

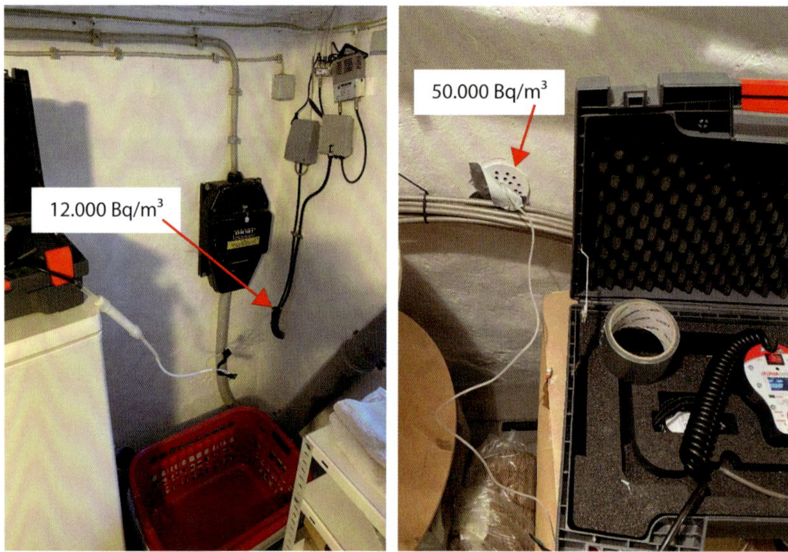

Abb. 6.1: Untersuchungsobjekt Einfamilienhaus – stichprobenartige Quellensuche; links: Waschkeller, Wandanschluss Telekom (Messpunkt 1); rechts: Kellerflur, Wand (Messpunkt 4)

Durch Messungen mit Festkörperspurdetektoren (FKSD) über 12 Monate (April 2021 bis April 2022) zeigten sich während der normalen Nutzung mit **770 bis 800 Bq/m³** auffällig erhöhte Radon-Aktivitätskonzentrationen in der Luft von Erd- und Untergeschoss (vgl. Tabelle 6.1). Weitere eigene Messungen des Bewohners mit elektronischem Messgerät zeigten im Verlauf des Jahres 2022 auch im Sommer häufig auffällig erhöhte Spitzenwerte in der Nacht bis **über 1.000 Bq/m³** in der Raumluft in der ungelüfteten Raumsituation im Keller.

Weitere Untersuchungen sollen zur Beurteilung der verbleibenden Radon-Eintrittsstellen und deren Lokalisierung dienen und die weitere Vorgehensweise zum Radonschutz aufzeigen (vgl. Tabelle 6.2). Die farbigen Markierungen in Tabelle 6.2 verdeutlichen die Bewertung der Eintrittsstellen nach Tabelle 3.5 (rot = stark auffällig, orange = deutlich auffällig, gelb = schwach auffällig).

Tabelle 6.1: Untersuchungsobjekt Einfamilienhaus – Messwerte Raumluft (Jahresmessungen)

Raum	Radon-Aktivitätskonzentration in Bq/m³
Schlafzimmer Erdgeschoss	800
Flur/Lagerraum im Untergeschoss	770

Abb. 6.2: Untersuchungsobjekt Einfamilienhaus – stichprobenartige Quellensuche; links: Waschkeller, Boden (Messpunkt 6); rechts: Heizkeller, Wandöffnungen (Messpunkte 8 und 9)

Tabelle 6.2: Untersuchungsobjekt Einfamilienhaus – Übersicht Messungen vor Ort im Untergeschoss (Quellensuche/Radon-Sniffing), Auszug

Nr.	Raum	Messpunkt	Quellensuche Radon-Aktivitätskonzentration in Bq/m^3
1	Waschkeller	Wandanschluss Telekom (vgl. Abb. 6.1 links)	12.000
2	Kellerflur	Sockelbereich Boden	6.000
3	Kellerflur	Außenwand unter der Treppe	2.000
4	Kellerflur	Wandöffnung Loch (vgl. Abb. 6.1 rechts)	50.000
5	Lagerraum	Kamin/Abfluss	2.000
6	Waschkeller	Boden (vgl. Abb. 6.2 links)	40.000
7	Heizungsraum	Wandöffnung links	2.000
8	Heizungsraum	Wandöffnung Mitte (vgl. Abb. 6.2 rechts)	12.000
9	Heizungsraum	Wandöffnung rechts (vgl. Abb. 6.2 rechts)	12.000

Bemerkungen zu den Messungen vor Ort

Besonders auffällige Radon-Eintrittsstellen sind im Wandbereich im Kellerflur und am Kellerboden in der Waschküche festzustellen (vgl. Abb. 6.1 und 6.2). An diesen Messpunkten liegen Radon-Aktivitätskonzentrationen von bis zu **50.000 Bq/m³** beim Radon-Sniffing vor, die schon im üblichen Konzentrationsbereich der Bodenluft liegen (vor Ort können gemäß BfS-Geoportal sogar deutlich höhere Radonkonzentrationen in der Bodenluft bis über 100.000 Bq/m³ vorliegen). Weitere besonders auffällige Radon-Eintrittsstellen liegen im Waschkeller am Wandanschluss der Telekom und an den offenen Wanddurchführungen im Heizkeller vor.

Alle Messungen bestätigen eine **deutliche bis starke Radonauffälligkeit** in dem Kellerbereich. Insgesamt ist ein vielseitiger Radoneintritt über Undichtigkeiten im Boden- und Wandbereich der erdberührten Gebäudehülle zu erkennen. Es zeigt sich eine Anreicherung von Radon über den Bodenaufbau (Fundament, Betonplatte, Risse und Durchführungen) und die unteren erdberührenden Wandbereiche (Mauersteine, Fugen, Öffnungen, Anschlüsse).

Daher wird davon ausgegangen, dass der Radoneintritt in den Keller zu einem großen Teil aus **punktuell konvektiv stark wirksamen Eintrittsstellen** der Messpunkte 1, 4, 8 und 9 resultiert. Zusätzlich ist auch von **großflächigen Eintrittspfaden** (Risse in der Bodenplatte, Anreicherung unter der Bodenplatte/Estrich, Durchführungen, Mauerwerk, Fugen usw.) sowie ggf. von etwas Diffusion durch Kelleraußenwände und Bodenplatte auszugehen.

Gelüftet werden die Räume bisher nur über manuelle Fensterlüftung. Der vorhandene Treppenaufgang (Holztreppe mit Kellertür) stellt derzeit kein besonders großes Hindernis für die Radonausbreitung im Hausflur und in den Wohnbereichen des Erd- und Obergeschosses dar.

Tabelle 6.3 zeigt eine Übersicht zur Konzepterstellung für die Radonsanierung in diesem Gebäude.

Tabelle 6.3: Untersuchungsobjekt Einfamilienhaus – Übersicht Konzepterstellung für die Radonsanierung

Maßnahme	Sanierungsziel: < Referenzwert (< 300 Bq/m³)	Sanierungsziel: < Empfehlungswert (< 100 Bq/m³)
Lüftung	ggf. als zusätzliche Maßnahme	erforderlich
Abdichtung	erforderlich	erforderlich
Absaugung	wahrscheinlich nicht erforderlich	ggf. erforderlich

Aufgrund der auffälligen Untersuchungsergebnisse sowie der Beurteilung vor Ort liegt ein Handlungsbedarf vor in Bezug auf die sichere Einhaltung bzw. Unterschreitung des angestrebten Zielwertes (100 Bq/m³ im Jahresmittel in den regelmäßig genutzten Räumen des Untergeschosses und des

Erdgeschosses). Wirksame Maßnahmen beinhalten **Abdichtungen** von nachgewiesenen punktuellen Radon-Eintrittsstellen, die Reduzierung der Radonverteilung im Gebäude sowie eine Verbesserung der **Raumbelüftung**.

Eine umfangreichere Radonsanierung mit **Absaugung** unter der Bodenplatte (Prinzip Radonbrunnen mit regelbaren Absaugpunkten an mehreren Stellen) kommt nach der Beurteilung des Ortstermins und der bisher gemessenen Radonwerte ebenso als Lösung infrage. Diese Methode ist effektiv, aber auch kostenintensiver als die vorgenannten Maßnahmen zum Radonschutz. Allerdings könnte bei ihrer Umsetzung zur Erreichung eines höheren Schutzzieles (z. B. 100 Bq/m^3) auf umfangreiche Maßnahmen zur Abdichtung und Raumbelüftung im Kellerbereich verzichtet werden.

Hinweise zu lüftungstechnischen Maßnahmen

Für den Kellerbereich bietet sich eine Querlüftung mit aktiver Ventilation (Einbau an 2 Stellen in den Fensteröffnungen) möglichst druckneutral oder mit einem leichten Überdruck von wenigen Pascal zur Reduzierung der Radonlast über das Kellervolumen an. Der Luftwechsel im Keller sollte bei mindestens 0,5/h liegen (der Volumenstrom ist je nach Raumvolumen anzupassen). Gegebenenfalls kann eine Kellerbelüftung mit geringem Überdruck auch aus dem Wohnbereich des Erdgeschosses erfolgen. Der Erfolg wäre jedoch messtechnisch zu überprüfen. Bei der dieser Art der Kellerbelüftung ist es erforderlich, eine Abdichtung aller möglichen lüftungstechnischen Verbindungen zwischen Erdgeschoss und Untergeschoss auszuführen (offene Treppenaufgänge, Durchführungen, Elektrokabel, Rohre, Einbau von Kellertüren usw.).

Hinweise zu baulichen Maßnahmen (Abdichtung)

Aufgrund der detektierten Radon-Eintrittspfade und der Verteilung über Boden- und Wandbereiche sind abdichtende Maßnahmen gegenüber dem Erdreich in der derzeitigen Situation gut möglich.

Folgende Abdichtungen kommen zur Reduzierung des Radoneintritts in das Gebäude sowie zur Reduzierung der Weiterverteilung des Radons im Haus infrage:

- Verschließen und Abdichten aller Medien- und Rohrdurchführungen im Waschkeller, im Kellerflur und im Heizkeller (Messpunkte 1, 4, 8 und 9; diese Maßnahme sollte in jedem Fall durchgeführt werden),
- Abdichtung Treppenaufgang mit Kellertür (Türdichtungen),
- Abdichtung aller Durchdringungen (Kabel, Rohre, Leitungen) durch die Kellerdecke zwischen Keller und Erdgeschoss.

Der Einsatz von radondichten Flächenabdichtungen (Folien, Dichtungsschlämme) an Boden- und Wandbereichen des Kellers erscheint in der Situation vor Ort wenig sinnvoll, da dieser nicht wirtschaftlich darstellbar ist.

Hinweise zu baulichen Maßnahmen (Absaugung)

Die Unterschreitung des Referenzwertes sollte bei konsequenter Durchführung der o.g. Maßnahmen zur Lüftung und Abdichtung gut erreichbar sein.

Zur Erreichung eines höheren Schutzzieles (z.B. 100 Bq/m^3) stellt die Maßnahme der Absaugung für sich allein betrachtet – also sogar ohne vorangehende Maßnahmen der Lüftung und Abdichtung – wahrscheinlich die wirtschaftlichste und am schnellsten realisierbare Lösung dar.

Die Anreicherung und Weiterleitung von Radon im Mauerwerk sowie die Anreicherung im Bodenaufbau des Untergeschosses kann mit der Absaugung wirksam „an der Wurzel" entgegengewirkt werden. Aufgrund des bei dieser Maßnahme generierten Unterdrucks unter der Gebäudehülle kann Radon nicht mehr über die sonst wirksame Druckdifferenz konvektiv aus dem Erdreich in das Gebäude gelangen.

Fazit

Durch eine Kombination von zuvor genannten Maßnahmen zur Abdichtung und Lüftung allein kann in der Luft der Kellerräume eventuell ein Radon-Jahresmittelwert von unter 300 Bq/m^3 erreichbar sein. Eine sichere Unterschreitung von 100 Bq/m^3 in der Luft der Wohnbereiche von Unter-, Erd- und Obergeschoss ist wahrscheinlich nur durch Maßnahmen der Absaugung unter der Bodenplatte zu erzielen.

6.2 Untersuchungsobjekt Kita 1

Das Gebäude aus den 1970er-Jahren befindet sich seit der Ausweisung im Jahr 2021 in einem Radonvorsorgegebiet und wird als Kindertagesstätte genutzt. Zu dem eingeschossigen Gebäude gehören 2 von außen begehbare kleinere Kellerräume (Teilunterkellerung).

Aufgrund der Messpflicht an Arbeitsplätzen wurden Jahresmessungen in Bezug auf Radon in der Raumluft durchgeführt. Die Ergebnisse zeigten deutliche Überschreitungen des Referenzwertes in allen geprüften Räumen. Zum Teil gab es auch Überschreitungen, die oberhalb des Messbereiches der Messgeräte lagen (Dosimeter im Überlauf). Der Maximalwert mit Überschreitung lag im Gruppenraum „Grashüpfer" vor (vgl. Tabelle 6.4.).

Tabelle 6.4: Untersuchungsobjekt Kita 1 – Messwert Raumluft, Maximalwert in der Kita (Jahresmessung Arbeitsplatz)

Raum	Radon-Aktivitätskonzentration in Bq/m^3
Gruppenraum 3 „Grashüpfer"	> 1.700 (Dosimeter im Überlauf)

Tabelle 6.5 zeigt eine Übersicht der Messungen vor Ort zur Quellensuche mit Radon-Sniffing. An allen Messpunkten konnten starke Auffälligkeiten festgestellt werden. Tabelle 6.6 zeigt eine Übersicht zur Konzepterstellung für die Radonsanierung in diesem Gebäude.

Tabelle 6.5: Untersuchungsobjekt Kita 1 – Übersicht Messungen vor Ort (Quellensuche/Radon-Sniffing), Auszug

Nr.	Raum	Messpunkt	Quellensuche Radon-Aktivitätskonzentration in Bq/m³
1	Flur Gruppe 1	Sockelbereich (vgl. Abb. 6.3)	50.000
2	Flur Gruppe 2	Sockelbereich (vgl. Abb. 6.4)	> 100.000
3	Flur Spielraum 15	Sockelbereich	45.000
4	Turnraum	Sockelbereich	30.000
5	Flur Waschraum	Sockelbereich	60.000
6	Flur Gruppe 3	Sockelbereich	70.000
7	Flur Eingang	Wand/Steckdose (vgl. Abb. 6.5)	30.000

Tabelle 6.6: Untersuchungsobjekt Kita 1 – Übersicht Konzepterstellung für die Radonsanierung

Maßnahme	Sanierungsziel: < Referenzwert (< 300 Bq/m³)	Sanierungsziel: < Empfehlungswert (< 100 Bq/m³)
Lüftung	ggf. als zusätzliche Maßnahme	ggf. als zusätzliche Maßnahme
Abdichtung	nicht erreichbar/erforderlich	nicht erreichbar/erforderlich
Absaugung	erforderlich	erforderlich

Bemerkungen zu den Messungen vor Ort

- **Beurteilung Radoneintritt:** Die Messungen vor Ort zeigen mit einer maximalen Radon-Aktivitätskonzentration von **über 100.000 Bq/m³** bei der Quellensuche im Unterdruckverfahren einen **intensiven konvektiven Radoneintritt** mit Radonwerten im Bereich der ortsüblichen Bodenluftkonzentrationen in 1 m Tiefe (nach BfS-Geoportal).
- **Beurteilung Lüftung/Luftwechsel:** Die Lüftung erfolgt in dem Gebäude über manuelle Fensterlüftung. Die durchschnittliche Luftwechselrate liegt während der Nutzung in der Heizperiode für den Gebäudetyp in der Regel bei ca. 0,2/h bis 0,3/h.
- **Beurteilung bauliche Situation:** Das Gebäude liegt in einer lokalen Senke (Hanglage) ohne durchgehende Unterkellerung. Es gibt 2 kleinere von außen begehbare Kellerbereiche. Es kann davon ausgegangen werden, dass der überwiegende Teil der Radonlast nicht über die Kellerräume, sondern direkt über das Fundament verursacht wird.

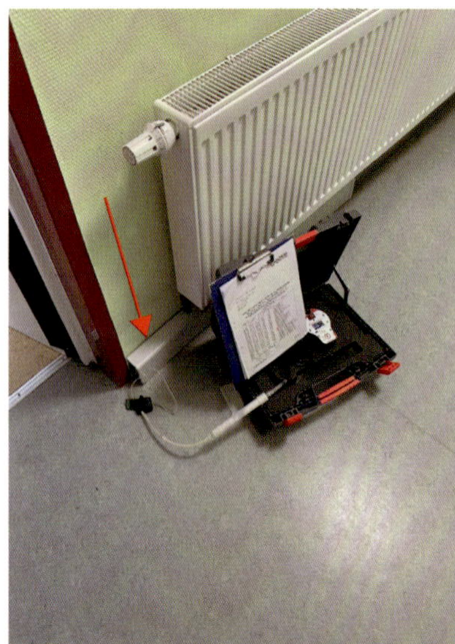

Abb. 6.3: Untersuchungsobjekt Kita 1 – Quellensuche im Sockelbereich, Flur Gruppe 1 (Messergebnis Radon-Sniffing: 50.000 Bq/m³)

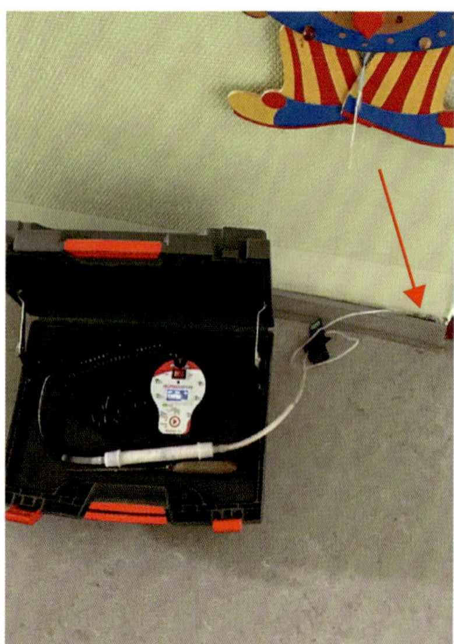

Abb. 6.4: Untersuchungsobjekt Kita 1 – Quellensuche im Sockelbereich, Flur Gruppe 2 (Messergebnis Radon-Sniffing: über 100.000 Bq/m³)

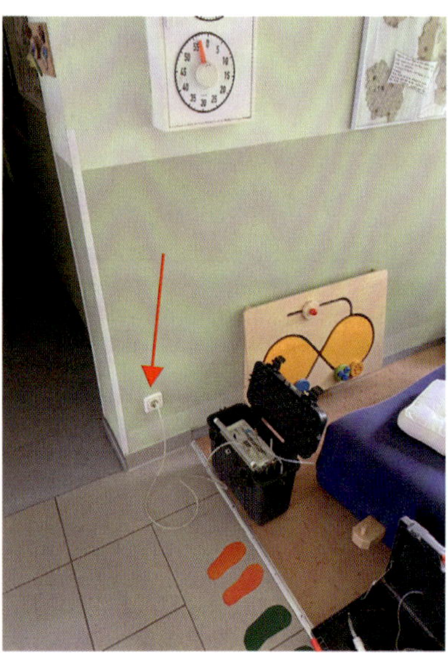

Abb. 6.5: Untersuchungsobjekt Kita 1 – Quellensuche an Steckdose/Wand, Flur Eingangsbereich (Messergebnis Radon-Sniffing: 30.000 Bq/m³)

Bemerkungen zu Sanierungskonzept 1 (Referenzwert)

Aufgrund des großflächigen Radoneintritts und der hohen bis sehr hohen Radonwerte in der Raumluft und an den gemessenen Eintrittsstellen an Böden und Wänden kommt zur Einhaltung des gesetzlichen Referenzwertes aus sachverständiger Beurteilung nur eine Radonsanierung nach dem **Absaugverfahren** infrage. Zur Installation der Radonsauger eignen sich die vorhandenen Kellerräume der Teilunterkellerung des Gebäudes. Das Sanierungsziel mit einer Unterschreitung des Referenzwertes sollte nach dieser Methode gut erreichbar sein.

Bemerkungen zu Sanierungskonzept 2 (höheres Schutzziel)

Aufgrund der hohen Radonlast im Gebäude ist es schwer abzuschätzen, mit welchen Maßnahmen ein höheres Schutzziel von 100 Bq/m^3 in der Raumluft erreicht werden kann (Empfehlungswert nach BfS/UBA/WHO). Eventuell ist zur Erreichbarkeit eines höheren Schutzziels zusätzlich zu den Maßnahmen der Absaugung eine Verbesserung des Lüftungskonzeptes erforderlich (ventilatorgestützt, z. B. dezentrales Lüftungssystem mit Wärmerückgewinnung). Zuvor sollte jedoch der Bedarf zusätzlicher Maßnahmen durch Kontrolle nach der Umsetzung der Absaugmaßnahmen festgestellt werden.

6.3 Untersuchungsobjekt Kita 2

Das als Kindertagesstätte genutzte Gebäude wurde in den Jahren 2014 und 2015 erbaut (inkl. Erweiterungsbau) und liegt seit der Ausweisung im Jahr 2021 in einem Radonvorsorgegebiet. Zu dem eingeschossigen Gebäude gehört ein von außen und innen begehbarer Kellerbereich (Teilunterkellerung) mit Saunabereich, Technik- und Lagerräumen.

Aufgrund der Messpflicht an Arbeitsplätzen wurden Jahresmessungen in Bezug auf Radon in der Raumluft durchgeführt. Die Ergebnisse zeigten deutliche Überschreitungen des Referenzwertes in den von der Kindertagesstätte regelmäßig genutzten Kellerräumen mit einem Maximalwert im Bereich Sauna (vgl. Tabelle 6.7).

Tabelle 6.7: Untersuchungsobjekt Kita 2 – Messwert Raumluft, Maximalwert in der Kita (Jahresmessung Arbeitsplatz)

Raum	Radon-Aktivitätskonzentration in Bq/m^3
Keller, Sauna Untergeschoss	720

Tabelle 6.8 zeigt eine Übersicht der Messungen vor Ort zur Quellensuche mit Radon-Sniffing. Auffälligkeiten konnten nur im Technikraum (Untergeschoss) festgestellt werden. Tabelle 6.9 zeigt eine Übersicht zur Konzepterstellung für die Radonsanierung in diesem Gebäude.

Tabelle 6.8: Untersuchungsobjekt Kita 2 – Übersicht Messungen vor Ort (Quellensuche/Radon-Sniffing), Auszug

Nr.	Raum	Messpunkt	Quellensuche Radon-Aktivitätskonzentration in Bq/m³
1	Technikraum Untergeschoss	Wand/Strom-Hauptanschluss (vgl. Abb. 6.6)	20.000
2	Heizungsraum Untergeschoss	Verdachtsstellen (vgl. Abb. 6.7)	< 500
3	Lagerraum Untergeschoss	Verdachtsstellen	< 500
4	Vorraum 1 Untergeschoss	Verdachtsstellen	< 500
5	Vorraum 2 Untergeschoss	Verdachtsstellen	< 500

Tabelle 6.9: Untersuchungsobjekt Kita 2 – Übersicht Konzepterstellung für die Radonsanierung

Maßnahme	Sanierungsziel: < Referenzwert (< 300 Bq/m³)	Sanierungsziel: < Empfehlungswert (< 100 Bq/m³)
Lüftung	nicht erforderlich	ggf. als zusätzliche Maßnahme
Abdichtung	erforderlich	erforderlich
Absaugung	nicht erforderlich	nicht erforderlich

Bemerkungen zu den Messungen vor Ort

- **Beurteilung Radoneintritt:** Die Messungen vor Ort zeigen mit einer maximalen Radon-Aktivitätskonzentration von **20.000 Bq/m³** bei der Quellensuche im Unterdruckverfahren einen **starken punktuellen konvektiven Radoneintritt** im Technikraum des Untergeschosses (Wanddurchführung Stromkabel [Hauptanschluss]). Weitere auffällige Eintrittsstellen wurden im Kellerbereich nicht vorgefunden.
- **Beurteilung Lüftung/Luftwechsel:** Die Lüftung erfolgt in dem Gebäude über manuelle Fensterlüftung (Nutzungsbereich Erdgeschoss). Die durchschnittliche Luftwechselrate liegt während der Nutzung in der Heizperiode für den Gebäudetyp in der Regel bei ca. 0,2/h. Im Untergeschoss sind Abluftventilatoren im Heizungsraum (vgl. Abb. 6.8) und im Flur zur Sauna installiert, die derzeit nicht genutzt werden.

Abb. 6.6: Untersuchungsobjekt Kita 2 – Quellensuche an Strom-Hauptanschluss, Technikraum Untergeschoss (Messergebnis Radon-Sniffing: 20.000 Bq/m³)

Abb. 6.7: Untersuchungsobjekt Kita 2 – Quellensuche an Verdachtsstellen, Heizungsraum Untergeschoss (Messergebnis Radon-Sniffing unauffällig)

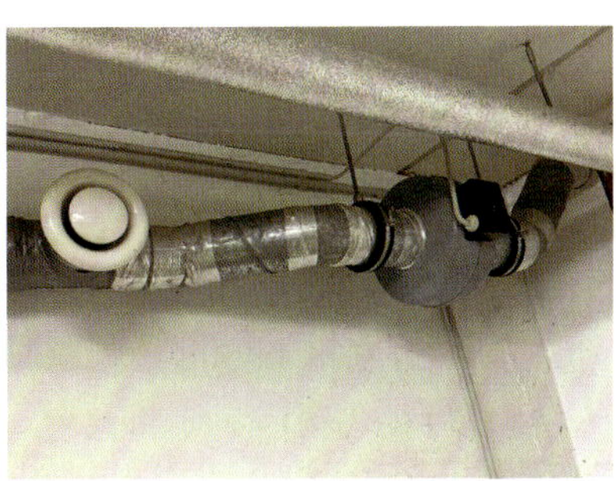

Abb. 6.8: Untersuchungsobjekt Kita 2 – Abluftventilation im Heizungsraum (Untergeschoss) mit Einbauventilator und Absaugöffnung, derzeit ungenutzt

- **Beurteilung bauliche Situation:** Das Gebäude (inkl. Erweiterungsbau von 2015) weist keine durchgehende Unterkellerung auf und hat einen von innen begehbaren Kellerbereich mit Saunabereich, Technik- und Lagerräumen. Es kann davon ausgegangen werden, dass der überwiegende Teil der Radonlast im Bereich Sauna über den angrenzenden Technikraum verursacht wird (undichter Stromanschluss).

Bemerkungen zu Sanierungskonzept 1 (Referenzwert)

Referenzwertüberschreitungen liegen nur im Untergeschoss in dem an den Technikraum angrenzenden Kellerflur zur Sauna vor. Aufgrund des deutlichen punktuellen Radoneintritts kommt zur Einhaltung des gesetzlichen Referenzwertes aus sachverständiger Beurteilung eine Radonsanierung über eine nachträgliche Abdichtung der undichten Stromdurchführung im Technikraum des Untergeschosses infrage (mit Dichtungsschlämmen oder Rohrdurchführungssystem). Zusätzlich könnte der Technikraum zur Sicherheit besser belüftet werden (ggf. Anschluss an das vorhandene Lüftungssystem [Heizkeller/Lagerraum]; vgl. Abb. 6.8). Das Sanierungsziel mit einer Unterschreitung des Referenzwertes sollte nach dieser Methode gut erreichbar sein.

Bemerkungen zu Sanierungskonzept 2 (höheres Schutzziel)

Das Sanierungsziel mit Erreichbarkeit eines höheren Schutzziels von 100 Bq/m^3 in der Raumluft (Empfehlungswert nach BfS/UBA/WHO) erscheint für den Kellerbereich wegen der geringen Aufenthaltsdauer nicht notwendig. Für die Räume im Erdgeschoss, die keine Referenzwertüberschreitungen aufweisen (Radonwerte zwischen 65 und 240 Bq/m^3), sind durch die o. g. Maßnahmen Reduzierungen der Radonlast zu erwarten. Eventuell ist zur sicheren Erreichbarkeit eines höheren Schutzziels zusätzlich eine Verbesserung des Lüftungskonzeptes erforderlich (ventilatorgestützt, z. B. dezentrales Lüftungssystem mit Wärmerückgewinnung). Zuvor sollte jedoch der Bedarf zusätzlicher Maßnahmen durch Kontrolle nach Umsetzung der Abdichtungsmaßnahmen im Untergeschoss festgestellt werden.

6.4 Untersuchungsobjekt Sporthalle

Das Gebäude aus den 1960er-Jahren befindet sich seit der Ausweisung im Jahr 2021 in einem Radonvorsorgegebiet und wird als Sporthalle mit angrenzender Kegelbahn genutzt. Das eingeschossige Gebäude ohne Keller befindet sich in starker Hanglage und der hintere Gebäudeteil wurde in den Fels gebaut. Die Halle wurde früher als Versammlungsraum genutzt und hatte eine Abluftanlage, die seit vielen Jahren nicht mehr in Betrieb ist.

Aufgrund der Messpflicht an Arbeitsplätzen wurden Jahresmessungen in Bezug auf Radon in der Raumluft durchgeführt. Die Ergebnisse zeigten deutliche Überschreitungen des Referenzwertes in allen geprüften Räumen bzw. Raumbereichen (Sporthalle, Kegelbahn). Zum Teil gab es auch Überschreitungen oberhalb des Messbereiches der Messgeräte (Dosimeter im Überlauf).

Kurzzeitmessungen an einem Sommertag zeigen in der Sporthalle **Radon-Aktivitätskonzentrationen von 12.000 Bq/m^3** in der **Raumluft.** Deswegen ist davon auszugehen, dass der Jahresmittelwert wahrscheinlich deutlich über 1.600 Bq/m^3 liegen wird (obere Bestimmungsgrenze bei der Jahresmessung mit einem Dosimeter). Es liegen Ergebnisse von 2 Messpunkten vor (vgl. Tabelle 6.10).

Tabelle 6.10: Untersuchungsobjekt Sporthalle – Messwerte Raumluft (Jahresmessung Arbeitsplatz)

Raum	Radon-Aktivitätskonzentration in Bq/m^3
Sporthalle (Vorraum)	> 1.600
Kegelbahn	430

Tabelle 6.11 zeigt eine Übersicht der Messungen vor Ort zur Quellensuche mit Radon-Sniffing und in der Raumluft der Sporthalle. Auffälligkeiten konnten an allen Messpunkten in der Sporthalle festgestellt werden. Tabelle 6.12 zeigt eine Übersicht zur Konzepterstellung für die Radonsanierung in diesem Gebäude.

Tabelle 6.11: Untersuchungsobjekt Sporthalle – Übersicht Messungen vor Ort (Quellensuche/Radon-Sniffing/Raumluft), Auszug

Nr.	Raum	Messpunkt	Quellensuche Radon-Aktivitätskonzentration in Bq/m³
1	Sporthalle	Bodenluft Hallenboden, vorne (vgl. Abb. 6.9)	80.000
2	Sporthalle	Bodenluft Hallenboden, rechts (vgl. Abb. 6.9)	40.000
3	Sporthalle	Bodenluft Hallenboden, hinten (vgl. Abb. 6.10)	80.000
4	Sporthalle	**Raumluft**	**12.000**
5	Kegelbahn	Bodenspalt Anlauf (vgl. Abb. 6.11)	10.000
6	Kegelbahn	Sockelbereiche hinten	5.000

Abb. 6.9: Untersuchungsobjekt Sporthalle – Quellensuche Hallenboden vorne/rechts, Bodenluft (Messergebnis Radon-Sniffing: 40.000 bis 80.000 Bq/m³)

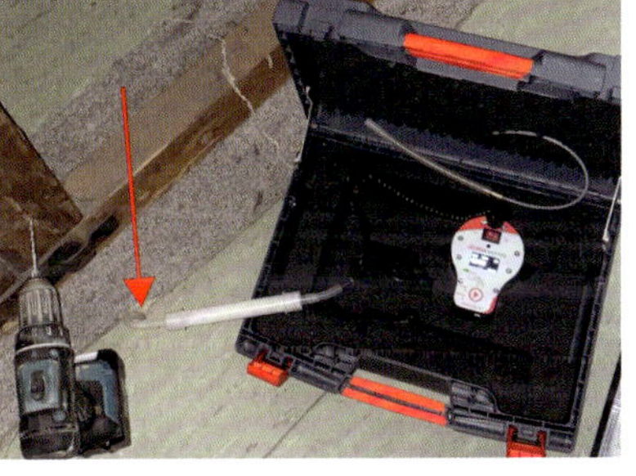

Abb. 6.10: Untersuchungsobjekt Sporthalle – Quellensuche Hallenboden hinten, Bodenluft (Messergebnis Radon-Sniffing: 80.000 Bq/m³)

Abb. 6.11: Untersuchungsobjekt Sporthalle – Quellensuche Kegelbahn, Bodenspalt am Anlauf (Messergebnis Radon-Sniffing: 10.000 Bq/m³)

Tabelle 6.12: Untersuchungsobjekt Sporthalle – Übersicht Konzepterstellung für die Radonsanierung

Maßnahme	Sanierungsziel: < Referenzwert (< 300 Bq/m³)	Sanierungsziel: < Empfehlungswert (< 100 Bq/m³)
Lüftung	ggf. als zusätzliche Maßnahme	ggf. als zusätzliche Maßnahme
Abdichtung	nicht erforderlich	nicht erforderlich
Absaugung	erforderlich	erforderlich

Bemerkungen zu den Messungen vor Ort

- **Beurteilung Radoneintritt:** Die Messungen vor Ort zeigen mit einer maximalen Radon-Aktivitätskonzentration von **80.000 Bq/m³** bei der Quellensuche in Unterdruckverfahren einen **intensiven konvektiven Radoneintritt** mit Raumluftkonzentrationen im Bereich der ortsüblichen Bodenluftwerte in 1 m Tiefe (nach BfS-Geoportal). Es kann davon ausgegangen werden, dass der überwiegende Teil der Radonlast über die gesamte Bodenfläche (Anreicherung unter dem Hallen-/Schwingboden) verursacht wird. In der großräumigen Sporthalle liegt während der Untersuchung bereits eine Radonkonzentration von **12.000 Bq/m³** in der Raumluft vor.
- **Beurteilung Lüftung/Luftwechsel:** Die Lüftung erfolgt in den Räumen über manuelle Fensterlüftung. Es ist jedoch eine Lüftungsanlage installiert, die noch aus der Vornutzung stammt und wahrscheinlich nicht mehr betriebsbereit ist. Die durchschnittliche Luftwechselrate liegt während der Nutzung in der Heizperiode für die Sporthalle inkl. Vorraum bei ca. 0,3/h (geschätzt). In den Phasen der Nichtnutzung ist von einer starken Radonanreicherung in den Räumen auszugehen.
- **Beurteilung bauliche Situation:** Das Gebäude ist nicht unterkellert und etwas in den Hang hineingebaut (hinterer Teil Sporthalle und Kegelbahn). Die Raumbereiche Sporthalle und Kegelbahn sind durch mehrere Türen getrennt. Lüftungstechnische Verbindungen bestehen jedoch über die gemeinsamen Innenwände.

Bemerkungen zu Sanierungskonzept 1 (Referenzwert)

Aufgrund des großflächigen Radoneintritts und der hohen bis sehr hohen Radonwerte in der Raumluft und an den gemessenen Reservoirs im Hallenboden kommt zur Einhaltung des gesetzlichen Referenzwertes aus sachverständiger Beurteilung eine Radonsanierung nach dem **Absaugverfahren** infrage. Aufgrund des großen Radonreservoirs unter dem Hallen-/Schwingboden sollte hier **eine Hohlraumabsaugung unter dem Hallenboden** Anwendung finden. Zur Installation der Radonsauger und Rohrleitungen können ggf. die vorhandenen Lüftungskanäle genutzt werden. Das Sanierungsziel mit einer Unterschreitung des Referenzwertes sollte nach dieser Methode erreichbar sein. Zuvor sollte jedoch die ausreichende Wirksamkeit der Hohlraumabsaugung und deren Auswirkungen auf den Bereich Kegelbahn festgestellt werden. Gegebenenfalls sind auch Absaugungen unter der Bodenplatte im Bereich Kegelbahn notwendig, um den Sanierungserfolg sicherzustellen.

Bemerkungen zu Sanierungskonzept 2 (höheres Schutzziel)

Aufgrund der hohen Radonlast ist es schwer abzuschätzen, mit welchen Maßnahmen ein höheres Schutzziel von 100 Bq/m^3 in der Raumluft erreicht werden kann (Empfehlungswert nach BfS/UBA/WHO). Eventuell ist zur Erreichbarkeit eines höheren Schutzziels die Absaugung zu optimieren und/oder zusätzlich eine Verbesserung des Lüftungskonzeptes erforderlich (ventilatorgestützt, z. B. dezentrales Lüftungssystem mit Wärmerückgewinnung).

6.5 Untersuchungsobjekt Wasserwerk

Aufgrund der Messpflicht gemäß § 127 Abs. 1 Nr. 2 StrlSchG (in Verbindung mit Anlage 8 StrlSchG) wurden für ein Wasserversorgungsunternehmen Radonmessungen an 40 Arbeitsplätzen durchgeführt.

Auch nach der alten Strahlenschutzgesetzgebung mussten die Wasserwerke ihre Arbeitsplätze hinsichtlich der Radonexposition regelmäßig überprüfen (im Fall des untersuchten Wasserwerkes zuletzt im Jahr 2001 erfolgt). Für die Wasserversorger liegt eine besondere Situation vor, da Radon im Grund- bzw. Quellwasser gelöst wird und u. a. durch offene Wasserflächen in Sammelschächten, Aufbereitungen, Hochbehältern oder Brunnenanlagen in die Raumluft gelangt. Besonders betroffen sind hierbei Brunnenanlagen (Brunnenstuben). Bei einer Auswahl von Messungen an 8 Standorten in Nordrhein-Westfalen, die im Zeitraum 2021 bis 2023 in Wasserwerken durchgeführt wurden (insgesamt 175 Arbeitsplätze), lagen Referenzwertüberschreitungen (> 300 Bq/m^3) an 54 % der Arbeitsplätze vor. Überschreitungen des Referenzwertes wurden an allen Standorten mindestens in einem Raum nachgewiesen. Die Höhe der Radonkonzentrationen korreliert in etwa mit den Radonkonzentrationen in der Bodenluft (im Wasser).

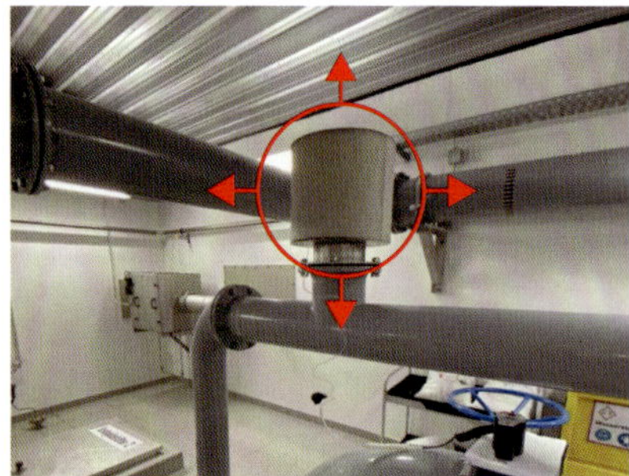
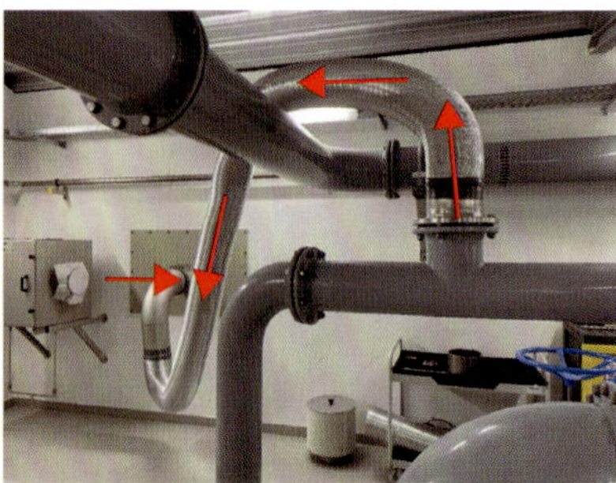

Abb. 6.12: Untersuchungsobjekt Wasserwerk – Umbau der Ablüftungen in den Zuläufen von Entgasungs- und Vorlagebehälter im Obergeschoss; links: Radoneintrag über eine Belüftungsöffnung vor dem Umbau; rechts: Ableitung nach außen als Maßnahme zur Reduzierung der Radonexposition

In Anlehnung an das vom baden-württembergischen Ministerium für Umwelt, Klima und Energiewirtschaft herausgegebene Merkblatt „Schutz vor Radon an Arbeitsplätzen in Anlagen der Wassergewinnung, -aufbereitung und -verteilung“ (Ausgabe Dezember 2020) wurden in dem zu untersuchenden Wasserwerk 2 Messreihen durchgeführt. Die erste Messreihe wurde über 4 Wochen und die zweite Messreihe direkt im Anschluss je nach Ergebnis der ersten Messreihe mit einer verkürzten Messzeit (bei zu erwartender Überschreitung des Messbereiches nach wenigen Monaten) oder mit bis zu einem Jahr Messdauer durchgeführt.

Aufgrund der nicht erwarteten deutlichen Referenzwertüberschreitungen in einer neuen großen Reaktorhalle mit bis zu 1.700 Bq/m^3 an mehreren Messpunkten wurde ein Ortstermin mit weiterführenden Untersuchungen durchgeführt (zeitauflösende Messungen und Radon-Sniffing-Messungen). Bei den zeitauflösenden Messungen zeigten sich deutliche Tagesgänge mit Spitzenwerten in den Zeiten mit dem höchsten Versorgungsbedarf (Fördermengen). Tendenziell zeigten sich im Sommer höhere Radonkonzentrationen in der Raumluft an den Arbeitsplätzen, was ggf. auf die höheren Wasser- und Lufttemperaturen zurückzuführen ist.

Durch das Radon-Sniffing konnte in der Reaktorhalle ein **erheblicher Radoneintritt** in die Hallenluft über Belüftungsöffnungen im Bereich der Zuläufe von Entgasungs- und Vorlagebehälter im Obergeschoss des Wasserwerks festgestellt werden (vgl. Abb. 6.12 links). Hier wurden bis zu 6.000 Bq/m^3 bei vergleichsweise hohen Luftvolumenströmen nachgewiesen.

Als Maßnahme wurde die radonhaltige Luft der Belüftungsöffnungen über angeschlossene flexible Rohrleitungen direkt nach außen geführt (vgl. Abb. 6.12 rechts). Dadurch konnte eine Reduzierung der Radonexposition unter den Referenzwert erreicht werden, was durch die kontinuierlichen zeitauflösenden Radonmessungen an verschiedenen Messpunkten der Halle sofort erkennbar war (vgl. Abb. 6.13) und auch über Langzeitmessungen verifiziert wurde.

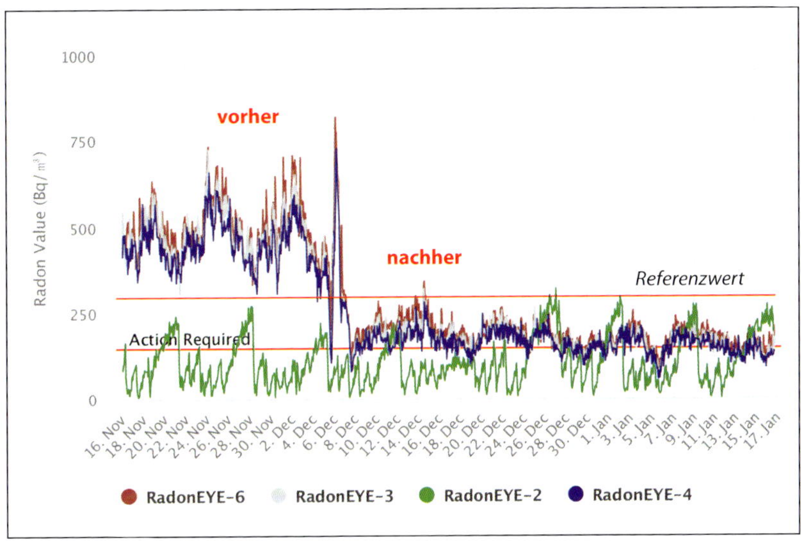

Abb. 6.13: Untersuchungsobjekt Wasserwerk – messtechnische Überprüfung; Reduzierung der Radonexposition (vor und nach Maßnahme)

Nicht an allen Standorten mit Referenzwertüberschreitungen können für die Wasserversorgungsunternehmen derart einfache Lösungen realisiert werden. In vielen Fällen sind Minimierungen der Radonlast nur mit erheblichem Aufwand und im Verhältnis dazu geringer Reduzierungswirkung erreichbar. In solchen Fällen ist die direkte Anmeldung (mit Dosisabschätzung) bei der zuständigen Behörde sinnvoll und angeraten. Aufgrund der in der Regel – mit wenigen Stunden im Jahr – geringen Aufenthaltszeiten an den kritischen Arbeitsplätzen liegt die abgeschätzte effektive Dosis für die Mitarbeiter unter Berücksichtigung aller Arbeitsplätze meist unter dem kritischen Wert zur Einordnung in den beruflichen Strahlenschutz von 6 mSv/a.

7 Radon in Zertifizierungssystemen und Förderprogrammen

Der Radonmaßnahmenplan sieht eine Integration des Radonschutzes in bestehende Qualitätszertifizierungen für Gebäude vor. Es soll geprüft werden, ob Qualitätskriterien zum Schutz vor Radon entwickelt und in bestehende Qualitätszertifizierungen anderer Bereiche integriert werden können. Eine Integration soll dann angestrebt werden (vgl. Radonmaßnahmenplan, 2019).

Das Bundesamt für Strahlenschutz (BfS) hat im Sinne dieser Zielsetzung das Forschungsvorhaben 3622S12216 „Offene Fragen zur Förderung und Zertifizierung von baulichen Radonschutzmaßnahmen" auf den Weg gebracht.

Hinweis

Die nachfolgenden Ausführungen (Kapitel 7 mit Unterkapiteln) entstammen den Recherchen des Verfassers (Forschungsnehmer) und geben dessen Ansicht wieder. Entsprechende Ausführungen werden in der ausführlichen Darstellung des Abschlussberichts zum Forschungsvorhaben 3622S12216 des BfS zu finden sein (nach Veröffentlichung abrufbar im digitalen Onlinerepositorium und Informationssystem DORIS für Forschungsberichte und andere Fachpublikationen des Bundesamtes für Strahlenschutz; vgl. https://doris.bfs.de/jspui/).

Bei den Recherchen wurden 19 von weltweit 79 Bewertungssystemen für die Qualität von Gebäuden identifiziert, in denen konkret Anforderungen in Bezug auf den Radonschutz zu finden sind. Innerhalb von Deutschland fordern nur 2 von 13 Systemen konkrete Anforderungen in Bezug auf den Radonschutz (vgl. Abb. 7.1).

Die Veröffentlichung des Abschlussberichtes zum Forschungsvorhaben befindet sich derzeit in der Vorbereitung. Der Verfasser dieses Buches hat die Ergebnisse des Vorhabens und die daraus abgeleiteten Vorschläge für die Integration im Oktober 2023 beim Strahlenschutzgespräch Radon des BfS in Berlin bereits in einem Vortrag vorgestellt. Unter anderem ist Folgendes festzuhalten:

- Als weltweite Zertifizierungssysteme mit besonderer Relevanz können das aus USA stammende LEED-System und das aus Großbritannien stammende BREEAM-System angesehen werden. Zusätzlich wird in vielen Ländern das Living-Building-Challenge-System und das System von Passivhaus International genutzt. Auch das in Deutschland führende DGNB-System kommt in anderen Ländern zum Einsatz. Die Umsetzung dieser Systeme findet jedoch aufgrund der komplexen Auditierung vermehrt in größeren Bauvorhaben (Büro- und Verwaltungsgebäude) Anwendung.

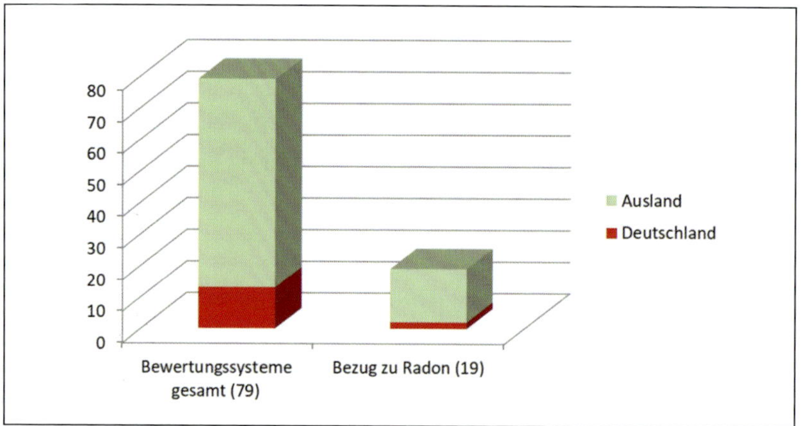

Abb. 7.1: Zertifizierungssysteme mit und ohne Anforderungen zum Radonschutz

- Eine große Gemeinsamkeit ist bei den Themen Nachhaltigkeit, Energieeffizienz und Ökologie zu erkennen. Kriterien der Gesundheitsvorsorge und der Innenraumluftqualität (Indoor Air Quality [IAQ]) und insbesondere Radon spielen in den meisten Systemen eine eher untergeordnete Rolle. In der Regel wird versucht, über eine sorgfältige Baustoffauswahl in Bezug auf Nachhaltigkeit und Umweltaspekte auch einen Vorteil für einer verbesserte Raumluftqualität in Gebäuden zu erreichen, ohne dass dieser genauer quantifiziert oder validiert wird.
- Bei den Recherchen für Deutschland liefern die Zertifizierungssysteme VDB-ZERT und DGNB einen direkten Bezug zu Radon in der Innenraumluft. In 2 weiteren Systemen – im BNB (vgl. Kapitel 2.10.2) und im „Leitfaden Nachhaltiges Bauen" (Ausgabe Januar 2019) – wird Radon nur an untergeordneter Stelle berücksichtigt. Bei den Fundstellen im Ausland liefern 17 Bewertungssysteme (USA, Kanada, Österreich, Schweiz, Italien, Irland, Tschechien, Dänemark, weltweit) einen direkten Bezug zu Radon in der Innenraumluft. Bei 10 weiteren Systemen (Australien, Neuseeland, Singapur, Norwegen, USA, weltweit) wird Radon an untergeordneter Stelle berücksichtigt.
- Die umfangreichsten Anforderungen in Bezug auf Radon liefern die Bewertungssysteme VDB-ZERT (vgl. Kapitel 7.1) für neue Gebäude und MINERGIE in der Schweiz für Neubau- und Modernisierungsmaßnahmen (vgl. Kapitel 7.4). Hier wird Radon in der Standortauswahl (Radonpotenzial), bei der Bauplanung (bauliche Maßnahmen zu Radonschutz) und in der Umsetzung (über Kontrollmessungen nach Fertigstellung) berücksichtigt. Die DGNB und auch LEED fordern eine genauere Standortanalyse und ggf. die Umsetzung baulicher Maßnahmen zum Radonschutz.
- In Nordamerika (USA und Kanada) findet sich ein Bezug zu Radon in vielen Systemen. In Australien/Neuseeland besteht bei dem Green-Star-System (Green Building Council) ein untergeordneter Bezug zu Radon. In Südamerika, Asien und Afrika gibt es kaum eigene Systeme, die Radon berücksichtigen.

- Grundsätzlich müssen sich die Zertifizierungs- und Bewertungssysteme auch an den in den jeweiligen Ländern gültigen Rechtvorschriften orientieren. In diesem Zusammenhang ist es nur sinnvoll, Anforderungen in Bezug auf den Radonschutz zu stellen, die die Anforderungen aus den jeweiligen Rechtvorschriften übertreffen. Des Weiteren ist die Kontrolle von Maßnahmen über Abnahmemessungen bzw. einfache und zeitnah umsetzbare Raumluftmessungen bei Radon schwieriger als bei anderen Schadstoffen. Diese Aspekte führen bei vielen Zertifizierungs- und Bewertungssystemen zu einer deutlichen Zurückhaltung bei Anforderungen zu Radon oder zu einem gänzlichen Verzicht auf solche Vorgaben.

In den nachfolgenden Unterkapiteln 7.1 bis 7.4 sind die relevanten Bewertungssysteme mit konkretem Bezug zu Radon zusammenfassend dargestellt. Weiterhin werden in Kapitel 7.5 Vorschläge für die Integration des Radonschutzes in bestehende Qualitätssiegel und in Kapitel 7.6 die Einbindung von Radon und Radonschutz in Förderprogramme dargestellt.

7.1 Radon im VDB-ZERT-System

Die VDB-Zertifizierung VDB-ZERT des Berufsverbandes Deutscher Baubiologen VDB e. V. bezieht sich auf Wohngebäude (vgl. https://baubiologie.net/vdb-zert). Während der Bauplanung soll neben möglichen Schadstoffen auch Radon berücksichtigt werden (Standortanalyse, Bauplatzuntersuchung, ggf. Bodengasmessung inkl. Radonpotenzial). Die Wirksamkeitskontrolle der Radonschutzmaßnahmen erfolgt als Raumluftmessung unmittelbar nach Fertigstellung der Gebäudehülle durch Langzeitmessung in 2 Wohnräumen im Erdgeschoss und im Obergeschoss. Gibt es Wohnräume im Keller, wird auch im Keller gemessen. Zur Beurteilung des Jahresmittelwertes (Jahresdosis) wird eine Messung über mindestens 6 Monate bei normalem und üblichem Nutzerverhalten in Anlehnung an DIN ISO 11665-8 durchgeführt, wobei die Hälfte der Messzeit in der Heizperiode liegen sollte. Weitere Prüfparameter in der Raumluft sind Formaldehyd, Gesamtsumme VOC (TVOC) nach Umweltbundesamt, Isothiazolinone, Weichmacher, Flammschutzmittel, Pestizide und Schimmelpilzsporen. Die Bewertung für Radon erfolgt nach Tabelle 7.1.

Tabelle 7.1: Kriterien der VDB-Zertifizierung für Radon nach VDB e. V. (www.baubiologie.net)

Zielwerte in Bq/m³	Punkte	Kategorie
≤ 50	25	Zielwert nach VDB-ZERT
> 50 bis 100	10	schadstoffarmes Wohnen
> 100	0	Radonbelastung möglich, es besteht Handlungsbedarf
> 200		Ausschlusskriterium[1)]

1) Trotz möglicherweise erreichter Gesamtpunktzahl in anderen Bereichen ist bei signifikanter Überschreitung von 200 Bq/m³ eine positive Zertifizierung nicht mehr möglich. Die Zertifizierung wird ausgesetzt und es besteht Handlungsbedarf.

7.2 Radon im DGNB-System von Deutschland

Die Deutsche Gesellschaft für Nachhaltiges Bauen e. V. (DGNB) ist ein Verein, der sich für die Förderung von Nachhaltigkeit im Bauwesen einsetzt (Schwerpunkt Büro- und Verwaltungsgebäude). Die DGNB bietet einen umfassenden Kriterienkatalog für größere Bauvorhaben wie z. B. Büro- und Verwaltungsbauten, Neubauten für Industrie, Handel, Hotels und Bildungsgebäude. Die DGNB unterscheidet Zertifizierungen für Neubauten und für Innenräume (vgl. www.dgnb.de).

Berücksichtigt wird bei den Zertifizierungen für Neubauten und für Innenräume auch die Schadstoffsituation in Bauprodukten während der Bauplanung (Kriterium ENV 1.2) und in der Raumluft nach der Fertigstellung (Kriterium SOC 1.2). Geprüft werden die Raumluftparameter Formaldehyd und VOC (Gesamtsumme TVOC) mit Mindestanforderungen. Radon wird in den Kriterienkatalogen der DGNB unter Kriterium ENV 1.2 mit konkreten Anforderungen an Raumluftwerte noch nicht betrachtet.

Im Kriterium SOC 1.2 wird Radon nur im Zertifizierungssystem für Innenräume (Version 2018) behandelt. Hier ist eine Forderung für Schadstoffe im Bestand formuliert, nach der (mindestens) für bestimmte aufgelistete Schadstoffe Aussagen zum Vorhandensein bzw. zur Freisetzung und zu einem gesundheitlichen Risiko zu treffen sind. Aufgelistet sind in SOC 1.2 (Anlage 3, Punkt 1 „Schadstoffe im Bestand“) wie folgt:

- Asbest (insbesondere schwach gebunden),
- HSM – Holzschutzmittel,
- KMF – künstliche Mineralfaser,
- MKW – Mineralölkohlenwasserstoffe,
- PAK – polyzyklische aromatische Kohlenwasserstoffe (Lage im Bauteil, Geruch),
- PCB – polychlorierte Biphenyle,
- **Radon gemäß Radonkataster (baulicher Schutz).**

Weiterhin wird in dem Kriterium SITE 1.1 (Mikrostandort) aus dem Kriterienkatalog „Gebäude Neubau“ (Version 2018) der Standort hinsichtlich der Radonsituation am Bauplatz (Bodengaskonzentration, Radonpotenzial) überprüft und ggf. Maßnahmen zum baulichen Radonschutz bewertet. Zu Radon (Indikator 14 in SITE 1.1) wird festgehalten, dass selbst geringe Bodenluftkonzentration ausreichen können, um in einem Haus erhöhte Innenraumkonzentration zu bewirken.

In Version 2018 des DGNB-Kriterienkataloges „Gebäude Neubau“ wird unter SITE 1.1 (Mikrostandort) folgendes Vorgehen in Bezug auf Radon bewertet:

- parzellengenaue Ermittlung der Radon-Bodenluftkonzentration in einer Risikoabschätzung,
- Umsetzung geeigneter Maßnahmen zur Verhinderung oder erheblichen Erschwerung des Zutritts von Radon aus dem Baugrund (mit Verweis auf § 123 StrlSchG).

In Version 2023 des DGNB-Kriterienkataloges „Gebäude Neubau" wird unter SITE 1.1 (Mikrostandort) folgendes Vorgehen in Bezug auf Radon bewertet:

- Überprüfung anhand von Gebietsausweisungen und rechtsverbindlichen Informationen des entsprechenden Bundeslandes, ob der Standort in einem Radonvorsorgegebiet liegt,
- Feststellung anhand von Gebietsausweisungen und rechtsverbindlichen Informationen des entsprechenden Bundeslandes, dass der Standort sich nicht in einem Radonvorsorgegebiet befindet.
- Ermittlung von Daten zur Radonkonzentration in der (Keller-)Raumluft anhand von Messungen,
- Ermittlung/Feststellung anhand der Messdaten, dass die Überschreitung des Referenzwertes von 300 Bq/m^3 in der Raumluft nicht überdurchschnittlich häufig vorkommt oder zu erwarten ist (zutreffend, wenn der Referenzwert auf weniger als 75 % der Fläche der Verwaltungseinheit oder in maximal 10 % der Gebäude vorkommt oder zu erwarten ist).

In dem Kriterium ECO 2.6 (Klimaresilienz) aus dem DNGB-Kriterienkatalog „Gebäude Neubau" wird seit Version 2023 Bezug auf Radon genommen. Hier geht es um die Widerstands- und Anpassungsfähigkeit (Resilienz) eines Gebäudes gegenüber Umwelteinflüssen. Im Unterpunkt 3.3 „Reduktion der Gefahren durch Radon" werden Punkte vergeben, wenn im Gebäude geeignete Maßnahmen getroffen werden, um den Zutritt von Radon in das Gebäude zu verhindern oder erheblich zu erschweren (mit Bezug auf § 123 StrlSchG).

7.3 Radon im DGNB-System von Dänemark

In dem das gültige Baugesetz ergänzenden Baureglement des dänischen Bauministeriums (Ausgabe 2018 [BR18]) wird in Kapitel 13 unter § 332 gefordert, dass das Eindringen von Radon begrenzt werden muss, indem die am Untergrund angrenzenden Bauteile ausreichend abgedichtet oder andere ausreichend effektive Maßnahmen durchgeführt werden. Das Gebäude muss so ausgeführt werden, dass das Radonniveau im Jahresdurchschnitt **100 Bq/m^3** nicht überschreitet (vgl. www.bygningsreglementet.dk/Tekniske-bestemmelser/13/Krav).

Dänemark hat ein eigenes DGNB-Bewertungssystem (DGNB-DK). Hier werden besondere Anforderungen für Einfamilienhäuser in Bezug auf Luftverunreinigungen inkl. Radon gestellt. Aufgrund der gesetzlichen Auflagen sind die dänischen DGNB-Regelungen entsprechend angepasst. Es werden Raumluftmessungen gefordert.

Im DGNB-DK-Manual für Einfamilienhäuser werden für Radon Raumluftmessungen in Bezug auf den Jahresmittelwert gefordert (vgl. DGNB System Dänemark, 2023, Soziale Qualität SOC 1.2/Raumluftqualität zu 4. Radon, S. 17 f.). Wenn an einem Messpunkt 100 Bq/m^3 überschritten werden, müssen im gesamten Gebäude weitere Kontrollmessungen durchgeführt werden. Für Gebäude, in denen der Jahresmittelwert über 100 Bq/m^3 liegt (und damit über den Vorgaben aus dem dänischen Baureglement), muss ein Handlungsplan erarbeitet werden.

Das DGNB-DK Kriterium „Neubauten und umfangreiche Sanierungen“ (VERSION 2023 1.0.0) legt die Anzahl der Radonmessungen in Wohnungen für Wohngebäude (Residenzen) projektspezifisch fest (vgl. DGNB System Dänemark, 2023, Soziale Qualität SOC 1.2/Raumluftqualität zu 4. Radon, S. 18 f.). Die Anzahl der Messungen hängt vom Design und der Typologie des Wohnprojekts ab. In der Regel sind mindestens 2 Messungen (Dosimetermessungen) in der einzelnen Einheit durchzuführen.

Für Büros, Bildung, Kindereinrichtungen, Hotels und Gewerbe werden Radonmessungen in keller- und erdnahen Wohnräumen durchgeführt. Die Anzahl der Radonmessungen ist speziell für DGNB-Projekte definiert. Die genaue Anzahl der Messungen hängt von der Gesamtzahl der Räume im Gebäude ab.

7.4 Radon im MINERGIE-System der Schweiz

MINERGIE ist eine geschützte Schweizer Marke für nachhaltiges Bauen. Sie gehört dem Verein Minergie mit Sitz in Basel (www.minergie.ch/de). Der Verein betreibt seit 25 Jahren die Zertifizierung und das Marketing dieses Labels. Die nationalen Markenrechte erstrecken sich auf die Schweiz, Liechtenstein, Deutschland und Japan und sind beim Deutschen Patent- und Markenamt (DPMA) registriert. Der Standard Minergie kann – wie auch der Standard Minergie-P – zusätzlich als Minergie-ECO (bzw. Minergie-P-ECO) zertifiziert werden, wenn zusätzliche Kriterien erfüllt werden, die sich auf „gesundes“ Wohnen, Ressourcenverbrauch bei der Erstellung und weitere ökologische Aspekte beziehen (vgl. www.minergie.ch/de/zertifizieren/eco).

Beim Thema **Innenraumklima** existieren die Kriterien „Maßnahmen zur Reduktion der Radonbelastung“ sowie „Raumluftmessungen (Radon)“. Es wird zwischen **Neubau** und **Modernisierung** unterschieden. Für beide Aspekte können unterschiedliche Nutzungsarten der Gebäude betrachtet werden. Die Inhalte der Kriterienkataloge können demgemäß variieren. Zwischen Nutzungsarten der Gebäude kann unterschieden werden (z. B. kleine Wohnbauten, Mehrfamilienhäuser, Verwaltung, Schulbauten, Industrie).

Neubau

Das Kriterium **„Maßnahmen zur Reduktion der Radonbelastung“** beinhaltet für Neubauten folgende Vorgaben:

- Gebäude werden so gebaut, dass die Radonkonzentration in den Hauptnutzungsräumen **100 Bq/m³** nicht übersteigt.
- Maßnahmen des radonsicheren Bauens sind zu berücksichtigen (vgl. dazu die folgende Auflistung).
- Zusätzliche Maßnahmen sind in Abstimmung mit einer vom Schweizer Bundesamt für Gesundheit (BAG) anerkannten Radonfachperson zu ergreifen, falls das Risiko für erhöhte Radonbelastung gemäß Radonkarte des BAG mehr als 10 % beträgt oder nicht alle Maßnahmen umgesetzt werden.

Zu den Maßnahmen zum radonsicheren Bauen zählen:

- Das Bauprojekt enthält keine erdberührenden Wohn- oder Aufenthaltsräume (Wände, Böden) oder unter deren Bodenplatte wird eine Radondrainage aus perforierten Rohren mit einem Durchmesser von 10 cm verlegt (aktiv oder passiv entlüftet).
- Das gesamte Gebäude besitzt eine durchgehende Fundamentplatte (kein Naturkeller, keine Streifenfundamente).
- Fundamentplatten oder erdberührte Außenwände weisen entweder keine Durchdringungen auf oder es werden bei allen Durchdringungen Rohrdurchführungssysteme (RDS) verwendet.
- Die Fundamentplatten oder erdberührte Außenwände bestehen entweder aus wasserdichtem Beton gemäß SN 564272 (SIA 272) „Allgemeine Bedingungen für Abdichtungen und Entwässerungen von Bauten unter Terrain und im Untertagbau“ (2009) oder sie werden mit gasdichten Feuchtigkeitssperren versehen (z. B. Bitumenbahn mit Aluminiumfolie).
- Erdsonden von Wärmepumpen werden mit einem Abstand von mindestens 3 m vom Gebäude entfernt platziert.
- Alle Lüftungsanlagen werden exakt einreguliert. Der Luftvolumenstrom wird bei allen Zu- und Abluftdurchlässen gemessen und protokolliert. Das Verhältnis zwischen Zu- und Abluftvolumenstrom in allen Räumen des Gebäudes liegt zwischen 1 : 1 und 1 : 1,05.
- Außenluftdurchlässe von Lüftungsanlagen entsprechen den Anforderungen gemäß SN 546382-1 (SIA 382-1) „Lüftungs- und Klimaanlagen – Allgemeine Grundlagen und Anforderungen“ (2014), Kapitel 5.12.
- Luft-Erdregister befinden sich nicht unter dem Gebäude, bestehen aus glattwandigen Kunststoffrohren, werden nach dem Einbau auf Druckverluste geprüft und entsprechen der Luftdichtheitsklasse D nach DIN EN 16798-3.

Mithilfe einer zugehörigen Checkliste können Planer, Bauherren usw. die Erfüllung der Vorgaben prüfen (Download unter www.minergie.ch/media/230830_me-eco_checkliste_radon_v2023-1_de.pdf). Des Weiteren werden Vorschläge gemacht, wer für die Umsetzung dieser Maßnahmen zuständig ist (z. B. Architekt) und in welcher Bauphase (z. B. Projektierung, Realisierung) sie durchgeführt werden sollten.

Das Kriterium **„Raumluftmessungen (Radon)“** fordert, dass nach Fertigstellung des Gebäudes Radonmessungen durchgeführt werden. Die Messwerte der Radonkonzentration aller untersuchten Räume müssen **unter 100 Bq/m³** liegen. Falls das Risiko für erhöhte Radonbelastung gemäß Radonkarte des BAG maximal 10 % beträgt, kann der Nachweis anstatt mit Messungen mithilfe der Minergie-Eco-Checkliste „Erfolgskontrolle Radon“ erfolgen (Download unter www.minergie.ch/media/1004-11_08_91223_checkliste_erfolgskontrolle_radon_neubau_v2020.1_de.pdf).

Zudem werden Anleitungen zum Messzeitpunkt und zur Durchführung der Messungen gegeben. So wird u. a. vorgegeben, dass Messungen nach Fertigstellung in der ersten Heizperiode über einen Messzeitraum von mindestens 3 Monaten durchgeführt werden. Zur Messung müssen Radondosimeter verwendet werden, die über die vom BAG anerkannten Messstellen bezogen werden. Die Messungen sind bis spätestens 1,5 Jahre nach Fertigstellung des

Gebäudes einzureichen. Wenn die gemessenen Werte über dem Grenzwert liegen, müssen Maßnahmen ergriffen werden, um spätestens 1,5 Jahre nach der ersten Messung die Grenzwerte einhalten zu können.

Modernisierung

Bei Modernisierungen stellt Radon möglicherweise ein Ausschlusskriterium für die Erfüllung der Anforderungen des Baustandards dar (z. B. Beispiel Variante „Modernisierung – kleine Wohnbauten"). Im Kriterium **„Raumluftmessungen (Radon)"** ist festgelegt, dass dies gilt, wenn die Radonkonzentrationen aller untersuchten Räume nach der Modernisierung über **300 Bq/m³** liegen. Mithilfe einer zugehörigen Checkliste können Planer, Bauherren usw. auch die Erfüllung der Vorgaben der Modernisierung prüfen (Download unter www.minergie.ch/media/1004-11_08_91223_checkliste_erfolgskontrolle_radon_modernisierung_v2020.1_de.pdf).

Das Kriterium **„Maßnahmen zur Reduktion der Radonbelastung"** beinhaltet für Modernisierungen die Vorgabe, Gebäude so zu modernisieren, dass die Radonkonzentration nach Abschluss der Bauarbeiten in den Hauptnutzungsräumen **100 Bq/m³** nicht übersteigt.

7.5 Möglichkeiten für die Integration des Radonschutzes in bestehende Qualitätssiegel

Aus den Inhalten der bestehenden Qualitätssiegel ergeben sich wertvolle Möglichkeiten zur Integration von Radon in Qualitätssiegel, Zertifikate und Bewertungssysteme.

Die Integration des Radonschutzes in Zertifizierungs- und Förderprogramme könnte nach den Vorbildern VDB-ZERT, MINERGIE (Schweiz) und DGNB-DK (Dänemark) erfolgen. Die Bewertung und Qualitätskontrolle könnte auf einer fachlich fundierten Risikoanalyse (Standort- und Gebäudeparameter) z. B. nach einem Punktesystem aufgebaut werden. Nach der Umsetzung von Maßnahmen zum Radonschutz sollte ein Bewertungsschwerpunkt bei der Wirksamkeitskontrolle liegen. Hierbei sollten – wie bereits bei anderen Innenraumschadstoffen üblich – Raumluftmessungen und Zielwerte im Vordergrund stehen.

Vorteile der Integration von Radon in bestehende Qualitätszertifizierungen für Gebäude liegen im gesundheitlichen und wirtschaftlichen Bereich. Nachträgliche Sanierungen aufgrund der Maßnahmenpflicht bei Referenzwertüberschreitungen am Arbeitsplatz widersprechen dem Nachhaltigkeitsgedanken.

Für Büro- und Verwaltungsgebäude zählen das **DGNB**- und **BNB**-System zu den wichtigsten Systemen in Deutschland in. Hier wäre eine stärkere Integration über Risikoanalysen und Raumluftkontrollen aus den oben genannten Gründen (ggf. nachträgliche Sanierungen) wünschenswert:

- DGNB-Kriterium SOC 1.2 „Innenraumluftqualität"
- BNB-Kriterium 3.1.3 „Innenraumlufthygiene"

Für das BNB-System gab es im Jahr 2013/2014 schon einen Entwurf zur Integration von Radon in das Bewertungssystem mit konkreten Raumluftwer-

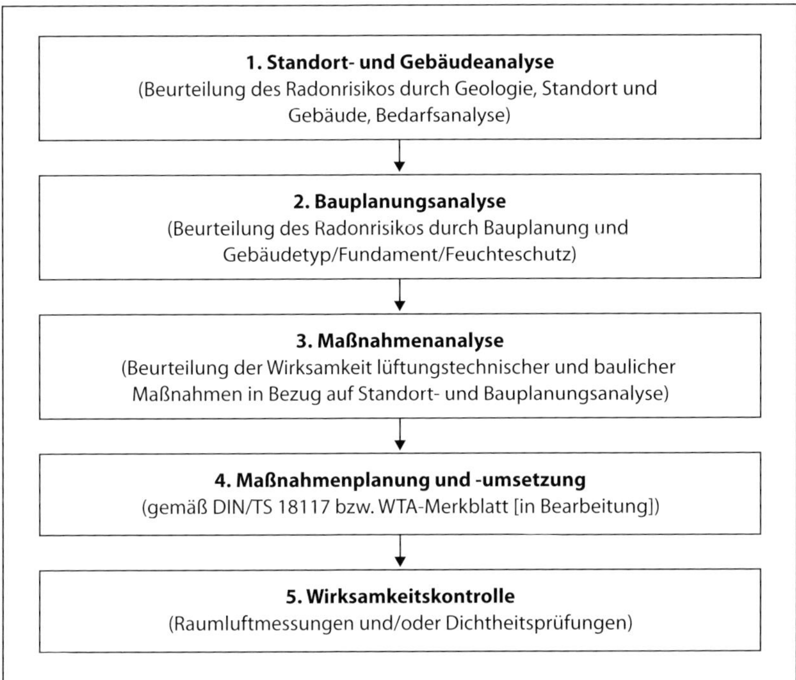

Abb. 7.2: Mögliche Randbedingungen und Kriterien eines Qualitätssiegels zum Schutz vor hohen Radonkonzentrationen in Gebäuden

ten (neben Werten für Formaldehyd und TVOC; vgl. Kerz, 2013). Bisher wurden jedoch noch keine Raumluftwerte für Radon im Steckbrief „Innenraumlufthygiene“ integriert.

Für Wohngebäude und kleinere Gebäude stehen seit einigen Jahren das **BNK**-System (Bewertungssystem Nachhaltiger Kleinwohnhausbau) und das **QNG**-System (Qualitätssiegel Nachhaltiges Gebäude) als staatliches Qualitätssiegel zur Verfügung. Weitere Informationen zu den Qualitätssiegeln sind auf den Internetseiten der Anbieter zu finden:

- BNK: https://effizienz-klasse.de/Leistungen/BNK-Zertifikat/
- QNG: www.nachhaltigesbauen.de/austausch/beg/

Im QNG-System wird Radon bisher nur unter „Naturgefahren“ aufgelistet. Für diese Gebäudetypen (Wohngebäude und kleinere Gebäude) wäre die Integration von Radon über **Risikoanalysen** und **Raumluftkontrollen** in diesen Systemen besonders wirksam. Die Integration von Radonmessungen in der Raumluft sollte nach den Vorbildern DGNB-DK, MINERGIE und VDB-ZERT erfolgen.

Abb. 7.2 zeigt in einem Ablaufschema mögliche Randbedingungen und Kriterien eines Qualitätssiegels zum Schutz vor hohen Radonkonzentrationen in Gebäuden. Für die jeweiligen Aufgabenstellungen sollten geeignete Fachfirmen und Fachpersonal mit Qualifikationsnachweis (Radon und Radonschutz) zum Einsatz kommen. Zur Wirksamkeitskontrolle sollten verbindliche Radonmessungen in der Raumluft als Langzeitmessungen bis zu einem Jahr durchgeführt werden (ggf. 3 Monate mit > 50 % in der Heizperiode [nach DIN ISO 11665-8]), die Bewertung sollte nach einem Stufen- bzw. Punktekonzept wie z. B. in Tabelle 7.2 dargestellt erfolgen.

Tabelle 7.2: Vorschlag Kriterienkatalog – Wirksamkeitskontrolle Zielwerte

Qualitätsstufe	Radonkonzentration[1] in Bq/m³	Bemerkungen
sehr hoch	< 50	vgl. VDB-ZERT, BNB-Entwurf (2013/2014)
hoch	50 bis 100	vgl. VDB-ZERT, BNB-Entwurf (2013/2014), DGNB-DK
mittel	> 100 bis 200	vgl. VDB-ZERT
niedrig	> 200 bis 300	ohne Bewertung
unzureichend	> 300	keine Zertifizierung (Ausschlusskriterium)

1) Bezogen auf gemessene Jahreswerte; bei Ergebnissen aus Kurzzeitmessungen muss die größere Messunsicherheit berücksichtigt werden.

7.6 Radon und Radonschutz in Förderprogrammen

Im August 2023 hat der Freistaat Sachsen mit einer neuen Förderrichtlinie „Stadtgrün, Lärm, Radon“ ein Förderprogramm zum Radonschutz ins Leben gerufen (vgl. FRL Stadtgrün, Lärm, Radon/2023).

Die Zielsetzung ist eine Unterstützung von dauerhaft wirksamen Vorhaben zur Reduzierung der Radonkonzentration in Bestandsbauten mit Arbeitsplätzen. Gefördert werden investive Vorhaben bis einschließlich 200.000 € Gesamtkosten – die Fördersumme ist auf maximal 60.000 € begrenzt. Antragsberechtigt sind kommunale Gebietskörperschaften, kommunale Unternehmen, gemeinnützige Organisationen, anerkannte Religionsgemeinschaften und kleine bis mittlere Unternehmen (KMU, bis 200 Mitarbeiter).

Als Zuwendungsvoraussetzungen werden genannt:

- vor dem 31. Dezember 2018 errichtete Bestandsbauten,
- nachgewiesene Radon-222-Aktivitätskonzentration von mindestens 200 Bq/m³,
- verpflichtende Jahresmessung nach Maßnahmendurchführung,
- Sicherstellung einer fachlich qualifizierten Planung und Umsetzung.

Weitere Informationen finden sich auf dem Förderportal des Freistaates Sachsen (www.smekul.sachsen.de/foerderung; dort unter „Förderrichtlinien“ → „Besondere Aufgaben“).

Vorschlag des Verfassers zur Berücksichtigung von Radonschutz in staatlichen Förderungsprogrammen

Eine staatliche Förderung von Maßnahmen zum Radonschutz im Bestand könnte nach dem Vorbild des aktuellen Förderprojektes in Sachsen mit **Erweiterung auf Aufenthaltsräume** erfolgen. Fördergegenstand könnte – ähnlich wie bei dem Konzept der Energieberatung – zunächst eine Bedarfsanalyse durch eine geeignete Fachperson als Radonberater sein (z. B. Radonfachperson mit Zusatzqualifikation). Eine weiterführende Förderung könnte nach der fachlich ausgearbeiteten Bedarfsanalyse über lüftungstechnische und bauliche Maßnahmen inkl. Wirksamkeitsnachweis (Raumluftmessungen) erfolgen. Der zu erreichende Zielwert bzw. Auslegungswert sollte hierbei deutlich unter dem gesetzlich festgelegten Referenzwert liegen.

Zudem sollte mithilfe von Öffentlichkeitsarbeit (Informationen zum Radonrisiko) angestrebt werden, die Akzeptanz in der Allgemeinbevölkerung gegenüber der Vergabe von öffentlichen Fördergeldern zum Radonschutz zu verbessern. Wichtig ist eine zielorientierte und nachvollziehbare Verwendung von Fördergeldern, die nachweislich einem wirksamen Radonschutz zugutekommt.

Eine Förderung für Maßnahmen zum Radonschutz bei Neubauten sollte ggf. in einem zweiten Schritt nur im Härtefall in Abhängigkeit von den Standortparametern bzw. nach einer Bedarfsanalyse oder einer Radon-Risikoanalyse erfolgen.

8 Qualitätssicherung

Insbesondere bei der Radondiagnostik, aber auch bei der Ausbildung, Beratung, Planung und Umsetzung von Radonmaßnahmen sollten die Kriterien der Qualitätssicherung eingehalten werden, wie es z. B. im Sachverständigenwesen oder in der Baubranche üblich ist. In Deutschland liegen bisher keine übergeordneten behördlichen Regelungen für die Ausbildung zur Radonfachperson, die Vorgehensweise bei der Radondiagnostik oder für die Umsetzung von Maßnahmen zum Radonschutz im Neubau oder Bestand vor. Nur für Radonmessungen am Arbeitsplatz müssen zur Erfüllung der Messpflicht Geräte einer anerkannten Stelle gemäß § 155 StrlSchV eingesetzt werden.

Im Folgenden werden derzeit in Deutschland angebotene und geplante Möglichkeiten zur Qualitätssicherung und zur Fortbildung aufgezeigt.

8.1 Qualitätssicherung in der Radondiagnostik

Bei den typischen Gebäudeschadstoffen besteht bereits ein umfassendes Angebot an Zertifizierungen, Akkreditierungen, Fortbildungen, Schulungen sowie zur Qualitätssicherung von Dienstleistern und insbesondere Sachverständigen (z. B. öffentliche Bestellung [IHK], DIN EN ISO/IEC 17024 „Konformitätsbewertung – Allgemeine Anforderungen an Stellen, die Personen zertifizieren" [2012], Zertifizierung von privaten Instituten und Verbänden usw.).

In der Schweiz regelt seit 2017 die Strahlenschutz-Ausbildungsverordnung die nötigen Inhalte der Ausbildung zur Radonfachperson. In Deutschland wurde im Jahr 2013 über das Bayerische Landesamt für Umwelt (LfU) zweimalig ein Kurs zur Ausbildung zur Radonfachperson (mit Zertifikat) nach dem Vorbild der Schweiz (Bundesamt für Gesundheit [BAG]) für Bewerber aus Bayern angeboten. Im Jahr 2014 hat die Bauakademie Sachsen den Kurs übernommen und für alle Interessenten geöffnet. Der Berufsverband Deutscher Baubiologen (VDB) e. V. bietet seit 2019 eine Qualifikation mit Fachkundenachweis zur Radonfachperson in Anlehnung an die seit 2017 gültige Strahlenschutz-Ausbildungsverordnung (StS-ABV) in der Schweiz an, die in wesentlichen Inhalten aus der Schweizer Ausbildung zur Radonfachperson (BAG) hervorgegangen ist. Auch die TÜV Rheinland Akademie bietet Kurse zum Thema Radon in 4 Modulen mit unterschiedlichen Schwerpunkten und Zertifikat an (Sachkunde, Messdienstleister [TÜV], Projektleiter Gebäudeinstandsetzung bei Radonbelastung [TÜV], Sachverständiger für Radonbelastung in Innenräumen [TÜV]).

Tabelle 8.1 zeigt Anbieter von Ausbildungen zur Radonfachperson oder von vergleichbaren Qualifikationen im Überblick (ohne Anspruch auf Vollständigkeit).

Tabelle 8.1: Anbieter von Ausbildungen zur Radonfachperson oder von vergleichbaren Qualifikationen

Anbieter	Angebot	Kontakt
Bauakademie Sachsen	Weiterbildung zur Radonfachperson	https://bauakademie-sachsen.de/veranstaltungen/spezialkurse
Berufsverband Deutscher Baubiologen (VDB) e.V.	Qualifikation mit Fachkundenachweis zur Radonfachperson	https://radonfachpersonen.de
TÜV Rheinland Akademie	diverse Lehrgänge zum Thema Radon	https://akademie.tuv.com

In anderen Ländern liegen zum Teil strenge Regularien für die gewerbliche Tätigkeit als Radonspezialist und Radonsachverständiger vor. So werden in den USA Zertifizierungen von der zentralen Stelle NRPP angeboten und es dürfen in einigen Bundesstaaten (z. B. Kalifornien) nur zertifizierte und staatlich anerkannte Personen Messungen und Beratungen in Bezug auf Radon anbieten:

- National Radon Proficiency Program NRPP (https://nrpp.info/certification/types-of-certification/),
- California Department of Public Health – Certified Radon Services Providers (www.cdph.ca.gov/Programs/CEH/DRSEM/Pages/EMB/Radon/Certified-Radon-Services-Providers.aspx).

In Deutschland bietet der Berufsverband Deutscher Baubiologen (VDB) e. V. für seine Mitglieder ein für Einzelunternehmer (z. B. Sachverständige, Radonfachpersonen) angepasstes Zertifizierungsprogramm an. Die Qualitätssicherung im Rahmen der VDB-Zertifizierung entspricht im Wesentlichen den Anforderungen nach DIN EN ISO/IEC 17025 „Allgemeine Anforderungen an die Kompetenz von Prüf- und Kalibrierlaboratorien“ (2018). Von besonderer Bedeutung für die Qualität der Arbeit sind Zuverlässigkeit und Nachprüfbarkeit der Mess- und Untersuchungsergebnisse. Hierfür sind laufende Maßnahmen der Qualitätssicherung (QS) im Rahmen eines strukturierten Qualitätsmanagementsystems mit klaren Anweisungen und Regeln erforderlich (QS-Handbuch, Gerätehandbuch). Die Maßnahmen zur Qualitätssicherung beziehen sich in fachlicher Hinsicht auf die angewandten Mess- und Probenahmemethoden, die eingesetzten Mess- und Probenahmegeräte, die bei der Unterauftragsvergabe herangezogenen Analyselabore, die Dokumentation und Archivierung der Mess- und Untersuchungsergebnisse sowie die Qualifikation des Personals durch regelmäßige Fort- und Weiterbildung. Kalibrationen und Messgerätevergleiche von Radonmessgeräten und anderen eingesetzten Geräten erfolgen alle 1 bis 2 Jahre.

Weiterhin bestehen in Bezug auf Radon und Radonschutz einige Fortbildungsmöglichkeiten sowie Schulungen und Workshops zu einzelnen Themen. Die Auflistung in Tabelle 8.2 bietet einen Überblick (ohne Anspruch auf Vollständigkeit).

Tabelle 8.2: Anbieter von Radon-Fachveranstaltungen

Anbieter	Veranstaltung	Bemerkungen
Sächsisches Staatsministerium für Energie, Klimaschutz, Umwelt und Landwirtschaft (SMEKUL), Hochschule für Technik und Wirtschaft Dresden (HTW Dresden)	Sächsischer Radontag	meist jährlich in Dresden an der HTW Dresden www.radontag.de
Bayerisches Landesamt für Umwelt Bayern (LfU), Radon-Fachstelle Bayern (RFB)	Radon-Netzwerk Bayern	Netzwerktreffen meist jährlich www.lfu.bayern.de
Landesanstalt für Umwelt Baden-Württemberg (LUBW)	LUBW Radon-Forum	Netzwerk rund um das Thema „radonsicheres Bauen und Sanieren" mit Fachtagungen und Workshops mehrfach pro Jahr www.lubw.baden-wuerttemberg.de/radioaktivitaet/radon-veranstaltungen
Bundesamt für Strahlenschutz (BfS)	Strahlenschutzgespräch Radon (vormals Radonfachgespräch)	meist jährlich in Berlin www.bfs.de/DE/aktuell/termine/termine_node.html (Veranstaltungsberichte)
Berufsverband Deutscher Baubiologen (VDB) e.V.	• Radon Intensiv • Radon QS-Workshops	• meist jährlich (auch online) • mehrfach jährlich (auch online) www.baubiologie.net
Verband Baubiologie VB e.V.	• Radon-Praxisseminar • Online-Workshops	• meist jährlich • mehrfach jährlich (auch online) www.verband-baubiologie.de
Gütegemeinschaft Radonschutz RaPSS e.V.	RaPSS Online-Morgen	mehrfach im Jahr (online) www.rapss.de

Darüber hinaus bieten z. B. einige Messgerätehersteller eigene Informationsveranstaltungen zum Thema Radon an. Auf dem Schadstoff-Fachkongress DCONex (jährliche Veranstaltung) gibt es seit einigen Jahren auch einen Themenblock Radon (vgl. www.dconex.de).

8.2 Qualitätssicherung bei Maßnahmen zum Radonschutz

Im Hinblick auf die Qualitätssicherung bei Maßnahmen zum Radonschutz gibt es in Deutschland (noch) keine übergeordneten Regelungen. Eine RAL-Zertifizierung für Fachunternehmen der Radonprävention und -sanierung ist für die Bereiche Planung, Lüftung, Abdichtung und Absaugung über die neu gegründete Gütegemeinschaft Radonschutz RaPSS e. V. im Aufbau (vgl. www.rapss.de), ein RAL-Anerkennungsverfahren läuft derzeit.

Die Güte- und Prüfbestimmungen der RaPSS legen die Grundsätze für die Planung, Ausführung, Kontrolle und Wartung von Schutzmaßnahmen gegen das Edelgas Radon in privaten sowie öffentlichen und auch gewerblichen Gebäuden und Räumlichkeiten fest. Sie gelten sowohl für Neubau- als auch für Sanierungsvorhaben.

Geplant sind 4 Beurteilungsgruppen, die den Gütebestimmungen der RaPSS zugrunde gelegt werden sollen (Stand Entwurf; vgl. auch Tabelle 8.3):

- Die Beurteilungsgruppe **Planung** regelt die Planung von Radonschutzmaßnahmen für Neubau und Bestand (Sanierung) und die Überwachung der Durchführung von Radonschutzmaßnahmen inkl. der Langzeitüberwachung (Monitoring) sowie ggf. die Wartung der Anlagen.
- Die Beurteilungsgruppe **Abdichtung** regelt die Aufbringung einer Außenabdichtung zwischen Radonquelle und Gebäudeaußenseite, die Aufbringung einer Innenabdichtung auf der Gebäudeinnenseite und das Einbringen einer Rissinjektion in kapillar nicht aktive Baustoffe.
- Die Beurteilungsgruppe **Lüftungstechnik** regelt die Ausführungsbereiche dezentrale und zentrale Lüftungstechnik mit Wärmerückgewinnung (ggf. mit Sensoren) und Ventilatorlüftung ohne Wärmerückgewinnung z. B. für Kellerlüftung.
- Die Beurteilungsgruppe **Saugtechnik** regelt die Ausführungsbereiche der Hohlraumabsaugung für die Absaugung innerhalb der Gebäudehülle aus Hohlräumen/Kriechkellern/Zwischenböden und der Baugrundabsaugung als Unterdruckmethode außerhalb der Gebäudehülle als Einzelpunktlösung (Radonbrunnen) oder Mehrpunktlösung (ggf. geregelt über Ventile zum Abgleich Volumenstrom und Unterdruck).

Tabelle 8.3: Übersicht – geplante Beurteilungsgruppen und Ausführungsbereiche in den Gütebestimmungen der RaPSS e. V.

Beurteilungsgruppe	Ausführungsbereiche
Planung (P)	• Planung • Überwachung
Abdichtung (A)	• Außenabdichtung (A-A) • Innenabdichtung (A-I) • Rissinjektion (A-R)
Lüftungstechnik (L)	• dezentrale Lüftungstechnik mit Wärmerückgewinnung (L-D) • zentrale Lüftungstechnik mit Wärmerückgewinnung (L-Z) • Ventilatorlüftung (L-V)
Saugtechnik (S)	• Hohlraumabsaugung (S-H) • Baugrundabsaugung Einzelpunkt (S-U1) • Baugrundabsaugung Mehrpunkt (S-U2)

9 Anhang

9.1 Normen, Rechtsvorschriften und Literatur

Normen

ANSI/AARST RMS-LB-2018 REV. 12/20 Radon Mitigation Standards for Schools and Large Buildings

CAN/CGSB-149.12-2017 Radon mitigation options for existing low-rise residential buildings

DIN 1946-6:2019-12 Raumlufttechnik – Teil 6: Lüftung von Wohnungen – Allgemeine Anforderungen, Anforderungen an die Auslegung, Ausführung, Inbetriebnahme und Übergabe sowie Instandhaltung

DIN 4095:1990-06 Baugrund; Dränung zum Schutz baulicher Anlagen; Planung, Bemessung und Ausführung

DIN 4108-2:2013-02 Wärmeschutz und Energie-Einsparung in Gebäuden – Teil 2: Mindestanforderungen an den Wärmeschutz

DIN 4108-7:2011-01 Wärmeschutz und Energie-Einsparung in Gebäuden – Teil 7: Luftdichtheit von Gebäuden – Anforderungen, Planungs- und Ausführungsempfehlungen sowie -beispiele

DIN 18017-3:2022-05 Lüftung von Bädern und Toilettenräumen ohne Außenfenster – Teil 3: Lüftung mit Ventilatoren

DIN/TS 18117-1:2021-09 Bauliche und lüftungstechnische Maßnahmen zum Radonschutz – Teil 1: Begriffe, Grundlagen und Beschreibung von Maßnahmen

DIN/TS 18117-2:2024-03 – Entwurf – Bauliche und lüftungstechnische Maßnahmen zum Radonschutz – Teil 2: Klassifizierung, Auswahl und Handlungsempfehlungen

DIN 18195:2017-07 Abdichtung von Bauwerken – Begriffe

DIN 18205:2016-11 Bedarfsplanung im Bauwesen

DIN 18533-1:2017-07 Abdichtung von erdberührten Bauteilen – Teil 1: Anforderungen, Planungs- und Ausführungsgrundsätze

DIN 18533-1/A1:2018-09 Abdichtung von erdberührten Bauteilen – Teil 1: Anforderungen, Planungs- und Ausführungsgrundsätze; Änderung A1

DIN 18533-2:2017-07 Abdichtung von erdberührten Bauteilen – Teil 2: Abdichtung mit bahnenförmigen Abdichtungsstoffen

DIN 18533-2/A1:2020-11 Abdichtung von erdberührten Bauteilen – Teil 2: Abdichtung mit bahnenförmigen Abdichtungsstoffen; Änderung A1

DIN 18533-3:2017-07 Abdichtung von erdberührten Bauteilen – Teil 3: Abdichtung mit flüssig zu verarbeitenden Abdichtungsstoffen

DIN 18533-3/A1:2018-09 Abdichtung von erdberührten Bauteilen – Teil 3: Abdichtung mit flüssig zu verarbeitenden Abdichtungsstoffen; Änderung A1

DIN 31051:2019-06 Grundlagen der Instandhaltung

DIN EN 16798-3:2017-11 Energetische Bewertung von Gebäuden – Lüftung von Gebäuden – Teil 3: Lüftung von Nichtwohngebäuden – Leistungsanforderungen an Lüftungs- und Klimaanlagen und Raumkühlsysteme (Module M5-1, M5-4); Deutsche Fassung EN 16798-3:2017

DIN IEC 61577-1:2007-06; VDE 0493-1-10-1:2007-06 Strahlenschutz-Messgeräte – Geräte für die Messung von Radon und Radon-Folgeprodukten – Teil 1: Allgemeine Anforderungen (IEC 61577-1:2006)

DIN EN 61577-2:2017-12; VDE 0493-1-10-2:2017-12 Strahlenschutz-Messgeräte – Geräte für die Messung von Radon und Radon-Folgeprodukten – Teil 2: Besondere Anforderungen für Messgeräte für Rn-222 und Rn-220 (IEC 61577-2:2014, modifiziert); Deutsche Fassung EN 61577-2:2017

DIN EN 61577-3:2015-03; VDE 0493-1-10-3:2015-03 Strahlenschutz-Messgeräte – Geräte für die Messung von Radon und Radon-Folgeprodukten – Teil 3: Besondere Anforderungen an Messgeräte für Radonfolgeprodukte (IEC 61577-3:2011, modifiziert); Deutsche Fassung EN 61577-3:2014

DIN EN 61577-4:2015-03; VDE 0493-1-10-4:2015-03 Strahlenschutz-Messgeräte – Geräte für die Messung von Radon und Radon-Folgeprodukten – Teil 4: Einrichtungen für die Herstellung von Referenzatmosphären mit Radonisotopen und ihren

Folgeprodukten (STAR) (IEC 61577-4:2009, modifiziert); Deutsche Fassung EN 61577-4:2014

DIN EN ISO 9972:2018-12 Wärmetechnisches Verhalten von Gebäuden – Bestimmung der Luftdurchlässigkeit von Gebäuden – Differenzdruckverfahren (ISO 9972:2015); Deutsche Fassung EN ISO 9972:2015

DIN EN ISO 11665-1:2020-02; VDE 0493-1-6651:2020-02 Ermittlung der Radioaktivität in der Umwelt – Luft: Radon-222 – Teil 1: Radon und seine kurzlebigen Folgeprodukte: Quellen und Messverfahren (ISO 11665-1:2019); Deutsche Fassung EN ISO 11665-1:2019

DIN EN ISO 11665-2:2020-02; VDE 0493-1-6652:2020-02 Ermittlung der Radioaktivität in der Umwelt – Luft: Radon-222 – Teil 2: Integrierendes Messverfahren für die Bestimmung des Durchschnittswertes der potenziellen Alpha-Energiekonzentration der kurzlebigen Radon-Folgeprodukte (ISO 11665-2:2019); Deutsche Fassung EN ISO 11665-2:2019

DIN EN ISO 11665-3:2020-08; VDE 0493-1-6653:2020-08 Ermittlung der Radioaktivität in der Umwelt – Luft: Radon-222 – Teil 3: Punktmessverfahren der potenziellen Alpha-Energiekonzentration der kurzlebigen Radon-Folgeprodukte (ISO 11665-3:2020); Deutsche Fassung EN ISO 11665-3:2020

DIN ISO 11665-4:2021-06; VDE 0493-1-6654:2021-06 Ermittlung der Radioaktivität in der Umwelt – Luft: Radon-222 – Teil 4: Integrierendes Messverfahren zur Bestimmung des Durchschnittwertes der Radon-Aktivitätskonzentration mittels passiver Probenahme und zeitversetzter Auswertung (ISO 11665-4:2020)

DIN EN ISO 11665-5:2020-08; VDE 0493-1-6655:2020-08 Ermittlung der Radioaktivität in der Umwelt – Luft: Radon-222 – Teil 5: Kontinuierliche Messverfahren für die Aktivitätskonzentration (ISO 11665-5:2020); Deutsche Fassung EN ISO 11665-5:2020

DIN EN ISO 11665-6:2020-08; VDE 0493-1-6656:2020-08 Ermittlung der Radioaktivität in der Umwelt – Luft: Radon-222 – Teil 6: Punktmessverfahren für die Aktivitätskonzentration (ISO 11665-6:2020); Deutsche Fassung EN ISO 11665-6:2020

DIN EN ISO 11665-7:2015-11; VDE 0493-1-6657:2015-11 Ermittlung der Radioaktivität in der Umwelt – Luft: Radon-222 – Teil 7: Anreicherungsverfahren zur Abschätzung der Oberflächenexhalationsrate (ISO 11665-7:2012); Deutsche Fassung EN ISO 11665-7:2015

DIN ISO 11665-8:2020-08; VDE 0493-1-6658:2020-08 Ermittlung der Radioaktivität in der Umwelt – Luft: Radon-222 – Teil 8: Methodik zur Erstbewertung sowie für zusätzliche Untersuchungen in Gebäuden (ISO 11665-8:2019)

DIN ISO 11665-9:2020-05; VDE 0493-1-6659:2020-05 Ermittlung der Radioaktivität in der Umwelt – Luft: Radon-222 – Teil 9: Bestimmung der Exhalationsrate aus Baumaterialien (ISO 11665-9:2019)

DIN EN ISO 11665-11:2020-01;VDE 0493-1-6661:2020-01 Ermittlung der Radioaktivität in der Umwelt – Luft: Radon-222 – Teil 11: Verfahren zur Probenahme und Prüfung von Bodenluft (ISO 11665-11:2016); Deutsche Fassung EN ISO 11665-11:2019

DIN EN ISO 12569:2018-04 Wärmetechnisches Verhalten von Gebäuden und Werkstoffen – Bestimmung des spezifischen Luftvolumenstroms in Gebäuden – Indikatorgasverfahren (ISO 12569:2017); Deutsche Fassung EN ISO 12569:2017

DIN EN ISO/IEC 17024:2012-11 Konformitätsbewertung – Allgemeine Anforderungen an Stellen, die Personen zertifizieren (ISO/IEC 17024:2012); Deutsche und Englische Fassung EN ISO/IEC 17024:2012

DIN EN ISO/IEC 17025:2018-03 Allgemeine Anforderungen an die Kompetenz von Prüf- und Kalibrierlaboratorien (ISO/IEC 17025:2017); Deutsche und Englische Fassung EN ISO/IEC 17025:2017

SN 546382-1:2014; SIA 382-1:2014 Lüftungs- und Klimaanlagen – Allgemeine Grundlagen und Anforderungen

SN 564272:2009; SIA 272:2009 Allgemeine Bedingungen für Abdichtungen und Entwässerungen von Bauten unter Terrain und im Untertagbau

Rechtsvorschriften und Literatur

AGÖF-Orientierungswerte für flüchtige organische Verbindungen in der Raumluft. Fassung 28.11.2013. Fürth: Arbeitsgemeinschaft ökologischer Forschungsinstitute e. V. (AGÖF), 2013

Air Quality Guidelines for Europe. Hrsg.: WHO Regional Office for Europe Copenhagen. 2. Aufl. Genf: World Health Organization, 2000 (WHO Regional Publications, European Series, No. 91)

Berechnungsgrundlagen zur Ermittlung der Strahlenexposition infolge bergbaubedingter Umweltradioaktivität (Berechnungsgrundlagen – Bergbau). Hrsg.: Bundesamt für Strahlenschutz (BfS), Fachbereich Strahlenschutz und Umwelt. Salzgitter: BfS, 2010 (Berichte des Bundesamtes für Strahlenschutz BfS-SW-07/10)

BfS-Leitfaden Radon an Arbeitsplätzen in Innenräumen. Leitfaden zu den §§ 126–132 des Strahlenschutzgesetzes. Ausgabe Juni 2022. Hrsg.: Bundesamt für Strahlenschutz (BfS). Salzgitter: BfS, 2022 (Berichte des Bundesamtes für Strahlenschutz BfS-42/22)

Bodenkundliche Kartieranleitung KA5. Hrsg.: Bundesanstalt für Geowissenschaften und Rohstoffe (BGR). 5. Aufl. Hannover: BGR, 2005

Bossew, P.; Hoffmann, B.: Die Prognose des geogenen Radonpotentials in Deutschland und die Ableitung eines Schwellenwertes zur Ausweisung von Radonvorsorgegebieten. Hrsg.: Bundesamt für Strahlenschutz (BfS), Fachbereich Strahlenschutz und Umwelt. Salzgitter: BfS, 2018 (Berichte des Bundesamtes für Strahlenschutz BfS-SW-24/18)

Breckow, J.; Devendranath, J.-V.; Grimm, V.; Kuske, T.; Spruck, K.: Radonquellstärke von Gebäuden. Radiologisches Forschungsvorhaben HMU32206035. Abschlussbericht. Auftragnehmer: Technische Hochschule Mittelhessen (THM), Institut für Medizinische Physik und Strahlenschutz (IMPS). Auftraggeber: Hessisches Ministerium für Umwelt, Klimaschutz, Landwirtschaft und Verbraucherschutz (HMUKLV). Gießen: THM, 2018

BVS-Standpunkt. Radon in Gebäuden. Ausgabe Februar 2017. Berlin: Bundesverband öffentlich bestellter und vereidigter sowie qualifizierter Sachverständiger e. V., 2017 [online]; Internet: https://www.bvs-ev.de/fileupload/files/61773574009c5_BVS_Standpunkt_Radon_in_Gebaeuden_2017_02_aktuell.pdf [Zugriff: 16.04.2024]

Collignan, B.; Powaga, E.: Procedure for the characterization of radon potential in existing dwellings and to assess the annual average indoor radon concentration. In: Journal of Environmental Radioactivity 137 (2014), S. 64–70

DAfStb-Richtlinie. Schutz und Instandsetzung von Betonbauteilen (Instandsetzungs-Richtlinie). Ausgabe Oktober 2001. Berlin: Deutscher Ausschuss für Stahlbeton e. V. (DAfStb), 2001

DAfStb-Richtlinie. Wasserundurchlässige Bauwerke aus Beton (WU-Richtlinie). Ausgabe Dezember 2017. Berlin: Deutscher Ausschuss für Stahlbeton e. V. (DAfStb), 2017

Darby, S. et al.: Radon in homes and risk of lung cancer: collaborative analysis of individual data from 13 European case-control studies. London: The BMJ, 2005 [online]. Internet: https://www.bmj.com/content/330/7485/223 [Zugriff: 16.04.2024]

DENA-GEBÄUDEREPORT 2023. Zahlen, Daten, Fakten zum Klimaschutz im Gebäudebestand. Hrsg.: Deutsche Energie-Agentur GmbH (dena). Berlin: dena, 2022

DGNB System Dänemark. Bæredygtighedscertificering af nye bygninger og omfattende renoveringer. VERSION 2023 1.0.0. Hrsg.: Green Building Council Denmark; Deutsche Gesellschaft für Nachhaltiges Bauen e. V. (DGNB). Kopenhagen/Stuttgart: Green Building Council Denmark/Deutsche Gesellschaft für Nachhaltiges Bauen, 2023

DGUV-Information 203-094. Radon – Eine Handlungshilfe zu Expositionsmessungen, zur Interpretation von Messergebnissen und zu Strahlenschutzmaßnahmen. Ausgabe Juni 2021. Berlin: Deutsche Gesetzliche Unfallversicherung e. V. (DGUV), 2021

Ergebnisprotokoll der 50. Sitzung der Ad-hoc-Arbeitsgruppe Innenraumrichtwerte der IRK und der AOLG am 4. und 5. November 2014. Dessau-Roßlau: Umweltbundesamt, 2014 [online]. Internet: https://www.umweltbundesamt.de/sites/default/files/medien/378/dokumente/empfehlungen_und_richtwerte_ergebnisprotokoll_der_50._sitzung_am_4_und_5.11.2014.pdf [Zugriff: 16.04.2024]

Festgelegte Richtwerte vom Ausschuss für Innenraumrichtwerte (AIR). Version 2023.01 (31. März 2023). Dessau-Roßlau: Umweltbundesamt, 2023 [online]. Internet: https://www.umweltbundesamt.de/sites/default/files/medien/4031/bilder/dateien/richtwertliste_air_de_2023.01_2023-03-31.pdf [Zugriff: 16.04.2024]

FHRK-Merkblatt MB 101. Radonschutz. Ausgabe Juni 2022. Heidenheim: Fachverband Hauseinführungen für Rohre und Kabel e. V. (FHRK), 2022

FRL Stadtgrün, Lärm, Radon/2023: Förderrichtlinie des Sächsischen Staatsministeriums für Energie, Klimaschutz, Umwelt und Landwirtschaft über die Gewährung von Fördermitteln zur biodiversitätsfördernden Begrünung von Städten und Gemeinden, zur Lärmminderung sowie zur Radonreduzierung im Freistaat Sachsen (FRL Stadtgrün, Lärm, Radon/2023) vom 28. August 2023

Froňka, A.; Moučka, L.: Blower door method and measurement technology in radon diagnosis. In: International Congress Series 1276 (2005), S. 377–378

Gehrcke, K.; Hoffmann, B.; Schkade, U.; Schmidt, V.; Wichterey, K.: Natürliche Radioaktivität in Baumaterialien und die daraus resultierende Strahlenexposition. Hrsg.: Bundesamt für Strahlenschutz (BfS), Fachbereich Strahlenschutz und Umwelt. Salzgitter: BfS, 2012 (Berichte des Bundesamtes für Strahlenschutz BfS-SW-14/12)

Gertis, K.: Radon in Gebäuden. Stuttgart: Fraunhofer IRB Verlag, 2008

Haucke, F.; Wichmann, H.-E.; Brüske, I.; Tschiersch, J.; Leidl, R.: Gesundheitsökonomische Betrachtung zu Radonsanierungsmaßnahmen – Vorhaben 3609S10007. Auftragnehmer: Helmholtz Zentrum München, Deutsches Forschungszentrum für Gesundheit und Umwelt – Institut für Gesundheitsökonomie und Management im Gesundheitswesen (IGM) – Institut für Epidemiologie (EPI). Hrsg.: Bundesamt für Strahlenschutz (BfS). Salzgitter: BfS, 2011 (Ressortforschungsberichte zur kerntechnischen Sicherheit und zum Strahlenschutz BfS-RESFOR-40/11)

Haumann T.: Thoron in Lehmhäusern – Materialprüfungen und Fallstudien. Vortrag auf dem 1. Radonfachtag des VDB e. V. am 23. April 2015 im Bauzentrum München. Berlin: ResearchGate GmbH, 2015/2024 [online]. Internet: https://www.researchgate.net/publication/379873284_Thoron_in_Lehmhausern_-_Materialprufungen_und_Fallstudien_1_Radonfachtag_des_VDB_in_Munchen_2015 [Zugriff: 17.04.2024]

Haumann, T.: Radonmessungen und Blower Door – Fallbeispiele aus Bestandsgebäuden. Vortrag auf dem 2. Radonfachtag des VDB e. V. am 4. Mai 2017 im Bauzentrum München. Berlin: ResearchGate GmbH, 2017/2024 [online]. Internet: https://www.researchgate.net/publication/356493189_Radonmessungen_und_Blower_Door_-_Fallbeispiele_aus_Bestandsgebauden_-_2_Radonfachtag_des_VDB_in_Munchen_2017 [Zugriff: 17.04.2024]

Haumann, T.; Münzenberg, U.: Radonmessungen im Unterdruckverfahren. In: B+B Bauen im Bestand 40 (2017), Nr. 7, S. 68–72

Haumann, T.; Münzenberg, U.: Erweiterte Radondiagnostik im Bestand – Unterdruckmessungen und Quellensuche. In: Klever, J.; Naumann, T. (Hrsg.): 16. Sächsische Radontage. Tagungsband zur Veranstaltung am 24./25. April 2023 in Dresden. Dresden: Hochschule für Technik und Wirtschaft Dresden, 2023, S. 105–120

Heinz, E.: Wohnungslüftung – frei und ventilatorgestützt. Anforderungen, Grundlagen, Maßnahmen, Normenanwendung. 4. Aufl. Berlin: Beuth Verlag, 2021

ICRP 65. Protection Against Radon-222 at Home and at Work. Hrsg.: International Commission on Radiological Protection (ICRP). Ottawa: ICRP, 1993 (ICRP Publication 65 – Annals of the ICRP Volume 23 [1993] No. 2)

ICRP 115. Lung Cancer Risk from Radon and Progeny and Statement on Radon. Hrsg.: International Commission on Radiological Protection (ICRP). Ottawa: ICRP, 2010 (ICRP Publication 115 – Annals of the ICRP Volume 40 [2010] No. 1)

ICRP 137. Occupational Intakes of Radionuclides: Part 3. Hrsg.: International Commission on Radiological Protection (ICRP). Ottawa: ICRP, 2017 (ICRP Publication 137 – Annals of the ICRP Volume 46 [2017] No. 3/4)

Illge, L.; Degel, M.; Oertel, B.: Wirkung staatlicher Fördermaßnahmen auf die Umsetzung von Radonsanierungsmaßnahmen im Wohnbereich – eine Potenzialanalyse. Vorhaben 3620S12282. Auftragnehmer: IZT – Institut für Zukunftsstudien und Technologiebewertung gemeinnützige GmbH. Hrsg.: Bundesamt für Strahlenschutz (BfS). Salzgitter: BfS, 2021 (Ressortforschungsberichte zum Strahlenschutz BfS-RESFOR-186/21)

Jahresbericht 2005 der Strahlenschutzkommission. Hrsg.: Bundesministerium für Umwelt, Naturschutz und Reaktorsicherheit. Berlin: Verlag H. Hoffmann GmbH, 2006 (Berichte der Strahlenschutzkommission [SSK] des Bundesministeriums für Umwelt, Naturschutz und Reaktorsicherheit Heft 49 [2006])

Jahresbericht 2006 der Strahlenschutzkommission. Hrsg.: Bundesministerium für Umwelt, Naturschutz und Reaktorsicherheit. Berlin: Verlag H. Hoffmann GmbH, 2007 (Berichte der Strahlenschutzkommission [SSK] des Bundesministeriums für Umwelt, Naturschutz und Reaktorsicherheit Heft 53 [2007])

Keller, G. W.: Die Strahleneinwirkung durch Radon in Wohnhäusern. In: Bauphysik 15 (1993), Nr. 5, S. 141–145

Kemski, J.; Klingel, R.; Siehl, A.: Das geogene Radon-Potential. In: Siehl, A. (Hrsg.): Umweltradioaktivität. Berlin: Ernst & Sohn, 1996, S. 179–222

Kemski, J.; Klingel, R.; Siehl, A.; Neznal, M.; Matolin, M.: Erarbeitung fachlicher Grundlagen zur Beurteilung der Vergleichbarkeit unterschiedlicher Messmethoden zur Bestimmung der Radonbodenluftkonzentration – Vorhaben 3609S10003. Band 1: Abschlussbericht. Auftragnehmer: Kemski & Partner, Beratende Geologen, Bonn. Hrsg.: Bundesamt für Strahlenschutz (BfS). Salzgitter: BfS, 2012 (Ressortforschungsberichte zur kerntechnischen Sicherheit und zum Strahlenschutz BfS-RESFOR-63/12-Bd.1)

Kerz, N.: Berücksichtigung von Radon im Bewertungssystem Nachhaltiges Bauen. Vortrag auf der Europäischen Radonschutzkonferenz – Neue Herausforderungen für die Bau- und Lüftungsbranche – am 02.12.2013 in Dresden. Dresden: Sächsisches Staatsministerium für Energie, Klimaschutz, Umwelt und Landwirtschaft (SMEKUL), 2013 [online]. Internet: https://www.strahlenschutz.sachsen.de/download/Nicolas_Kerz.pdf [Zugriff: 16.04.2024]

Klingelhöfer, G.: Praxissicht des Abdichtungsexperten auf die neue DIN TS 18117-1. In: Kunze, S.; Naumann, T. (Hrsg.): 15. Sächsische Radontage. Tagungsband zur Veranstaltung am 07./08. April 2022 in Dresden. Dresden: Hochschule für Technik und Wirtschaft Dresden, 2022, S. 73–93

Klingelhöfer, G.; Leicht, K. (Hrsg.): Radon und Radonschutz im Bauwesen. Köln/Stuttgart: Reguvis Fachmedien/Fraunhofer IRB Verlag, 2023 (Edition Der Bausachverständige)

Künzel, H.: Wohnungslüftung und Raumklima. Grundlagen, Ausführungshinweise, Rechtsfragen. 2. Aufl. Stuttgart: Fraunhofer IRB Verlag, 2009.

Leitfaden Nachhaltiges Bauen. Zukunftsfähiges Planen, Bauen und Betreiben von Gebäuden. Hrsg.: Bundesministerium des Innern, für Bau und Heimat (BMI). 3. Aufl. Berlin: BMI, 2019

Leitfaden zur Messung von Radon, Thoron und ihren Zerfallsprodukten. Hrsg.: Strahlenschutzkommission (SSK). Bonn: Bundesministerium für Umwelt, Naturschutz und Reaktorsicherheit, 2002 (Veröffentlichungen der Strahlenschutzkommission Band 47)

Maes, W.: Der neue Standard der Baubiologischen Messtechnik SBM 2015. In: Wohnung & Gesundheit 9/15, Nr. 156 (Herbst 2015), S. 33

Maringer, F. J.; Akis, M. C.; Kaineder, H.; Kindl, P.; Kralik, C.; Lettner, H.; Ringer, W.; Stadtmann, H.; Winkler, R.: Ein robustes und schnelles Verfahren zur Abschätzung der langzeitlich mittleren Radonkonzentration in einem Gebäude (erweiterte Blower-Door-Methode). In: Winter, M.; Henrichs, K.; Doerfel, H. (Hrsg.): Radioaktivität in Mensch und Umwelt. 30. Jahrestagung des Fachverbandes für Strahlenschutz gemeinsam mit dem Österreichischen Verband für Strahlenschutz. Lindau, 28. September bis 2. Oktober 1998. Köln: TÜV Verlag GmbH, 1998, S. 435–440

Mayntz, R.: Entscheidungsprozesse bei der Entwicklung von Umweltstandards. In: Die Verwaltung 23 (1990), Nr. 2, 137–151

Menzler, S.; Schaffrath-Rosario, A.; Wichmann, H. E.; Kreienbrock, L.: Abschätzung des attributablen Lungenkrebsrisikos in Deutschland durch Radon in Wohnungen. Landsberg am Lech: Ecomed Medizin, 2006 (unter BfS-26/19 auch in der Schriftenreihe des Bundesamtes für Strahlenschutz)

Merkblatt Schutz vor Radon an Arbeitsplätzen in Anlagen der Wassergewinnung, -aufbereitung und -verteilung. Stand: Dezember 2020. Hrsg.: Ministerium für Umwelt, Klima und Energiewirtschaft Baden-Württemberg. Stuttgart, 2020

R-2000 Standard. 2012 Edition. Hrsg.: Natural Resources Canada's Office of Energy Efficiency. Ottawa: Office of Energy Efficiency (OEE), 2012

Radon – Praxis-Handbuch Bau. Hrsg.: Bundesamt für Gesundheit BAG, Bern. Zürich: Faktor Verlag, 2018

Radon: Vorkommen – Wirkung – Schutz. Hrsg.: Sächsisches Staatsministerium für Energie, Klimaschutz, Umwelt und Landwirtschaft (SMEKUL). 7. Aufl. Dresden: SMEKUL, 2023

Radon-Handbuch Deutschland. Hrsg.: Bundesamt für Strahlenschutz (BfS). Salzgitter: BfS, 2019

Radonmaßnahmenplan zur nachhaltigen Verringerung der Exposition gegenüber Radon. Hrsg.: Bundesministerium für Umwelt, Naturschutz und nukleare Sicherheit (BMU). Berlin: BMU, 2019

Reiter, M.; Wilke, H.; Uhlig, W.-R.: Radonschutzmaßnahmen. Planungshilfe für Neu- und Bestandsbauten. Hrsg.: Sächsisches Staatsministerium für Energie, Klimaschutz, Umwelt und Landwirtschaft (SMEKUL). Dresden: SMEKUL, 2020

Richtlinie 2013/59/Euratom des Rates vom 5. Dezember 2013 zur Festlegung grundlegender Sicherheitsnormen für den Schutz vor den Gefahren einer Exposition gegenüber ionisierender Strahlung und zur Aufhebung der Richtlinien 89/618/ Euratom, 90/641/Euratom, 96/29/Euratom, 97/43/Euratom und 2003/122/Euratom

Sagunski, H.: Bewertung von Radon aus Sicht des Ausschusses für Innenraumrichtwerte (AIR). BfS-Fachgespräch Radon (Berlin, 18. Februar 2016). Berlin, 2016

Schäfer, M.: Abdichtung erdberührter Bauteile. In: 11. Sächsischer Radontag. Tagungsband. 13. Tagung Radonsicheres Bauen am 12. September 2017 in Dresden. Hrsg.: Sächsisches Staatsministerium für Umwelt und Landwirtschaft (SMUL). Dresden: SMUL, 2017, S. 42–75

Schneider, A.: Radioaktivität von Baustoffen und Gebäuden. Rosenheim: Institut für Baubiologie, 1982 (Schriftenreihe Gesundes Wohnen 1/1982)

Scholz, R.: Lehren aus Tschernobyl für den Katastrophenschutz. In: Köhnlein, W.; Nussbaum, R. H. (Hrsg.): Die Wirkung niedriger Strahlendosen – im Kindes- und Jugendalter, in der Medizin, Umwelt und Technik, am Arbeitsplatz. Proceedings. Internationaler Kongress Gesellschaft für Strahlenschutz e. V. (German Society for Radiation Protection) Westfälische Wilhelms-Universität Münster 19.–21. März 1998. Berlin/Bremen: Gesellschaft für Strahlenschutz e. V., 2001, S. 346–357

Schulz, H.; Hermann, E.; Baumert, R.: Qualifizierung der Luftdichtheitsmessung an Gebäuden zur Prüfung der Radondichtheit neu errichteter Gebäude – Vorhaben 3616S12241. Auftragnehmer: IAF-Radioökologie GmbH. Hrsg.: Bundesamt für Strahlenschutz (BfS). Salzgitter: BfS, 2019 (Ressortforschungsberichte zum Strahlenschutz BfS-RESFOR-145/19)

Strahlenschutz-Ausbildungsverordnung [Schweiz]: Verordnung des Eidgenössischen Departements des Innern (EDI) über die Aus- und Fortbildungen und die erlaubten Tätigkeiten im Strahlenschutz (Strahlenschutz-Ausbildungsverordnung) vom 26. April 2017

Strahlenschutzgesetz: Gesetz zum Schutz vor der schädlichen Wirkung ionisierender Strahlung (Strahlenschutzgesetz – StrlSchG) v. 27.06.2017, zuletzt geändert durch Artikel 2 des Gesetzes v. 20.05.2021

Strahlenschutzgrundsätze zur Begrenzung der Strahlenexposition durch Radon und seine Zerfallsprodukte in Gebäuden. Empfehlung der Strahlenschutzkommission. Bonn: Strahlenschutzkommission (SSK), 1994 [online]. Internet: https://www.ssk.de/SharedDocs/Beratungsergebnisse/DE/1994/Radon_in_Gebaeuden.pdf?__blob=publicationFile&v=2 [Zugriff: 16.04.2024]

Strahlenschutzverordnung: Verordnung zum Schutz vor der schädlichen Wirkung ionisierender Strahlung (Strahlenschutzverordnung – StrlSchV) v. 29.11.2018, zuletzt geändert durch Artikel 1 der Verordnung v. 10.01.2024

TR Instandhaltung. Technische Regel Instandhaltung von Betonbauwerken. Teil 1: Anwendungsbereich und Planung der Instandhaltung. Teil 2: Merkmale von Produkten oder Systemen für die Instandsetzung und Regelungen für deren Verwendung. Ausgabe Mai 2020. Berlin: Deutsches Institut für Bautechnik (DIBt), 2020

Uhlig, W.-R.: Stand der Ausarbeitung des neuen WTA-Merkblattes „Radonschutz im Gebäudebestand". In: Klever, J.; Naumann, T. (Hrsg.): 16. Sächsische Radontage. Tagungsband zur Veranstaltung am 24./25. April 2023 in Dresden. Dresden: Hochschule für Technik und Wirtschaft Dresden, 2023, S. 93–104

Umweltradioaktivität und Strahlenbelastung im Jahr 2013: Unterrichtung durch die Bundesregierung. Parlamentsbericht 2013. Salzgitter: Bundesamt für Strahlenschutz (BfS), 2015 [online]. Internet: https://doris.bfs.de/jspui/bitstream/urn:nbn:de:0221-2015072412951/1/Parlamentsbericht_2013.pdf [Zugriff: 16.04.2024]

Umweltradioaktivität und Strahlenbelastung. Jahresbericht 2020. Redaktioneller Stand: Oktober 2021. Hrsg.: Bundesministerium für Umwelt, Naturschutz, nukleare Sicherheit und Verbraucherschutz (BMUV). Bonn: BMUV, 2021

VDB-Richtlinien zur Vorgehensweise bei baubiologischen Untersuchungen in Gebäuden. 3. Aufl. Jesteburg: Berufsverband Deutscher Baubiologen VDB e. V., 2018

VDI 4300 Blatt 7:2001-07. Messen von Innenraumluftverunreinigungen – Bestimmung der Luftwechselzahl in Innenräumen. Düsseldorf: Verein Deutscher Ingenieure, 2001

Wesselmann, M.; Sagunski, H.: Asbest in Fliesenklebern, Putzen und Spachtelmassen in Gebäuden – Probleme und Risiken. In: Umweltmedizin – Hygiene – Arbeitsmedizin 23 (2018), Nr. 4, S. 259–267

WHO guidelines for indoor air quality: selected pollutants. Hrsg.: WHO Regional Office for Europe Copenhagen. Genf: World Health Organization, 2010

WHO handbook on indoor radon: a public health perspective. Hrsg.: World Health Organization (WHO). Genf: World Health Organization, 2009

9.2 Stichwortverzeichnis

S

T

U

V

W

Z